多分支井

[美] A.D. Hill   Ding Zhu   Michael J. Economides   著

曾祥林   等译

石油工业出版社

内 容 提 要

本书是关于多分支井技术的基础读物，系统介绍了多分支井油藏描述、钻完井工艺技术及多分支井产能模型，通过现场应用实例阐述了多分支井增产的独特工艺。

本书是一本实用性很强的油气田开发技术参考书，可供油气田开发技术人员、钻完井工程人员及高等院校相关专业师生参考和借鉴。

图书在版编目（CIP）数据

多分支井 /（美）希尔（Hill, A.D.）等著；曾祥林等译.
北京：石油工业出版社，2015.1
书名原文：Multilateral Wells
ISBN 978-7-5021-9983-8

Ⅰ. 多…
Ⅱ. ①希…②曾…
Ⅲ. 定向井 - 油气钻井
Ⅳ. TE243

中国版本图书馆 CIP 数据核字（2014）第 306085 号

Multilateral Wells
A. D. Hill, Ding Zhu, and Michael J. Economides
Copyright © 2008 Society of Petroleum Engineers
All Rights Reserved. Translated from the English by the Petroleum Industry Press with permission of the Society of Petroleum Engineers. The Society of Petroleum Engineers is not responsible for, and does not certify, the accuracy of this translation.
本书经 Society of Petroleum Engineers 授权翻译出版，中文版权归石油工业出版社有限公司所有，侵权必究。
北京市版权局著作权合同登记号：01-2001-0597

出版发行：石油工业出版社
（北京安定门外安华里 2 区 1 号　100011）
网　　址：www.petropub.com
编辑部：（010）64523544
发行部：（010）64523620
经　　销：全国新华书店
印　　刷：北京中石油彩色印刷有限责任公司

2015 年 1 月第 1 版　2015 年 1 月第 1 次印刷
787×1092 毫米　开本：1/16　印张：11.5
字数：290 千字

定价：60.00 元
（如出现印装质量问题，我社发行部负责调换）
版权所有，翻印必究

译者前言

多分支井技术是通过增大油气藏的泄油面积来提高油气井产量，以提高油气田开发经济效益的一项开发技术，是未来油气藏开发的主要发展方向之一。作为油气田开发、提高采收率日益成熟的先进技术，多分支井技术逐渐在国内外油田开发中得到推广应用，中国海洋石油总公司从2002年起开始尝试多分支井技术，首次在绥中36-1油田应用，并随后在渤海海域的南堡35-2、旅大5-2等10多个油田中进行应用，出现了若干口高产井甚至千吨井，显著提高了稠油油藏的单井产能，显示了良好的开发效果。

目前，国内多分支井技术研究方面虽然陆续见到相关文章发表，但这些文章大都是站在局部问题上进行的研究，没有对多分支井的技术体系进行系统论述。而A.D.Hill, Ding Zhu等编写的《Multilateral Wells》一书，详细介绍了多分支井技术的发展历程、适用的地质油藏环境、钻完井技术、生产动态预测、油田应用实例及经济评价等方面，是对多分支井技术的一个全面阐述，对多分支井技术在实际应用中具有重要的指导意义。该书是一本可读性很强的专业工具书，值得石油开发领域的科技工作者、工程技术人员及现场生产管理人员阅读。鉴于该书原版为英文书，为了方便大家进一步掌握书中的知识，专门组织相关研究人员对《Multilateral Wells》一书进行翻译出版，以飨读者。

本书共计9章，内容涉及多分支井应用的地质油藏研究、多分支井钻井技术、多分支井完井技术、多分支井生产动态研究、多分支井产能案例分析、多分支井增产技术、多分支井经济评价技术等，另外本书还单独拿出章节对多分支井智能完井技术做了相应的介绍，内容较为全面。参与本书翻译校对的相关人员分工如下：第1、第2章由曾祥林翻译，第3章由李汉兴翻译，第4章由房茂军翻译，第5章由梁丹翻译，第6章由王旭东翻译，第7章由刘长龙翻译，第8章由杨秀夫翻译，第9章由王旭东、陈冠中翻译。本书最后由曾祥林博士进行了全面的审校，中国海洋石油总公司副总工程师兼工程技术部总经理姜伟对全书进行了审读、定稿。

本书在翻译和出版过程中得到了中国海洋石油总公司科技发展部总经理孙福街，中海油研究总院钻完井总师周建良、开发总师张金庆、技术研发中心主任朱江以及中海油天津分公司副总经理刘良跃和工程技术部经理范白涛的大力支持和技术指导，石油工业出版社给予了无私的帮助，在此表示诚挚的谢意！

在翻译过程中，参与本书译校的人员尽可能尊重原著并注意国内习惯，采用通俗易懂的方式组织语言。当然，限于译校者的水平，难免有所疏忽，还望相关专家与同行不吝批评指正。

前　言

在现代油气生产实践中，鲜有其他技术能够与多分支井在充分地展示现代油气行业所面临的诸多复杂问题以及由这些复杂问题催生的技术革新方面相提并论。从油气井规划所需的三维地震模型技术，到油气井的独特钻完井实践，再到预测油气井产能的耦合油藏/井筒流动模型，这些复杂的油气井结构都在不断地扩展着石油工程技术的界线。多分支井通过井形成的网络与广布的油气藏大面积接触，因此与传统井相比，多分支井更需要进行油气藏与井筒流动之间的耦合。多分支井的相关文献迅速增加，这些文献记录了多分支井技术的各个方面，但是此类文献大多分散在石油工程的各具体专业中。

编撰本书的目的是为了简明扼要地阐述多分支井的重要技术。希望本书可为意欲引进复杂油气井结构的工程师和地质学家提供有价值的参考。在本书编撰期间，我们试图全面地向读者提供可应用于水平井设计与分析的实用工具，同时给出了尽可能多的参考文献，以便广大读者进行更深入的研究。

在此，特向曾为多分支井技术做出过努力与贡献的诸多科学家和工程师致谢，本书中也摘录了他们的部分工作成果。同时向我们的学生表示感谢，感谢他们在文献梳理、范例计算以及在本书提出的方法的研发等方面所做的努力和贡献！

目 录

第1章 多分支井的目的和应用 ··· 1
  1.1 多分支井的优点 ··· 1
  1.2 多分支井的历史 ··· 2
  1.3 协同技术 ··· 5
  1.4 本书的主要内容 ··· 5

第2章 常规地质条件下复杂油气井结构的应用 ····························· 6
  2.1 概述 ··· 6
  2.2 油井泄油体积的几何形态 ·· 6
    2.2.1 无气顶或底水的均质厚油藏 ···································· 6
    2.2.2 有气顶或底水的均质厚油藏 ···································· 7
    2.2.3 层状油藏 ··· 7
    2.2.4 薄夹层油藏 ··· 8
    2.2.5 天然裂缝性油藏 ··· 8
    2.2.6 注水开发天然裂缝性油藏 ······································ 9
    2.2.7 构造分割油藏 ··· 10
    2.2.8 河道或辫状河道砂岩 ··· 10
    2.2.9 "阁楼"式油藏 ··· 11
    2.2.10 重油油藏 ··· 11
  2.3 利用地震技术进行油藏描述和复杂井设计 ····················· 12

第3章 多分支井钻井 ·· 15
  3.1 从主井眼开钻分支井眼——侧钻 ···································· 15
    3.1.1 裸眼侧钻 ··· 15
    3.1.2 套管井段侧钻 ··· 17
    3.1.3 钻造斜段 ··· 20
  3.2 钻分支井 ··· 20
    3.2.1 地质导向技术 ··· 20
    3.2.2 小井眼钻井 ··· 22
    3.2.3 连续油管钻井 ··· 23
  3.3 多分支井的井控 ··· 24

3.4 多分支井钻井案例 ·· 25
　3.4.1 阿拉斯加北坡双分支井连续油管钻井 ································ 25
　3.4.2 俄克拉何马短半径多分支井 ·· 26
　3.4.3 委内瑞拉鱼骨形多分支井 ·· 28

第4章　多分支井完井 ·· 31
4.1 概述 ·· 31
4.2 多分支井完井设计考虑的因素 ·· 31
　4.2.1 油藏结构 ·· 31
　4.2.2 连接处地层特性 ·· 32
　4.2.3 连接处压差 ·· 32
　4.2.4 采油与注入管理 ·· 32
　4.2.5 重入能力 ·· 32
4.3 连接分级 ·· 32
　4.3.1 1级完井 ·· 33
　4.3.2 2级完井 ·· 33
　4.3.3 3级完井 ·· 34
　4.3.4 4级完井 ·· 38
　4.3.5 5级完井 ·· 39
　4.3.6 6级完井 ·· 41
4.4 分支井完井 ·· 43
　4.4.1 简介 ·· 43
　4.4.2 水平分支井的完井效能 ·· 45

第5章　多分支井产能 ·· 59
5.1 概述 ·· 59
5.2 水平井油藏流入动态 ·· 59
　5.2.1 水平井流入解析模型 ·· 60
　5.2.2 适合水平流入的点源法 ·· 76
　5.2.3 油藏模拟方法 ·· 78
5.3 井筒流动特性 ·· 78
　5.3.1 分支井筒压降 ·· 78
　5.3.2 造斜段和主井筒的压力剖面 ·· 85
5.4 多分支井产能分析模型 ·· 87
　5.4.1 半解析模型 ·· 88
　5.4.2 点源法 ·· 94
　5.4.3 油藏模拟 ·· 96

5.5 多分支井井筒窜流	96
5.5.1 从下部分支井筒到上部分支井筒的窜流	97
5.5.2 较上部分支井筒向较下部分支井筒窜流	99
附录 A	100
附录 B 扩散方程的无量纲变换公式推导	101
附录 C 点源法/平面源法	103

第 6 章 多分支井产能案例分析 — 108

6.1 简介	108
6.2 应用多分支井以低成本动用储量	108
6.2.1 Prudhoe Bay 油田多分支井开发实例	108
6.2.2 北海泰恩油田多分支井开发实例	110
6.3 应用多分支井开采稠油	112
6.4 应用多分支井提高波及效率	113
6.4.1 阿曼 Sail Rawl 油田多分支井水驱	113
6.4.2 犹他州 Aneth 油田多分支井行列排状注采井网	116
6.5 应用多分支井以低成本动用储量	117

第 7 章 多分支井增产 — 121

7.1 概述	121
7.2 多分支井产能分析	121
7.2.1 多分支井试井	121
7.2.2 生产录井	123
7.3 多分支井增产措施	123
7.3.1 多分支井水力压裂	124
7.3.2 多分支井基质增产	133

第 8 章 智能完井 — 139

8.1 概述	139
8.2 智能完井设备	139
8.2.1 井下监测设备	139
8.2.2 光纤传感系统	140
8.2.3 井下流入控制	142
8.3 智能完井模型	143
8.3.1 流量分布的温度剖面数值模拟	143
8.3.2 水平分支井的温度剖面示例	146
8.4 智能完井的现场应用实例	148
8.4.1 北海海上油田	148

8.4.2　老油田 ··· 150

　　8.4.3　Wytch Farm 油田大位移水平井 ·· 151

第 9 章　多分支井的经济评价 ··· 153

9.1　概述 ··· 153

9.2　不同类型多分支井的成本 ··· 153

9.3　基本经济考虑 ·· 154

9.4　降低资本支出推动多分支井效益 ··· 159

9.5　增加储量提升多分支井价值 ·· 159

　　9.5.1　北海 Oseberg 油田 ··· 159

　　9.5.2　阿曼 Saih Ral 油田 ·· 160

　　9.5.3　犹他州东南部 Aneth 油田 ·· 160

9.6　实物期权估值 ·· 160

参考文献 ··· 163

第1章 多分支井的目的和应用

1.1 多分支井的优点

油气井的目的已不仅仅是进入油气储层,这个目标已经确立了一个多世纪,目前油气井在技术上更进步,目的性更强。在过去的20年中,从最初的水平井到最后的多分支井的迅速演变进步,油气藏与油气井接触面积以从未有过的数量级急剧增加。多分支井实现了上述的两项任务,即进入储层和增加与油气藏有效接触面积。

通过多分支井进入目标储层有几个明显的例子。可以钻多分支井,从不连续的储层流动单元中泄油,特别是在不具备单井开发条件的流动单元中。这些单元结构包括透镜状砂岩或辫状河道,其油气藏呈区域分散状态,而且层状油气藏有纵向非连续结构。

接触面积也很重要。低流度油藏,即低渗透率或含有高黏流体的油藏,更容易通过增大油井—油藏接触面积受益。此类油气藏包括致密油气储层或稠油油藏。

多分支井的所有应用都受到严格经济条件的限制;而且与常规技术一样,当普遍考虑生产的经济因素时,油气井建设成本就变得极具地域性并因开发地域不同而大幅变化。因此,世界上某个石油区块可能具有经济效益的油气井结构未必在其他地方具有同样的经济效益。我们在第2章和第9章中对以上问题进行详述。

当然,多分支井还有其他更加复杂或独特的应用。以下这些简单的案例说明了利用多分支井比单分支井更能够提高油气藏开采策略的效益:

与薄油藏中的垂直井相比水平井更具吸引力,无论垂直—水平渗透率各向异性如何。当油气储层厚度增加,储层纵向连通不佳时,水平井的经济效益也随之下降。但是,叠加式多分支井,即在厚油藏中以一定间距从一条分支井上钻出多口分支井眼,可形成临时的纵向不渗透边界,大大提高生产率,从而使厚油藏的经济效益变得极大。

同时,即使在最佳案例中,水平井的产量也不会仅仅因为水平井段设计长度的增加而增加,尽管从逻辑上讲,井段越长产量就应该越高。造成这一现象的原因包括:流体从油井边缘以不同比例流入;油井自身压降(是长度的函数)的负面效应;分支井更可能具有非均质性。因此,以两口方向相反的分支井为例,各口分支井眼均为中等长度;与长度等于或大于两口反向分支井眼总长的水平井单井相比,在多数情况下这种反向双分支井的产量至少会高出50%。

在区域各向异性油藏中,水平井的方向十分重要。在天然裂缝性地层中钻井一般不成问题。但是渗透率各向异性始终存在,而且在构造活跃区域尤其明显。方向不合理的油气井产量明显低于优选定向的油气井,因此定向不当的风险很大。各分支井眼间隔90°钻进可大大降低该风险。

为帮助理解本书使用的术语和专用名词,图1.1和图1.2中介绍了一些常见的多分支井结构(Chambers 1998a)。两个图表内容都很清楚,建议读者熟悉这些术语。

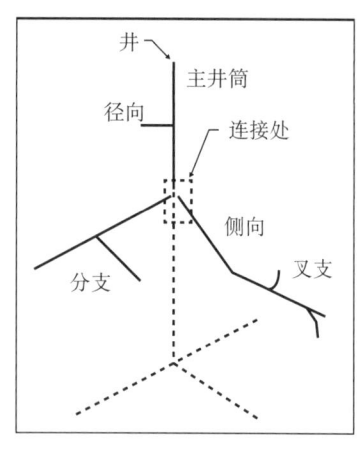

图 1.1　多分支井几何形态

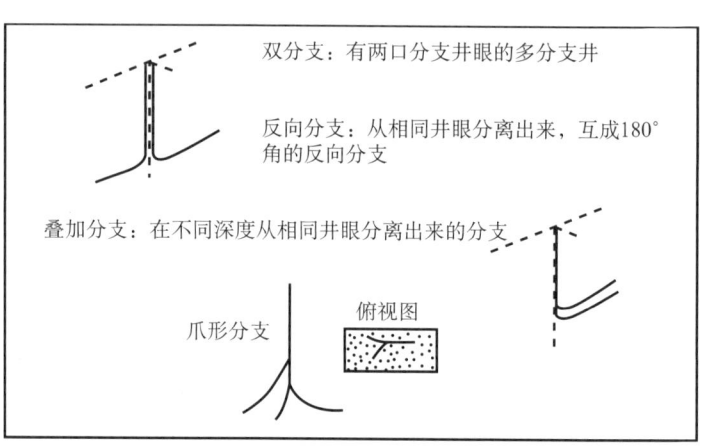

图 1.2　多分支井的常见类型

1.2　多分支井的历史

表 1.1 中列举了多分支井发展历史中的一些重要里程碑，记录的首例是 1953 年在原苏联巴什基尔地区完成的第一口多分支井。这口井相对较浅，在 375m（约合 1200ft）以下侧钻形成分支，但是该井结构十分复杂，共有 10 口分支井眼。图 1.3 和图 1.4 是这口井的侧面图和平面图。原苏联一直是多分支井的唯一技术王国，直至 1984 年在法国 Eschau 完成了一口多分支井（水平井出现几年后，水平井最初也是苏联人的发明）。

20 世纪 80 年代中到 90 年代末基本上是国际石油工业的萧条期，致使新技术的引进步伐放缓。首先是 20 世纪 80 年代中期的油价崩溃，接下来是苏联解体和与之伴随的石油工业解体，然后是 20 世纪 90 年代初发生的海湾战争，最终到 20 世纪 90 年代末的亚洲金融危机，一系列的事件加速了油价的又一次崩溃。这些混乱事件大大延误了多分支井钻井技术发展。

表 1.1　多分支井技术的里程碑

年份	作业方	油田	类型	里程碑
1953		Bashkiria（俄罗斯）	海上	
1957		Borislavneft（乌克兰）	海上	
20 世纪 50 年代		Chernomorneft（俄罗斯）	海上	
1968		Markova（东西伯利亚）	海上	
1984	Elf Aquitane	Eschau（法国）	海上	
1988		Louisiana（美国）	海上	1 口水平井眼钻出 10 口分支井眼
1989	Arabian Oil Co.	Khafji（沙特阿拉伯）	海上	
1992	Maersk	Kraka（丹麦）	海上	北海首例

续表

年份	作业方	油田	类型	里程碑
1993	ADCO	阿布扎比	海上	
1993	Texaco	Austin Chalk（美国）	海上	
1993	Unocal	Dos Cuadras（美国）	海上	
1993	Maersk	Dan（丹麦）	海上	
1994	Mobil	Galahad（英国）	海上	英国大陆架首例
1995	Phillips	Alison（英国）	海上	英国大陆架首例三分支/四分支井
1996	Petronas	Bokor（马来西亚）	海上	亚洲首例三分支井
1996	Norsk Hydro	Oseberg（挪威）	海上	首例五级完井安装
1997	PDO	Shuaiba（阿曼）	海上	双分支/三分支井纪录
2000	Petrozuata	委内瑞拉	海上	长分支和二级分支
2002	CNPC	中国南海	海上	中国首例六级分支井完井

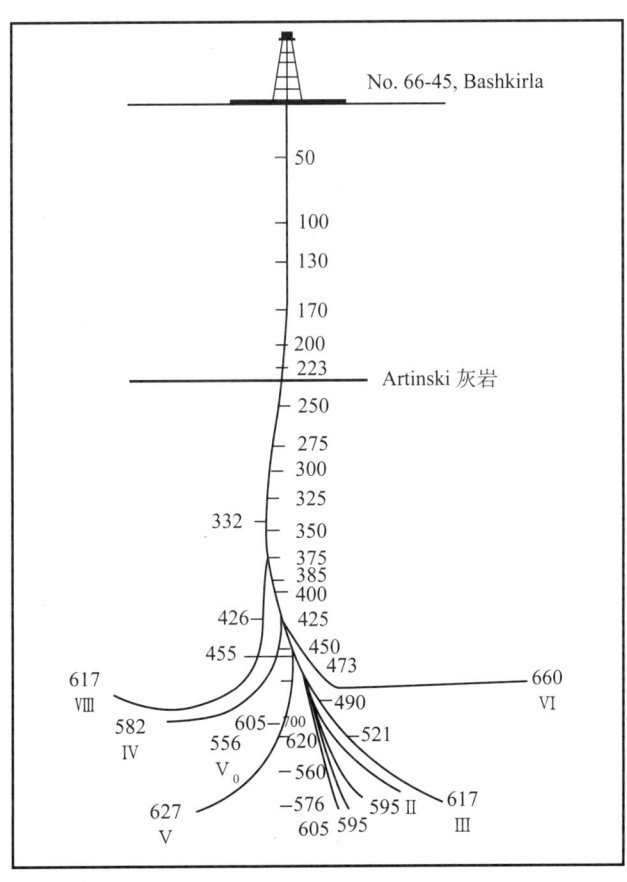

图 1.3 俄罗斯巴什基尔第一口多分支井

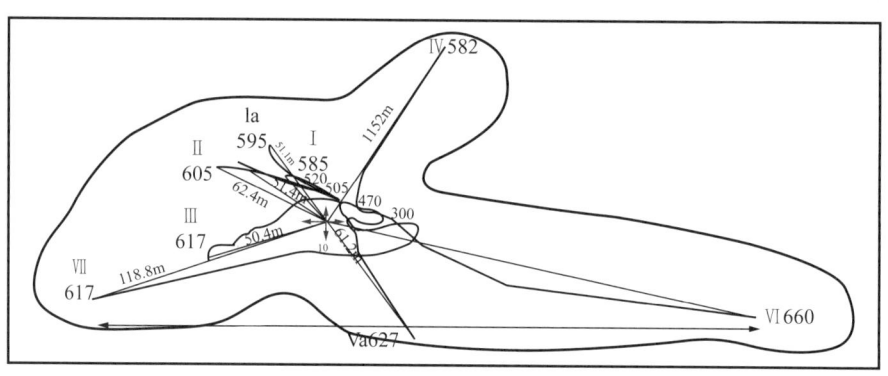

图 1.4 俄罗斯巴什基尔第一口多分支井平面图

1997—2003 年间发生了一个重要技术事件，多分支井技术进步（TAML）行业联合组织确立了多分支井的术语命名法，此命名法日后成为行业标准。TAML 分级标准主要是针对分支井与垂直或水平二级分支井眼的连接问题。图 1.5 显示了根据 TAML 标准对多分支井进行分级的情况，从一级（最简单的裸眼连接完井）到六级（连接处具有完全液压完整性的最复杂完井）。六级多分支井完井结构将在第 4 章中详述。

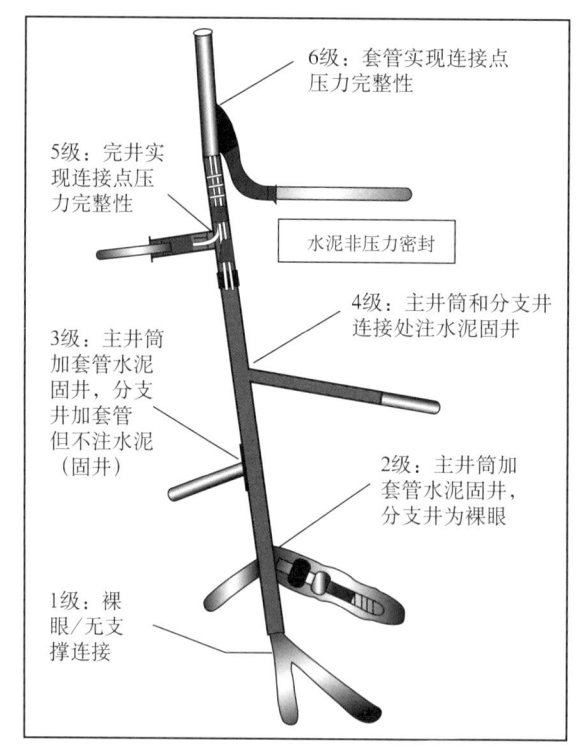

图 1.5 多分支井 TAML 分级

从 1994 年到 2003 年，世界范围内共有 600 多口按三级到六级标准安装完井的多分支井，其中超过 50% 的井是三级完井（Oberkircher 等，2003）。这 600 多口井中，约有 76% 为陆地多分支井，20% 为海上多分支井，还有 4% 属于深水应用。大多数多分支井属于较简单的一级或二级井，各分支井均采用裸眼完井，或者下入割缝衬管或射孔尾管，不注水泥固井。已有成千上万的类似多分支井完成了钻完井作业。

1.3 协同技术

长期以来，多分支井得到了一系列的技术支持，而多分支井技术的大量应用又反过来催生和进一步发展了其他技术。毫无疑问，现代地层特性研究和地层特性改造技术（包括地震勘测和解释）使锁定未泄油的目标储层变得更加简单，也为选择多分支井类型提供了指导。

定向钻井、随钻测井和录井（分别为 MWD 和 LWD）、磨铣和侧钻以及石油工程和地质导向等全新领域的技术改良，有力地推进了多分支井的演变和成熟。现代司钻的一个典型的口头禅是："只要你能绘图（井），我就能钻井。"多分支井开创了自身独特的完井技术，特别是井眼连接技术。十年之间，多分支井在液压和机械完整性方面已得到大大改善。

更重要的是，各种复杂井结构和多分支井几何学为油藏开采策略带来了新的可能性。近来，已经通过井下监测和调整井下流动条件强化了智能完井技术在多分支井的应用。这些技术可对不同油藏圈闭空间或储层内的流体进行调节控制，通过一口多分支井进行高效开采。

1.4 本书的主要内容

本书是关于多分支井技术的基础读物。第 2 章指出了对多分支井应用具有指导意义的油藏地质问题，强调多分支井在复杂地质条件下的不同应用。第 3 章描述了多分支钻井技术以及连接处侧钻开窗。第 4 章介绍了多分支井的 TAML 分级标准以及多分支井的各级完井过程，并讨论了完井工艺对油气井性能的影响以及水平分支井眼的常用完井方案。第 5 章深入讨论了多种用于预测多分支井产能的模型，包括水平分支井流入动态的解析模型以及研究水平分支井压力和流量分布的分段模型，此外还介绍了多分支井产能以及多分支井的油藏增产措施。第 6 章提出了多分支井技术的现场应用示例。第 7 章总结了多分支井产能评估所运用的试井和诊断方法，描述了多分支井的独特增产工艺。第 8 章阐述了智能完井的现状，展示了如何利用智能技术实现多分支井的效益最大化。最后，第 9 章讨论了多分支井的经济评估和风险分析。

第 2 章 常规地质条件下复杂油气井结构的应用

2.1 概述

在石油工业的早期历史中，所有的井都是直井，人们对井下地质情况了解甚少，直到钻进地层并进行了录井和取心作业。在那个年代是否能钻到目的层全靠运气，在这样的心理作用下，石油行业 10 口井中能有一口井获得商业成功就已经是一件令人满足的事情了。

现代地震解释技术带来了革命性变革，即使在开始钻井之前也可能获取地质信息和情况。如今，7 口开发井中仅有一口为干井眼；而且可以使用提前获得的地震数据解释结果或者随钻获取的地震和录井数据来引导钻井作业。地震数据可为井眼轨迹设计提供构造和地层解释支持，井眼轨迹可包括一口或多口直井、斜井或水平分支井。

现代地震和地质解释为复杂油气井结构的发展提供了动力。很明显，井的结构（不管是直井、裂缝发育的直井、水平井单井，还是诸如多分支井、多二级分支井或叠加式多分支井等复杂结构）都必须与以下方面相匹配：地质条件、预期泄油体积的形状以及许多其他的地层特性，包括地应力和渗透率各向异性以及地质不连续带（例如断层）的位置。这些因素在实际中影响油气井寿命期内的各个方面，包括采油指数以及油井的储层气水控制。

2.2 油井泄油体积的几何形态

油藏构造和油藏中驻留的流体是决定油井结构、井眼轨迹和完井策略的重要因素。油气藏的非均质性和各向异性也对此起着决定作用。在考虑选择采用常规直井、水平井或多分支井开发油藏时，油气井泄油体积的几何形态是一项决定性因素。下面各部分介绍了常见的油藏几何形态以及相对应的适应井结构。

2.2.1 无气顶或底水的均质厚油藏

对于均质油藏来说，极限流度条件可能有利于垂直井压裂开发，而中等流度条件下更有利于采用常规的、成本便宜的垂直井完井。如果垂直渗透率和水平渗透率比值不是太小，斜井的成本效率可能比水力压裂或水平井的成本效益更高。在厚油藏中，沿水平井眼形成的压裂缝隙可以弥补低渗透率引起的产量下降。

对于厚度等于或超过 150ft 的地层，如果地层的垂直渗透率与水平渗透率比值小于或等于 0.1，通过简单的计算可以发现，水平井单井并不是特别合适的开发井选型；建议采用多分支井结构，分段开发地层。例如，在一个厚 500ft、垂向渗透率与横向渗透率之比为 0.08 及 K_H/μ = 1mD/cP 油层中，一口 3000ft 长的水平井的生产指数为 0.84bbl/(d·psi)。如果该地层钻一口垂直等距离的四分支水平井，生产指数为 2.5bbl/(d·psi)，是单井结构的 3 倍。

这样,采用简单的稳态水平井流量计算方法(见第 5 章),可以对不同井身结构的产能进行快速、直观的比较。

2.2.2 有气顶或底水的均质厚油藏

有气顶或底水的油藏开发时会遇到一些特殊的问题。利用直井进行开发时,为了延缓底水锥进,一个普遍的原则是在油层段的高部位附近进行射孔。但是由径向流造成的压力梯度通常很大,引起底水向上运移形成压降漏斗。一旦底水到达射孔孔眼底部,因为水的流动性比原油大很多(由于原油的黏度高),所以水被优先采出来,并且(或者)由于强的底水驱动,认为有充足的能量来支持底水产出。一旦出现底水锥进,会进一步使水锥上升,剩余可采原油的含水率越来越高,并且有可能迫使油井生产进入末期开发类型。为了采出剩余的原油,采取的一个措施是对水锥上部的井段进行回填并重新射孔;另外一个措施是对射孔孔眼以下的井段径向注入凝胶。这样可以延缓或避免水锥,水锥的状态在某种程度上就被加宽了,从而使更多的剩余油被驱替流向射孔孔眼。

在油藏的底水之上、靠近含油地带上部的位置钻水平井,在水平段会产生压降梯度,导致底水向上抬升形成水脊。水脊中的水将优先驱替水脊通道中的原油,根据流动几何学可知,水平井比直径相同的直井的原油采收率要大。从采出油量与水平分支井的空间展部关系来看,这种钻井方式是一种能很好地避免因油水同层、油层厚度及垂向与纵向渗透率的各向异性对开发造成的影响。对分支位于油层顶部、并且每两个分支之间是同样半空间展部的水平井来说(Ehlig-Economides 等,1996a,1996b):

$$X_{c,opt} = H\sqrt{\frac{K_H}{K_V}} \tag{2.1}$$

假定水脊为活塞驱替,水体突破时,油藏的波及系数为 $\pi/6 = 0.5236$。如果从一个主干井眼往外打分支井,这样理想的井间距离能进一步缩小。这一几何分布适合多分支井结构,也就是在同一个水平面从一个井眼打多支分叉井(图 2.1)。

一般来说,(在厚油层、低垂向渗透率油藏)没有气顶或底水不适宜水平井的情况下,一旦出现气顶或底水时也适合打水平井。同样,图 2.1 示意了井间的空间分布足以引起井之间的干扰。这样的干扰能加速采油,进一步提高采收率。

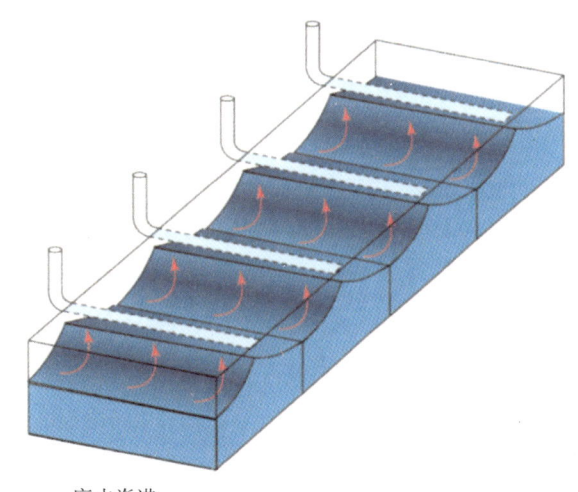

底水脊进

图 2.1 水平分支井出现水脊时的采收率优化

2.2.3 层状油藏

层状油藏要求对每个层均匀开采。传统上直井从多个油层合采。由于层与层之间产量与储量的不同，并且这些层在井筒内处于不同的垂深，所处的压力不同，所以易导致油层枯竭的时间不同。这种状况下，无论是降低采油速度还是关井，高压层向枯竭层的倒灌都很难避免。合采的另一种风险是引起下倾的水或上窜的气进入井筒，导致不必要流体的早突破而进入高产层或层系中。这种情况一旦发生，低产油层的油被忽略了。在被忽略的低产油层中钻水平井是一个现时的解决办法。

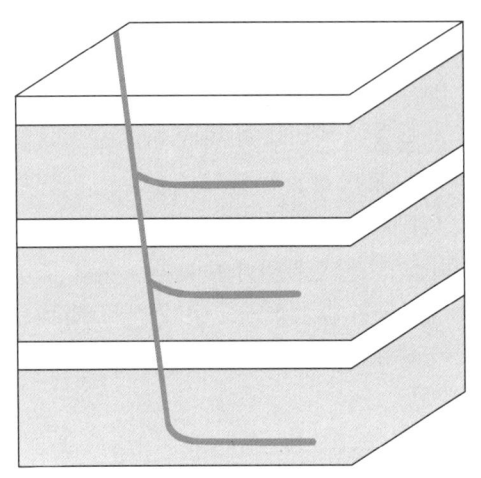

图 2.2 水平多层油藏的分支井储量控制

在被漏掉的低产油层中钻单支水平井由于只生产这一层储量所以不是一个很好的选择，但是打丛式多分支井是一个高效率的策略（图 2.2）。这一种情况，每一分支的长度和该支所穿油层的油流能力成反比。在层状油藏中打斜井是一个提高采油量的低成本策略。可以通过在低产油层中设计不同长度的钻井轨迹来实现采油量的均匀控制。但是在高产油层中一旦发生水突破较早的现象，封堵丛式井的一支比封堵斜井中间段要相对容易。

2.2.4 薄夹层油藏

薄夹层油藏与层状油藏不同。如果夹层厚度不足以影响钻水平井就可以划为薄夹层油藏。通常情况下薄夹层油藏的垂向渗透率较低。由于垂向渗透率较低造成产量较低所以钻水平井不是一个好的选择，即使在一个厚油层，一口水平井甚至不能生产出全部油层厚度的油。在中渗透率的油层直井就能采出较多的油。斜井比直井能轻微增加一些产量。

在高渗透率的薄夹层油藏（如浊流岩层），通过压裂充填可以起到防砂或消除近井地带伤害的作用。但是，在低渗透率的薄夹层油藏，通过对井实施压裂措施产生平面汇，能大大增加油井的产量，因此水力压裂是比其他最好的选择。对薄油层的薄夹层油藏，在水平井段实施水力压裂也许是最好的选择，因为长井段增大了油层的接触面积，尽管增大了油井的泄流体积，然而水力压裂能够将所有储层厚度连通，使流体水平流向井筒。

而水力裂缝可以使流体穿过整个地层厚度，水平流入井筒内。水平井的水力裂缝可以设计为平行井筒的裂缝，钻井时需要沿最大水平应力方向钻进；或者垂直井筒压裂裂缝，钻井时需要沿最小水平应力方向钻进。

2.2.5 天然裂缝性油藏

当沿着垂直于裂缝平面的方向钻进时，水平井单井在天然裂缝性油藏中具有特殊优势。在这些油藏中，天然裂缝的定位和裂缝方位的确定对于井身结构优化设计非常关键。

虽然天然裂缝通常是接近垂直的，但是较浅油藏和超压区带中可能存在张开的可导流近水平裂缝。在这种情况下，理性的选择是钻直井或斜井。采油作业使孔隙压力降低后，向超压区带水平裂缝中注入的支撑剂可以保证裂缝张开。否则上覆岩层重力会使水平天然裂缝闭合。同样，可以通过高压注水再次打开衰竭地层中的或在钻井过程中封堵的天然裂缝。

在油气生产中，天然裂缝可能是利好因素，也可能是不利条件，如果天然裂缝沿垂直方向延伸，可引起气或水迅速突进并侵入井筒。为避免此类问题，在天然裂缝性油藏的开采作业中，应当在经济条件允许的前提下尽可能将地层压降控制在最低水平。一种解决方法是钻反向双分支井，这也是一些地区经常采用的井身结构，例如得克萨斯州的奥斯汀白垩地层（参考图2.3）。实际上，几乎任何时候反向分支井都是推荐结构。对于两口特定长度的分支井眼，只要两口分支井眼跟部之间的距离不小于分支井眼长度，其产量将比总长等于两口分支井井眼长度之和的水平井单井的产量高30%~60%。这两种井产量不同的原因很简单，即两种井身结构形成的泄油面积不同。另一种应用于裂缝性页岩地层的井眼轨迹和完井策略是，首先沿着与天然裂缝平行的方向钻出水平分支井眼，然后形成与天然裂缝交叉的多条横向裂缝。当地层的最小水平应力处在天然裂缝的主要方向上时，可以应用这一策略。

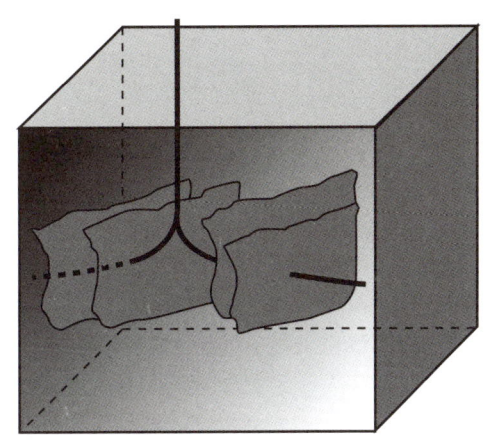

图2.3 天然裂缝性地层中的双分支井结构

2.2.6 注水开发天然裂缝性油藏

天然裂缝性油藏在注水开发过程中还存在另一问题。在受典型构造应力影响的地层中，天然裂缝的方位很容易确定。沿主要天然裂缝方位与注水井并排的生产井将会经历早期水侵。理想的井身结构是平行于裂缝方位的垂直注水井行列。这一部署将驱使油藏中的水按之字形向生产井流动。后者可包括多分支井，例如从水平母井眼中钻出的鱼骨状多分支井结构。可以沿着垂直于天然裂缝通道的方向钻出生产井（图2.4）。这种井身结构可以发挥天然裂缝形态的优势，在减缓水侵的同时，利用区域渗透率各向异性的优势来助产增油（Ehlig-Economides等，2000）。

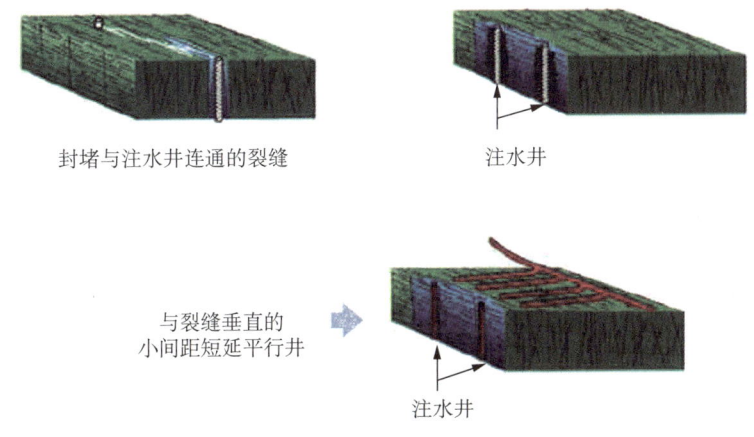

图2.4 注水开发下的天然裂缝性油藏

2.2.7 构造分割油藏

构造油藏单元由断层造成，而断层在地震数据解释有时可看见，有时则无法清楚显示。即使地震数据清楚地显示了断层情况，也只有通过从地层中获得的地震数据或通过试井或长期开采历史比对才能确定断层是否属于封闭性断层。地层油藏单元是经过沉积过程形成。流动特征对比明显的沉积相可充当隔层或流体通道，它对油井产能和最终油气采收率起主要控制作用。构造和地层的非均质性可能随后期发生的成岩过程变得复杂。

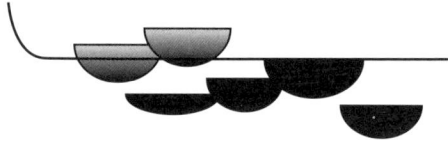
横穿多个油藏（地质统计学定义）的水平井

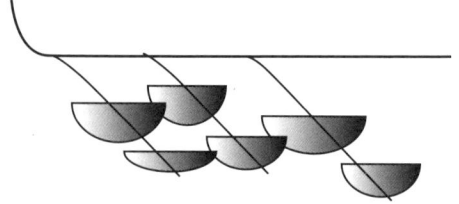
根据正确的地层特性分析，从母井眼钻出的导向多级分支井

图 2.5 多个独立单元组合油藏中的导向多分支井

水平井可将一个或多个油藏单元作为目标靶区，可导向多级分支井或多分支井既能够从独立油藏单元中泄油，也能够封堵生产不利气、水的二级分支井（图 2.5）。在断层较多的致密油藏中，断层可能与天然裂缝相连通，而天然裂缝可作为水平井的目标，或者断层走向可以提供关于最小应力方向的可靠信息，而该信息对于直井和水平井中的水力压裂设计非常重要。

在进行油藏划分时要额外考虑地层限制，包括垂向的和平面的。在部分区域，某些油藏砂层可能太薄，难以在地震数据横截面图中单独识别，但是这些砂层可能有足够的延伸面积，可在地震属性图中看到。在这种情况下，钻、完水平井可能是开采薄储层和多砂层的理想策略。

2.2.8 河道或辫状河道砂岩

由一系列平行的封闭断层形成的单元可使泄油体积延伸，河流相或浊积相成因的沉积非均质性也可造成泄油体积扩大。既然前文已经说明了构造圈闭问题，本节将主要强调由沉积地质引起的地层延伸。在不同情况下根据不同目标采取相应的钻井策略。比如，钻井方位可以设计在某一延伸的油藏体中，或者钻穿尽可能多的油藏体。后一种情形意味着向垂直于地层延伸的方向钻井，对于河流相油藏，沿垂直于沉积时水流的方向钻井。另一个方法是将通过水平主井眼中地震测量装置发现的河道作为目标，设计多级分支井（图2.6）。

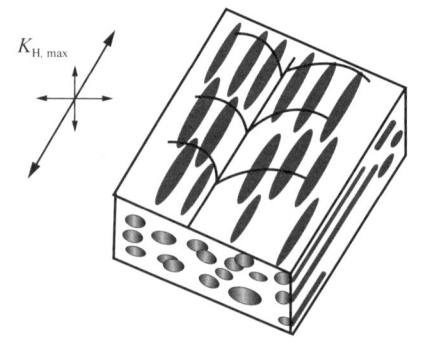
多级分支井开发个体产量有限的辫状河道

图 2.6 辫状河道地层中的"鱼刺"形井结构

如果沿河道方向的渗透率较大，沿垂直于河道的方向钻井是对河道进行泄油的有效方法；沿河道钻出的较长水平井单井难以将生产率提高到足够程度，来证明钻井成本的合理性。例如，如果沿 750ft 宽的河道钻出长度为 3000ft 的井眼，沿井方向渗透率为井眼垂直

方向渗透率的五倍,那么该井的采油指数将为5bbl/(d·psi)。相反,如果沿垂直于河道的方向钻出长度为750ft的井,其采油指数为2.3bbl/(d·psi)。如果继续钻进,同一井眼可能与其他河道相交叉,从而进一步提高产量。另一种情形是,先在河道外部沿与河道平行的方向钻出一口长度为3000ft的水平母井眼,然后钻出鱼刺型分支井结构,横穿一条或多条河道钻出的每口井眼均将增加产量。四口长度为750ft的二级分支井眼的产量几乎是沿河道方向钻出的长度为3000ft的水平井单井的两倍。

2.2.9 "阁楼"式油藏

"阁楼"式油藏的特点是地层的倾角较大。在这一构造中,油可能与上倾气顶和(或)下倾含水层相接触。一种策略是钻水平井横穿多个储层,井眼轨迹保持在气顶以下和/或底水层以上。该策略看上去是一个有效方法,但是却有一点缺陷,即各层流动处于合采状态。当任何一层发生气侵或底水突进时,将干扰其他储层的生产。更好的策略可能是钻出多条水平分支井眼或侧向二级分支井眼,每口井眼均与给定储层接触并处于储层内部(图2.7)。

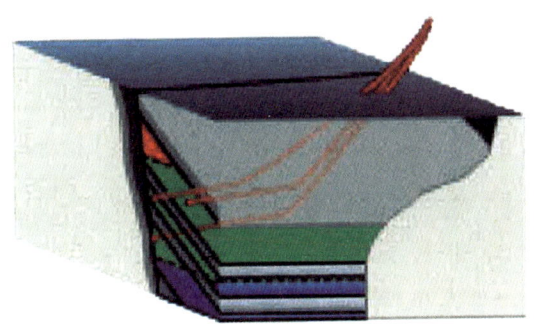

图2.7 运用多分支井开采"阁楼"式油藏油层

上述策略的一大优势是,钻出的每口井眼均可与气油或油水界面保持最佳距离,从而尽可能久地推迟了多相流采油。此外,每口井的生产段长度可随储层情况进行调整,从而优化了采油效率。

2.2.10 重油油藏

在许多地方重质油储集量非常丰富,但是最著名的丰储区是委内瑞拉的奥里诺科区带以及加拿大西部省份的艾伯塔和萨斯喀彻温。以上两个地区的重油储集量均可达到1×10^{12}bbl。当然,这些资源还不能称为"储量",因为油藏流体的流动性非常差。此类油藏中近期主要应用两项技术进行开发。

一是冷采,人们已经开始应用钻长复杂井来动用重质油,例如钻出井眼长度为40000ft、有6~10口分支井眼的多分支井,有时从垂直或水平母井眼钻出分支井眼后又从分支井眼钻出二级分支井眼。采用这种井结构的目的是通过形成足够的表面积来克服流体流动性差造成的泄油困难。如果不采用如此复杂的多分支井结构,开采此类油藏可能在经济效益方面毫无吸引力。此类油藏流体的压缩性很低,且油藏压力会急剧衰竭,因此油井采收率下降很快。持续钻进是此类油藏开采策略的一个方面。图2.8为委内瑞拉的深钻复杂井(Stalder 等,2001)。

二是热采,特别是在委内瑞拉或加利福尼亚地区,通常钻叠加式多分支井,采用蒸汽辅助重力泄油技术(SAGD,参考图2.9)开采厚的稠油油藏。在这种结构中,蒸汽从顶部分支井注入,底部分支井用作采油。有时主井筒也会一筒两用,即从油管注入蒸汽的同时,通过环形空间采油。

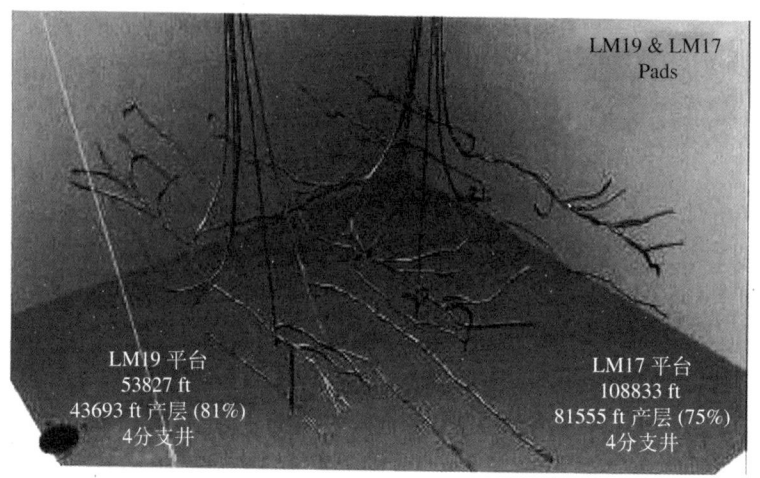

图 2.8 用于稠油开采的鱼骨形结构多分支井

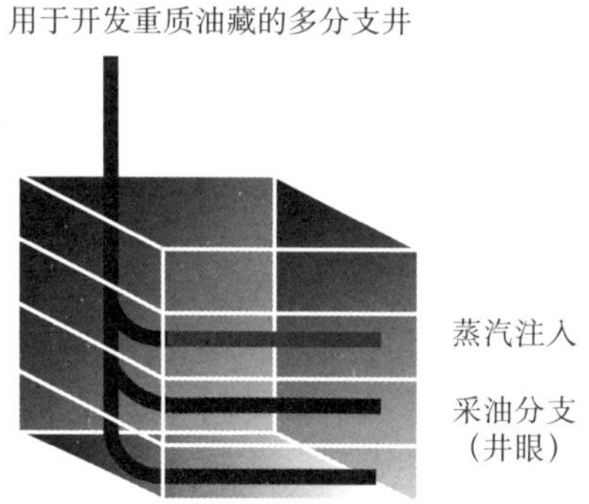

图 2.9 SAGD 技术叠加式采油井

2.3 利用地震技术进行油藏描述和复杂井设计

石油工业历史中少有技术比地震探测更重要,地震探测技术对早期勘探和对当前采油的影响非常大(Greenlee 等,1994)。现代地震反射方法是 20 世纪早期为满足地质学家和工程师描述油藏几何形态的需要而发展出现的。地震反射方法广泛应用于地下构造和圈闭几何结构的绘制,并在勘探和油藏评价中普遍应用。该方法使用受控脉冲或地震能量源来发出冲击声波,冲击声波穿越上部地层,当触及诸如岩层、断层或断裂等声不连续带时反射回地面(图 2.10)。探测结果可用来绘制二维测线或进行三维地质结构几何模拟。

反射能量比例(或反射系数)是衡量每层地层的声阻抗率——密度和震波速度关系的参数(Dorbin,1976)。这可以通过一个简单的方程式表示,反射系数 R_s 的定义式为:

$$R_s = (\rho_2 v_2 - \rho_1 v_1)/(\rho_2 v_2 + \rho_1 v_1) \tag{2.2}$$

式中,ρ 和 v 分别为密度和地震波速度,字母下标表示地层编号。

不连续带的反射系数反映不连续带某表面的岩石性质和作用,包括岩性岩相,孔隙度,流体含量和压力等。反射能量在地面接收，接收到的信息将进行数字记录，以备后期数据分析用。陆地上使用电磁接收器，海上探测一般采用压电接收器。

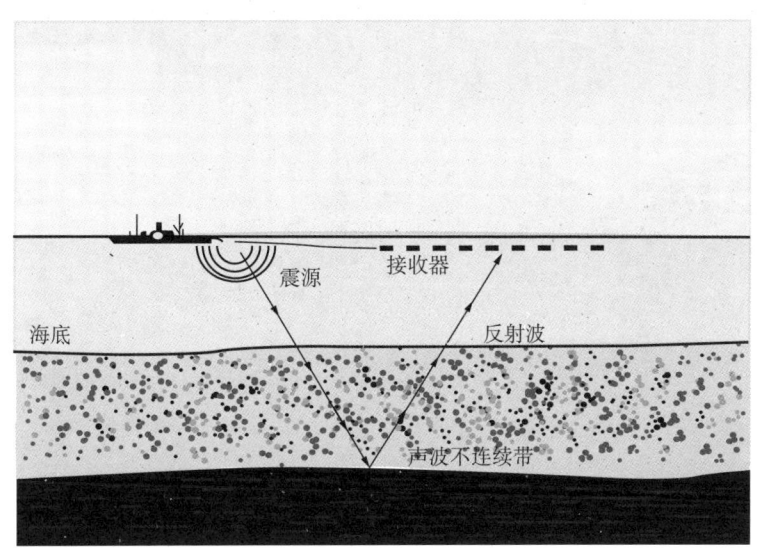

图 2.10　用于油藏描述的地震技术

对复杂井结构设计时，需要对储层进行详细描述，特别是对非均质油藏更是如此。地震属性法是一种分析岩石性质和孔隙流体性质的方法（Taner 和 Sheriff，1997）。关于岩石和孔隙流体性质的信息隐藏在地震信号轨迹中，包括振幅、频率、相位、极性和其他特性。例如，含气砂岩区段波阻抗低于周围页岩的波阻抗，因此该区域的地震信号曲线会显示出大振幅或"亮点"。由地震微波派生的振幅或其他属性能够证实断层或较大断裂带的存在。地震微波分解后，可建立属性组与特殊岩相之间的关联。

自动解释新方法使地质学家们能够以更加量化的方法进行地震解释，将量化信息有效地结合在油藏模型当中。在这一方法中，解释者使用功能强大的叠后图像处理方法将大量数据压缩为相对简单的模式，加强和显示了某些细微的关键特征（Sonneland 等，2004）。这些被定义为地震相的模式和特征可进行分类和三维可视化处理，然后与油井数据进行比对分析。

基于地震数据库，利用三维地震分类技术可以将所有相关信息合成转化为三维地质模型（图 2.11）。这一模型展示了具体的三维地震相；自动化提供了快速转换和可复制的结果；沉积体的三维绘图显示了新的量化的地质信息。分类块可转换为显示油藏特征的油藏模拟模型。如此，油藏模型有效地保存了地震数据反映出的原始几何形态。与难以纳入油藏模型的二维相图/网格相比，这是一项重要优势。

这一过程提供了对复杂井结构设计的风险和不确定性以及对高效油藏泄油进行量化评价的方法。这些地震相或地质体，无论是沉积相，结构相，成岩相还是流体相关相态，都可以在一个相干模型中识别、分离和提取地质参数和岩石物理参数，然后将地震相与录井数据关联。确定了地震属性与油藏特征的关联关系后，把这种关联关系插入地震数据中。从多元地震数据中得到的地震声阻抗和 v_p/v_s（纵横波速比）属于额外地震属性，可用于限定特性数值。

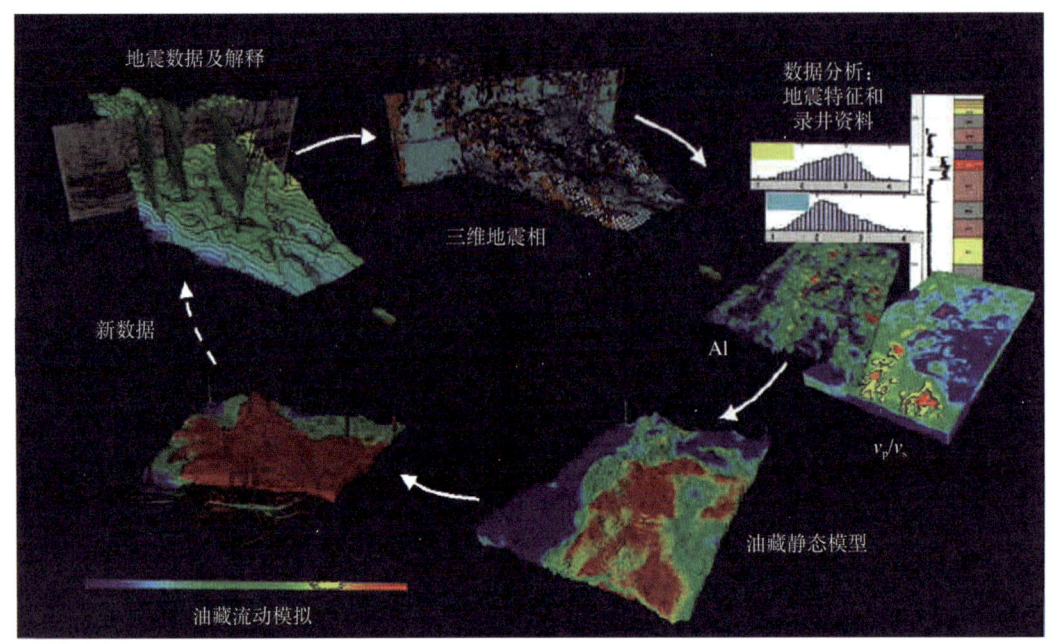

图 2.11 三维地质模型示意图

地震数据分辨率受限于地震波源的带宽以及地层本身对高频能量波的吸收能力。通过反演地震数据可以获得声不连续带任何一面岩层的声阻抗信息。反演声阻抗数据以岩层为基础，并与层速率等油井参数相关。声阻抗可能有更高的分辨率，也可能反映反射振幅难以探测到的岩石特性变化或派生属性等相关信息。即使油藏的岩性岩相、孔隙度和流体含量差别较大，但是地质条件不同的油藏可能具有相同的声抗阻；可以应用统计技术进行概率赋值油藏预测（Mukerji 等，1998）。

第 3 章 多分支井钻井

毫无疑问，促使分支井出现的技术是定向钻井技术的进步。能够以完全任意的轨迹、在高度控制条件下钻出多口井眼的能力，使多分支井成为颇具吸引力的油藏开发方法。多分支井钻井包括三个主要步骤：

(1) 钻主井眼到第一口分支井眼的位置之前，这一工序与常规钻井工艺并无不同。在主井眼深度可以开始特殊作业程序，钻出第二口分支井眼或下级分支井段。

(2) 从主井眼侧钻，即从主井眼中钻出新井眼是多分支井钻井区别于常规钻井工艺的特点。无论最初就规划为多分支井的还是重新进入，从现有单井眼钻出的多分支井井眼，都对开钻新井眼的特殊工艺方法有很大影响。

(3) 钻分支井眼。单口分支井眼采用与常规水平井相同的方式直接钻进。分支井眼钻进通常采用小井眼钻井和/或连续油管钻井技术。控制分支井眼的轨迹是多分支井钻井的关键。

本章主要介绍多分支井钻井的独特钻进工艺。这包括在一口主井眼中侧钻形成一个新的分支井眼，分支井小井眼钻进和连续油管钻进，利用随钻测量（MWD）和随钻测井（LWD）技术控制井眼轨迹，对处于裸眼状态的多口分支井进行井控。

3.1 从主井眼开钻分支井眼——侧钻

侧钻是钻穿现有井眼侧壁，从而形成第二个新井眼的过程。多年来，当原井底因故废弃时，一直采用侧钻工艺进行新井眼钻井。除了非常浅的油藏有时从地面分别钻出单口分支井眼外，侧钻是多分支井钻井的必要工序之一。从主井眼侧钻分支所用的技术取决于是在裸眼中还是在套管井眼中侧钻分支井眼。如果计划钻新的多分支井眼，而且井眼连接位置的地层稳定，可在裸眼井段上开钻分支井眼，而不必下组合工具磨铣套管开窗侧钻。

3.1.1 裸眼侧钻

在裸眼中侧钻新井眼，必须迫使钻头钻入现有井眼的侧壁，而不是沿主井眼轨迹延伸方向钻进。分支井眼侧钻通过以下三种方法之一完成：

(1) 使用喷射钻头或井下动力钻具加弯接头组合，在主井壁特定位置慢速钻出一条槽口，然后沿槽口侧钻钻出分支井眼。

(2) 在主井眼中打水泥塞，然后从水泥塞造斜，形成侧钻出口。

(3) 坐放裸眼封隔器，使用造斜器引导钻头朝给定方向钻进。

3.1.1.1 "定时"钻进开槽

一个相对简单的裸眼侧钻方法是使用能够将钻柱从井眼轨迹方向导偏的特殊钻头或井

底钻具组合，慢速开始侧钻。这种情况下可以使用喷射式钻头或者容积式井下动力钻具。

喷射式钻头（图3.1）上有一个大喷嘴，钻井液通过大喷嘴形成液体射流，沿井眼一侧冲蚀地层。为了形成侧钻开口，将大喷嘴调至给定方向，开启钻井泵，施加高钻压。当钻柱往复活动时，通过大喷嘴的钻井液射流可冲蚀破碎井壁，沿着原井眼一侧形成一条槽口（图3.2）。打好一个3～6ft的口袋后，井孔已经侧向钻进了约20ft。然后重复上述程序，直到达到所需的侧钻角度和方向。

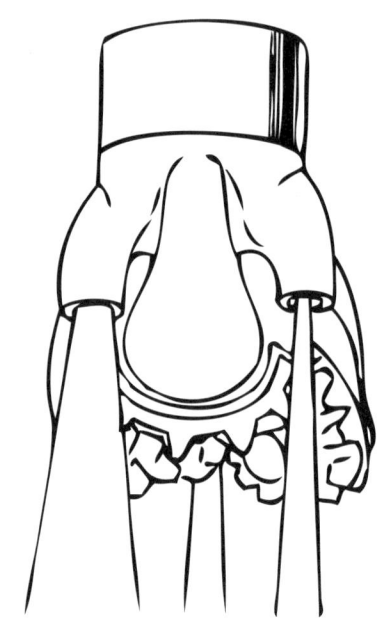 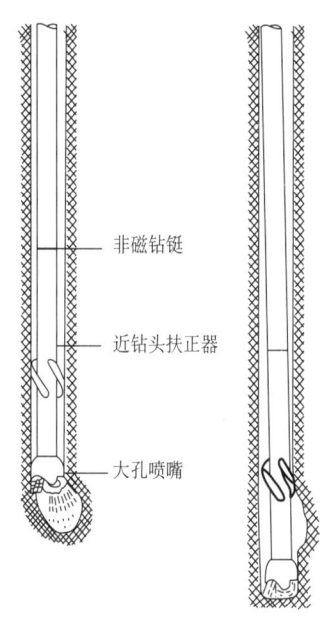

图3.1 喷射式钻头　　　　　图3.2 使用喷射式钻头侧钻

也可以使用井下动力钻具加弯接头组合，从主井眼侧钻形成槽口。安装在钻柱中井下动力钻具上的弯接头将在钻头上产生侧向力，从而迫使钻头朝向井眼一侧钻进。通过该方法形成侧钻井眼，一般使用斜孔定向短节将钻头调至给定方向，然后由井下动力钻具带动钻柱慢速钻进。

3.1.1.2 水泥塞造斜

裸眼侧钻的另一个常规方法是首先在井眼中打水泥塞，水泥塞可将钻头导向较松软的地层。如果水泥塞的抗压强度大于地层抗压强度，可以使用柔性钻具组合进行侧钻。在水泥塞顶部开钻时，在足够钻压下，钻铤将倾向弯曲，从而将钻头推向一侧。但此技术不能控制侧钻的方向，除非使用定向弯接头加井下动力钻具组合的情况下，一般不选用于多分支井侧钻。

3.1.1.3 使用裸眼造斜器

侧钻多分支井井眼的最可控方法是使用造斜器偏导钻头方向。造斜器是一种可以下入井中、将钻头导向井眼一侧的楔形造斜工具，钻头通常为磨铣头。图3.4（Stokley 和 Seale，2000）是裸眼造斜器与磨铣工具组合的示意图。造斜器可以定向，使侧钻从给定的方向开始钻进。

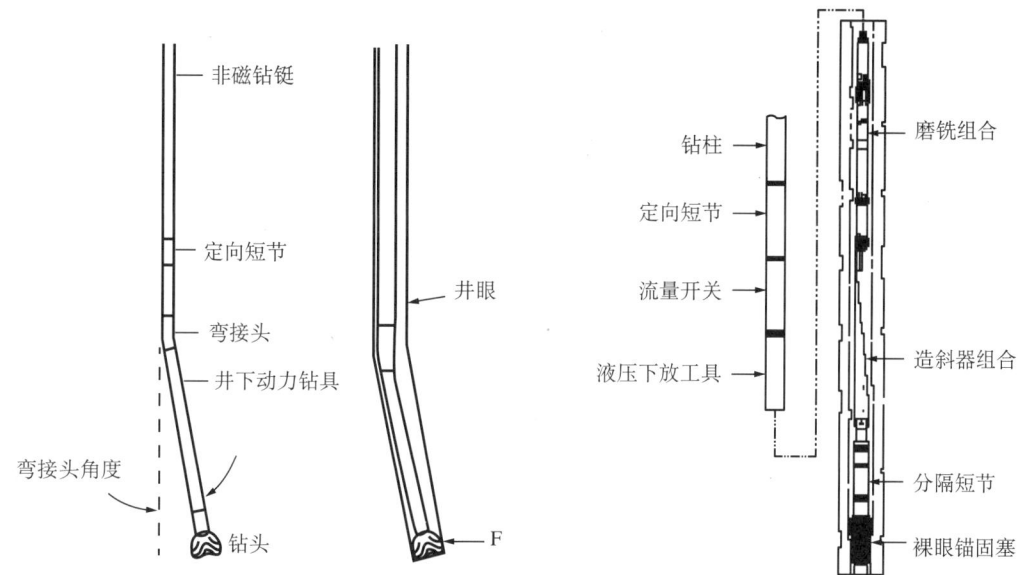

图 3.3 定向钻井弯接头和定向接头　　　　图 3.4 裸眼造斜器组合

现代造斜器组合通常配置一个磨铣头，磨铣头通过剪切销与造斜器连接，如图 3.4 所示，因此可将造斜器与磨铣头一同下送入井。使用裸眼造斜器开钻新分支井眼的一般工序如下：

（1）配置造斜器/磨铣钻具组合，包括随钻测量（MWD）或其他造斜器定向用短节。

（2）钻具组合下至目标深度后，将造斜器正面调整至给定的造斜方向，然后坐放裸眼锚定器。

（3）通过钻柱施加适度张力或压力作用，磨铣钻具组合从造斜器剪切分离。

（4）磨铣总成沿造斜器引导的路径钻进，形成侧钻开口。

（5）起出磨铣总成，下入钻具，完成分支井眼钻井。在多分支井眼钻进操作中，造斜器的作用相当于导向平台。

（6）钻完分支井眼后，根据本部分说明收回造斜器（如造斜器为可回收式）。

使用裸眼造斜器的一个困难之处是在整个侧钻作业过程中保持造斜器的位置固定不变。造斜器下入井中侧钻地层之前，造斜器必须坐放在地层中，这样裸眼锚定器或封隔器将安全地锁定造斜器。近年来，研发了膨胀式裸眼封隔器，可以用于在裸井眼中安全地固定造斜器位置。

3.1.2　套管井段侧钻

（1）段铣，打水泥塞，使用井下动力钻具加弯接头组合，从水泥塞顶朝给定方向开钻。

（2）下放可回收式定向造斜器，在目标套管侧面开始磨铣开窗。

（3）起出套管，在裸眼井中侧钻。

使用造斜器磨铣开窗已经成为套管井侧钻的主导方法，但在某些应用中，段铣法仍是最经济的侧钻方法。

段铣。多年来，通过段铣器来移除一段套管一直是在套管井中形成侧钻井眼的常用方法。段铣技术使用带有伸展铣刀的特殊钻头，一般称为"段铣器"，来铣除一小段套管。段铣操作的示意图见图3.5。使用段铣器在套管壁上的预定侧钻位置磨铣一段套管。然后打水泥塞，接入井下动力钻具和弯接头组合开始侧钻。段铣工艺将产生大量金属碎屑，这些碎屑必须循环出井眼。从水泥塞侧钻时，段铣操作本身难以朝优选方向进行定向侧钻，因此需要下入某种定位工具。

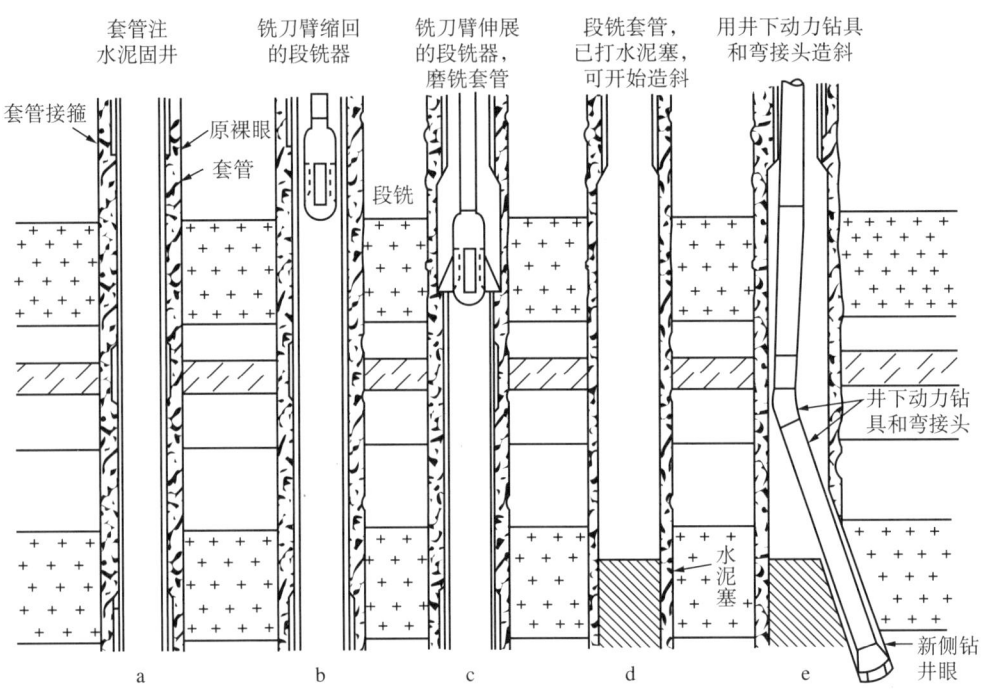

图3.5 通过段铣形成新侧钻窗口

由于上述原因，在套管井眼中一般使用造斜器进行套管磨铣开窗，开始侧钻分支井眼。

使用套管井造斜器。目前在套管井眼中侧钻最常用的方法是在井中下入和坐放造斜器，将磨铣器偏导至套管壁上的给定方位。造斜器是表面硬化处理的装置，用于将磨铣工具和钻柱导向套管壁，以便开始磨铣套管，形成窗口。通常将封隔器、造斜器和磨铣工具组合在一起，目的是减少起下钻（图3.6）。使用该钻具组合，可一趟钻实现造斜器的定向、坐挂以及套管开窗。

侧钻作业很重要的一点是，确保开窗位置设计在井眼中固井良好的井段内。此外，窗口位置必须设计合理，以保证窗口开在套管上而不是套管接箍处。

对于已设计好的多分支井，如果下套管之前可以确定开窗位置，可以下入带有预磨铣窗口的套管。预磨铣窗口是套管下井前在套管节上预先切割成形的窗口。窗口密封层采用玻璃纤维、铝材或其他较易磨铣但同时有足够强度、可防止在固井操作中受压破裂的柔性材料。使用带有预磨铣窗口的套管的优势体现在两方面，第一是钻头容易钻出套管，第二是减少井下磨铣作业产生的金属碎屑。但是预磨铣窗口只能在新井中使用，而且安装困难，固井将耗费大量时间。

图3.7表示使用套管造斜器进行磨铣开窗的操作流程。首先将磨铣工具组合下入井中

预定深度并定向（定向短节位于造斜器/磨铣组合钻柱的上方），然后坐放封隔器，固定造斜器的位置。通过钻柱施加压力或上拉力，从造斜器上方剪切释放磨铣工具。磨铣器开始磨铣套管壁开窗，然后使用侧钻用磨铣工具或椭圆形磨铣工具磨铣扩大窗口。根据套管尺寸和造斜器角度，侧钻开窗尺寸一般在8~20ft之间。完成开窗，钻出分支井眼侧钻开口之后，起出钻柱，下入锥形或椭圆形磨铣工具划眼，将窗口尺寸扩大到允许分支井钻具组合通过的尺寸。

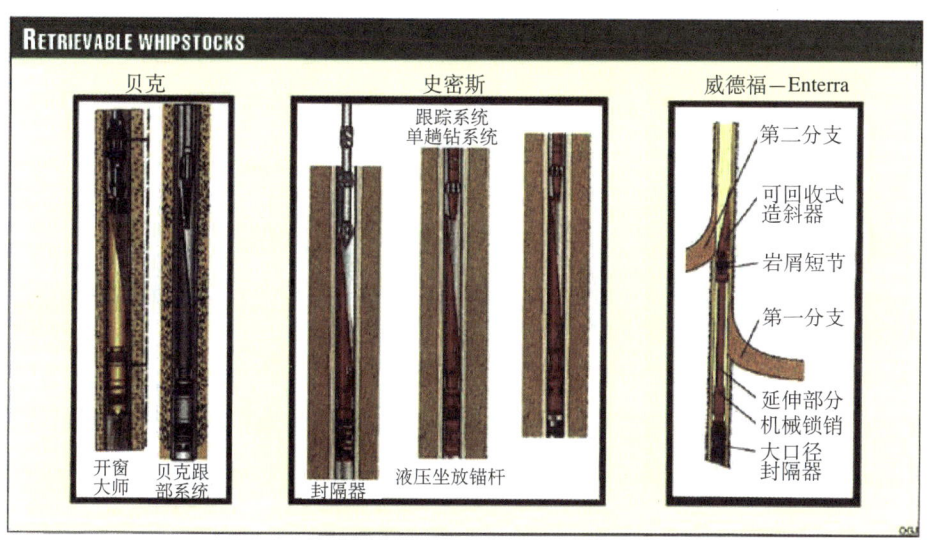

图3.6 套管井造斜器/磨铣工具组合

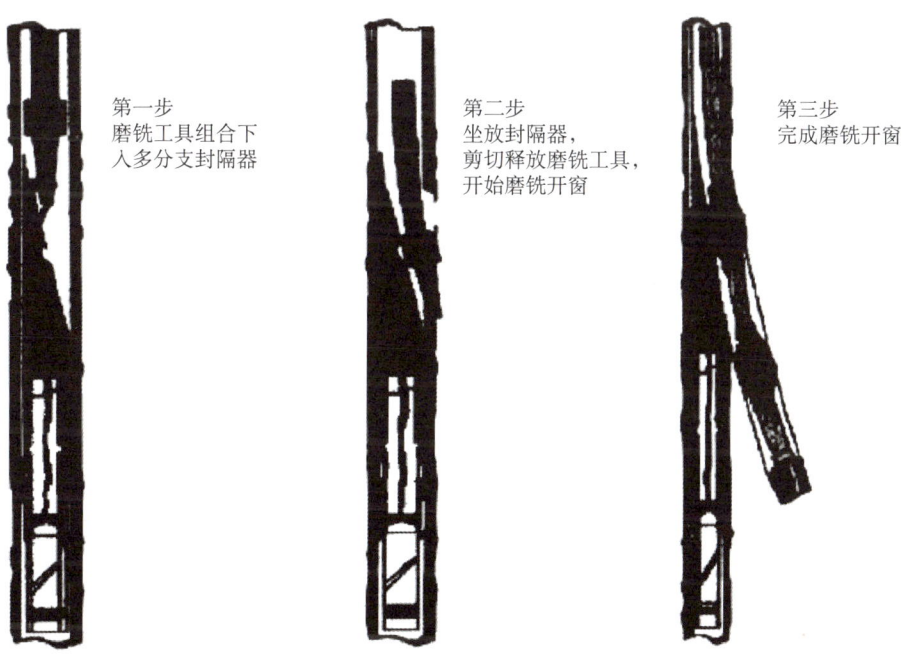

图3.7 通过造斜器在套管壁开窗

3.1.3　钻造斜段

从主井眼侧钻出分支井开口后，采用定向钻井技术钻完分支井段。通过能够以特定速率改变井眼方向的底部钻具组合，使用一种底部钻具组合，使分支井眼轨迹按预定方向偏出井眼，该钻具组合能够按照预定的造斜率改变井斜角，造斜率一般由钻井液和钻头上方的弯接头的角度来控制。根据造斜率或曲率半径等数量关系，造斜段通常分为长半径、中半径和短半径三种。造斜率指井眼测深每单位长度的井眼方向变化量，通常表示为（°）/100ft 或（°）/100m。如果以恒定造斜率钻出造斜段，则曲率半径与造斜率的关系表达式为

$$r_{\mathrm{c}} = \frac{18000}{\pi R_{\mathrm{b}}} \tag{3.1}$$

式中，r_{c} 表示曲率半径，R_{b} 为每 100ft 或每 100m 的造斜率度数。表 3.1 给出了定义长半径、中半径和短半径造斜段的参数。

虽然通常认为主井眼为垂直井孔，而造斜段将分支井的方向从垂直转变为水平，但实际上，分支井眼可以有相对于主井眼的任意轨迹。一些常见的井眼轨迹包括主井眼为倾斜井眼，分支井眼在与主井眼相同的 x—z 平面上造斜；在造斜段上改变方位方向和井斜角的分支井眼，以及从水平主井眼中钻出的分支井眼（鸦爪形或鱼骨形）。钻井案例分析部分介绍了此类井眼的钻井轨迹。

3.2　钻分支井

从主井眼可以以任意轨迹和倾斜角穿透产油区段，钻出一口分支井眼。由于分支井段的钻进方向不同于主井眼方向，而且一般为水平方向，所以采用定向钻井技术钻分支井眼。因此，通过侧钻形成分支井口之后，分支井的钻井与水平井单井钻井非常相似。

表 3.1　造斜段特征表

造斜类型	造斜率（(°)/100ft）	曲率半径（ft）
长半径	1～6	1000～6000
中半径	6～20	300～1000
短半径	20～200	30～300

分支井钻井的一项重要技术是地质导向技术——使用在钻地层的地质资料反馈导引井眼方向。除了地质导向钻井，还有其他适用于分支井钻井的水平钻进技术，特别是小井眼钻井和连续油管钻井。

3.2.1　地质导向技术

应用多分支井提高复杂油藏泄油效率的能力在很大程度上依赖于地质导向技术，即在钻进过程中，根据随钻测量获取的地质数据实时地调整井眼轨迹。在最简单的应用中，地

质导向的目标是尽可能保持在钻的分支井位于产层中。在其他情况下，地质导向主要目标是使分支井与气层或水层保持一定距离。多分支井钻井过程中，很多时候必须针对意外的地质条件（例如断层）对预定的井眼轨迹进行调整。地质导向钻井技术需要具备探测地层特性、区分预定地层的能力，在任何时间确定钻头位置的能力，以及调整井眼方向的能力。这些技术能力最好可连续应用，以方便司钻实时进行地质导向钻井。

地质导向指导信息来源于对钻井条件的监测数据以及钻井液录井和随钻测井数据。钻速快、钻进容易有时说明已经钻入目标地层位置。例如，当钻头钻透软砂层、进入页岩地层时，钻速降低，可直接表明钻头钻遇岩性变化地层。钻井液录井技术可应用于探测油气显示，录井数据可显示钻头是否已进入油气产层；通过分析岩屑可以判定当前被钻地层的岩性，发现特定地层的标志性微化石。现代随钻测井仪器能够测量许多传统裸眼录井可以测量的地层特性，包括地层电阻率和自然伽马射线能量。测井仪器的测量数据通过随钻测量遥传方法（钻井液脉冲等），传输至地面设备。当采用连续油管钻井时，信号可通过常规电缆线传送到地面系统。在井下钻具组合中接入定向传感器短节，用以在地质导向中确定钻头位置。该传感器可采用陀螺仪／罗盘或可以感应倾斜角度的加速度计组合和测量相对于地磁场方向的磁通门传感器组合。

现代井下地质导向组合包括装有可调式造斜短节的井下动力钻具和将钻头调整至理想方向的井下定向器。这些井下钻具组合短节使司钻能够按采集到的地质数据不断地重设钻头方向。图3.8表示了用于多分支井地质导向的连续油管钻井井下钻具组合的构成（Rixse和Johnson，2002）。

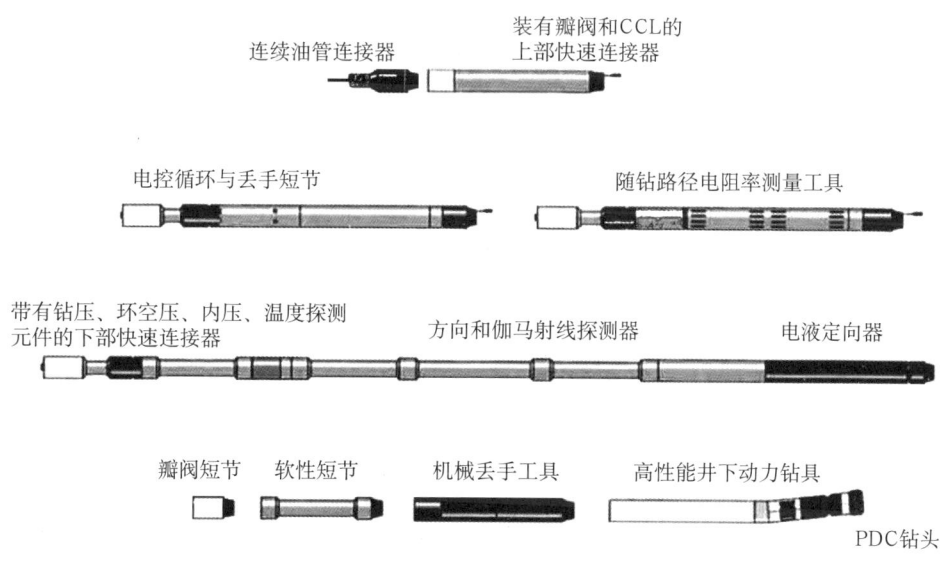

图3.8 连续油管钻井的井底钻具组合元件

图3.9显示了通过地质导向钻出的井眼轨迹。该图中，分支井眼钻入目标层后转变为水平方向，而且井眼轨迹始终处于储层底水的上方。钻井过程中可以通过随钻测井电阻率测量来导向。遇到意外断层时，钻头转向朝下，从断层下边重新进入目标地层。然后继续将分支井眼钻至预定长度，利用监测电阻率，保持远离水层。利用可在井眼四周不同方向

进行测量的定向测井仪器,提高地质导向时保持在目标层内钻进的能力。最后,测量仪器距离钻头越近,就越容易在钻出目标地层之前对岩性或流体饱和度变化及时做出反应。

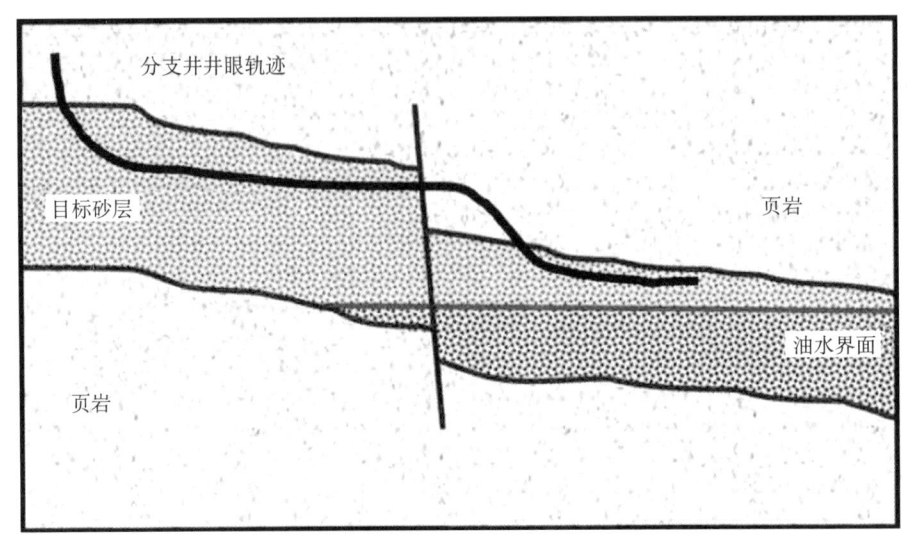

图3.9 地质导向分支井穿越断层后进入产层

3.2.2 小井眼钻井

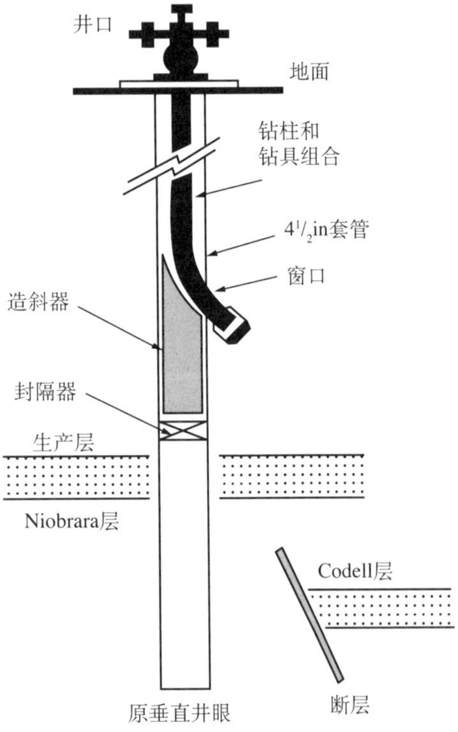

小井眼钻井是指使用比正常尺寸小的钻头进行钻井,一般在多分支井钻井中应用。单纯为降低成本可以选择钻小直径井眼,但是在受到分支井侧钻位置的完井方式限制或钻机能力(特别是使用连续油管钻井时的钻机能力)限制时,需要选择小井眼钻井。Boone 等(1997)提供了典型的小井眼分支井钻井的示意图,该分支井是开发位于丹佛·焦尔斯伯格盆地漏掉的气藏。钻井目标是从现有生产井中以高角度钻分支井眼,进入未开发断块(图3.10)。分支井钻完井作业结束后,实现分支井与原直井合采。该区域内现有的最大直径井是下入的 $4\frac{1}{2}$in 套管,从而将分支井眼的尺寸限制在能够通过 $4\frac{1}{2}$in 套管的钻井设备的尺寸。

这将分支井的最大可钻直径限制在 $4\frac{1}{4}$in,钻井用双中心钻头。分支井钻井结束后,下 $2\frac{3}{8}$in 或 $2\frac{7}{8}$in 衬管完井并进行水力压裂。小井眼钻柱尺寸小、重量轻,因此可借用修井机进行钻井,与使用标准钻机或连续油管钻井相比,大幅降低了分支井的钻井成本。

图3.10 从现有垂直井侧钻的小井眼分支井

3.2.3 连续油管钻井

连续油管钻井已经成为世界上诸多地区钻分支井眼的标准操作,特别是在场地进入条件困难且成本较高的地区,如北海(Vikane 等,1998;Gaaso 等,1998;Gunningham 等,1997),阿拉斯加北坡(McCarty 等,2001;Goodrich 等,1996;Kara 等,1999)和中东(Van Venrooy 等,1999;Surewaard 等,1997)地区。使用连续油管钻井时,通过连续油管下入定向钻井的井下钻具组合,因此在作业流程中省去了繁琐的接钻杆作业。连续油管装置(图 3.11)主要由以下设备组成:用于缠绕连续油管得连续油管滚筒,将油管弯曲以便送入井口的鹅颈架,将油管下入井中的注入头以及动力与控制系统作为防喷器备份防喷管保持压力控制。

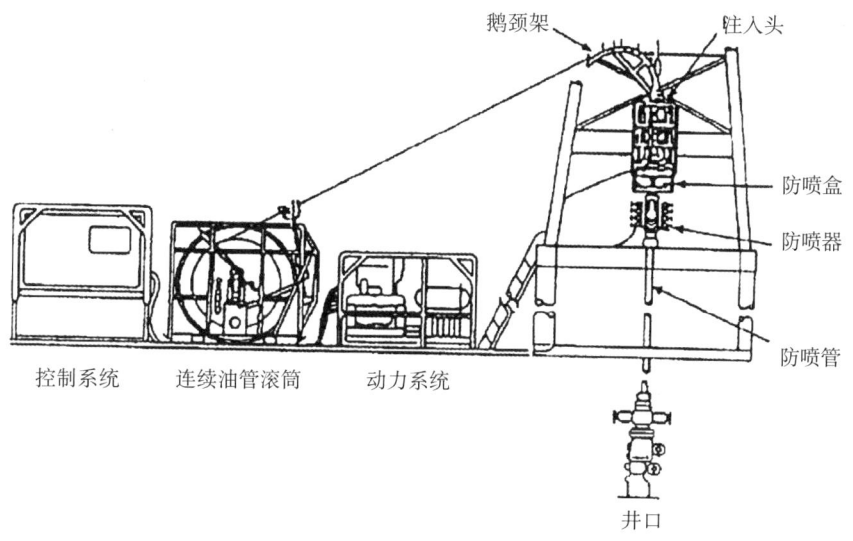

图 3.11 连续油管装置

当待钻井眼的直径不太大时,连续油管钻井与使用连接钻杆的常规钻井工艺相比具备许多优势。如图 3.12 所示,连续油管钻井装置通常比常规的转盘钻机尺寸小。很明显,较小的体积使得该装置移动更灵活,进场退场所耗费时间比常规钻机更短。使用连续油管更容易控制欠平衡钻井,因为压力控制通过防喷管系统来保持。连续油管钻井减少了钻杆操作,降低了钻机操作人员的需求,也避免了许多钻井作业中的危险操作。与常规钻井工艺相比,从现有生产井侧钻分支井眼时,连续油管钻井的主要优势在于可以通过油管柱下入连续钻管。连续油管内可装载电缆,与标准的钻井液脉冲遥传—随钻测量系统相比,能够更实时地将钻井信息传输到地面系统(Ohlinger 等,2002;Rixse 和 Johnson,2001)。

连续油管钻井系统也有局限性,这主要与油管的较小尺寸和强度有关。钻井液通过连续油管循环造成的摩擦压降限制了流向底部钻具组合的钻井液流量,引起井眼清洁问题。这种摩擦压降(应注意:不管实际在井中的油管长度是多少,钻井液必须通过连续油管全长)或连续油管本身的长度最终限制了连续油管可以钻出的井段长度。同时,与刚性更佳的钻杆相比,连续油管更容易挠曲,这限制了可施加在连续油管柱上的力。连续油管不能旋转,因此,如果为了避免卡钻、提高井眼清洁效果或其他目的需要旋转钻柱,连续油管并非合理选择。连续油管装置不具备常规的钻杆接装能力。

图 3.12　阿拉斯加北坡连续油管钻井装置与常规钻机尺寸对比

因此，悬挂套管、油管或衬管需要使用常规钻机进行钻杆操作时，比使用连续油管钻井设备高出许多成本。为克服这一局限，人们研发了连续油管/修井组合装置，在连续油管装置中结合了钻杆接卸操作能力（Coats 和 Farrabee，2002；Selby 等，1998）。选择连续油管钻井最终还是一个成本问题。在某些情况下，使用修井机钻小直径的分支井比使用连续油管装置更加经济（Boone 等，1997）。

3.3　多分支井的井控

多分支井的井控程序与常规井控大致相同，只是在钻其他分支井时，在产层中的一口或多口分支井眼可能较长时间处于裸眼状态。钻井作业期间，一般井控程序是保持所有分支井眼的压力处于过平衡状态。但是当使用连续油管钻多分支井时，如果地面钻井液处理能力能够保证井底的欠平衡条件，通常采用欠平衡钻井（Van Venrooy 等，1999）或"动态过平衡"钻井技术（McCarty 等，2002；Kara 等，1999）。动态近平衡钻井技术使用的钻井液相对密度过低，不能向钻头提供静态的过平衡条件，但是钻井液循环时的环空压降足以在钻井过程中形成过平衡条件。钻进时，持续测量底部近钻头压力，以便控制动态近平衡钻井的作业压力。

如果钻其他分支井眼时，已完钻分支井所处的地层需要保护，可以采取在已完钻分支井眼中打胶塞或砂堵方法。高等级连接完整性这些胶塞或砂堵必须清除以便油井投产在整个钻完井作业过程中，也可以采取将一口分支井与其他分支井眼隔离。

3.4 多分支井钻井案例

以下案例说明了多分支井钻井的一些独特方面。

3.4.1 阿拉斯加北坡双分支井连续油管钻井

在阿拉斯加北坡米尔恩点油田,使用连续油管钻出双分支井,开采斯拉德·布拉夫地层较浅储层中的稠油。Rinxse 和 Johnson(2002)总结了此油田开发中多口油井的钻井作业。

米尔恩点油田斯拉德·布拉夫地层由单层厚度为 25ft 的两层砂岩/粉砂岩产层组成。两个产油砂层由一个 35ft 厚的粉砂岩隔层隔离开来。该区块断层复杂,部分断层发生了重大位移。产油砂层中包含随机分布、限制流体垂直流动的坚硬菱铁矿细脉。由于这些储层的地质条件,将分支井眼的轨迹保持在产油区段内的精确地质导向是关键,斯拉德·布拉夫双分支井的设计井眼轨迹见图 3.13。为了进行井眼轨迹控制连续油管内装电缆来获取;实时的电阻率和伽马射线随钻测井响应数据,复杂井底钻具组合如图 3.18 所示。

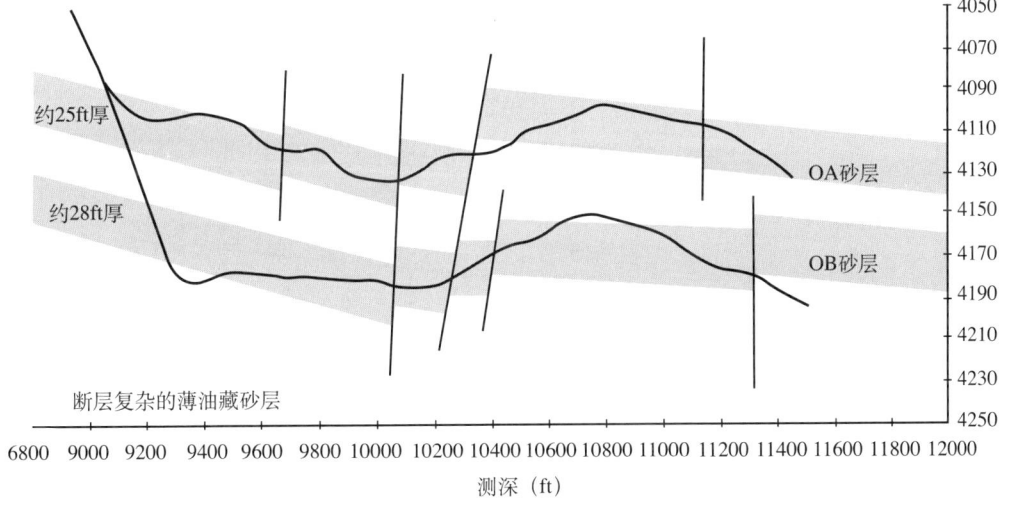

图 3.13 阿拉斯加北坡双分支井的设计井眼轨迹

第二口井的钻井作业程序如下。该井的目标是斯拉德·布拉夫砂层,有两口分支井眼分别钻入不同断块(图 3.14)。分支井眼从 $5\frac{1}{2}$in 的衬管井眼中侧钻,使用 $4\frac{1}{2}$in 油管完成钻井。

第一口分支井的计划长度为 3300ft,造斜率 4.5°/100ft,方位角旋转 180°。造斜器组合顶部的坐放测深为 6377ft。此点的井眼垂直倾斜度为 52°。在 $5\frac{1}{2}$in 套管壁磨铣开窗,耗时 4.5 小时。

造斜段包括一段长度为 200ft、以 5.5°/100ft 造斜率钻出的井眼,钻该井段使用的钻具组合包括 PDC 钻头和弯角为 3.3°的标准 PDM 井下动力钻具。水平段使用 PDC 钻头和弯角为 1°的井下动力钻具钻出。但水平井段钻到 174ft 后,发现井眼轨迹即将穿出目标砂层的顶部,因此从水平井段起始 50ft 处开始使用 2°弯井下动力钻具,从水平井眼底部进行裸眼侧钻。通过裸眼侧钻成功纠正井眼轨迹后,剩余分支井段使用 1.4°弯井下动力钻具,耗时 41 小时,总长 1656ft。钻到该长度后停止了分支井钻井,主要考虑是尾管在摩阻作用下不能下入更深的井眼。实际上,$2^{7}/_{8}$in 尾管仅能下入分支井总长的 330ft。

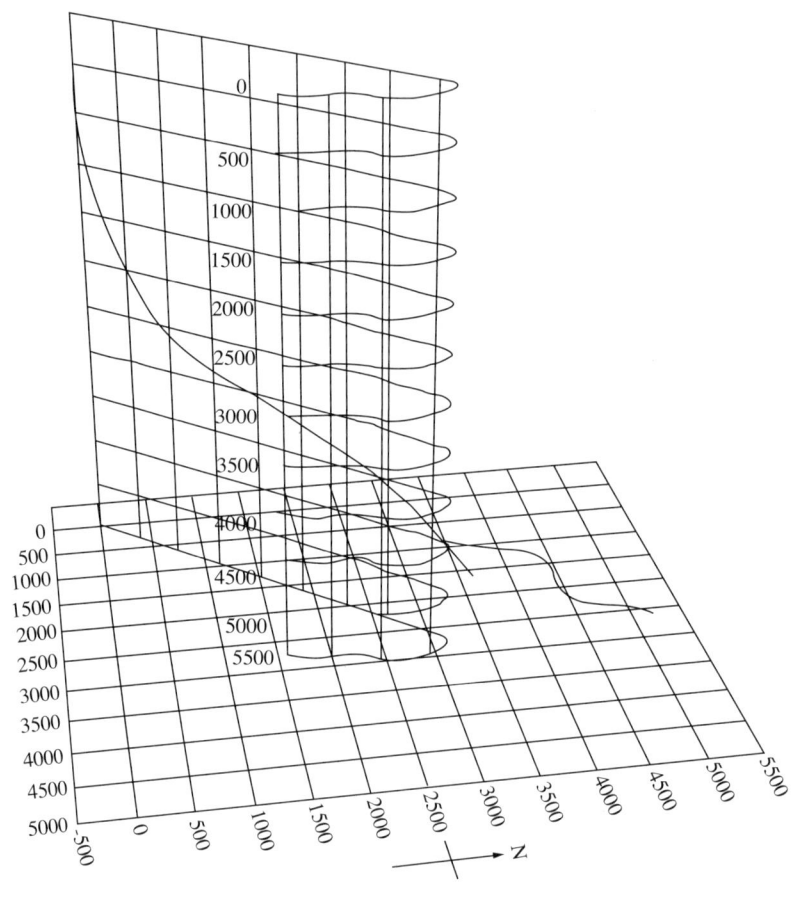

图 3.14 进入两个断块的双分支井

对于第二口分支井眼,在主井眼 6657ft、距离钻第一口分支井的造斜器总成顶部 20ft 处,下放 $4^{1}/_{2}$in×$5^{1}/_{2}$in 流过式造斜器,开始侧钻。磨铣开窗方法与第一口分支井采用的方法相似,磨铣开窗作业耗时 4 小时。第二口分支井眼从主井眼上的造斜点开始侧钻,在几乎垂直于主井眼方向的平面上钻出,因此与第一分支的造斜段相比,第二口分支井眼的造斜段倾斜度较为缓和。增斜段钻进采用 PDC 钻头加弯曲度为 2°的高性能井下动力钻具组合。水平分支井段仍然使用 1°弯井下动力钻具开钻,后来为纠正井眼轨迹换用 1.5°弯井下动力钻具。钻遇意外的断层断距后,采用裸眼侧钻方法将井眼轨迹调回到产层中。分支井眼总长为 2631ft,完钻耗时 5 天。为了减少尾管摩阻,该分支井眼未按原计划下 $2^{7}/_{8}$in 尾管,而是下入 $2^{3}/_{8}$in 尾管。最后成功将尾管下到井眼总长度 120ft 处。

3.4.2　俄克拉何马短半径多分支井

Ellis 和 Samuel(1997)实现了利用短半径双分支井作为成熟注水开发中成本相对较

低的加密钻井方法。钻双分支井的目的是进入俄克拉何马油田 West Little Chief（WLC）组伯班克砂层的未波及区域。该油田伯班克砂层厚度间于 50～80ft，地下埋深为 2900～3000ft。WLC 组砂层的首次开发始于 20 世纪 50 年代，此后多年里一直采用注水注气开发。双分支井的开发目标是储集在渗透率较低油藏区中的未波及原油。

为了降低钻完井成本，钻出短半径增斜段后，分支井段采用裸眼完井。图 3.15 和图 3.16 显示了双分支井其中一口分支井的井眼轨迹。分支井的钻井过程如下：首先钻出长度为 2907ft、直径为 8¾in 的井眼，下 7in 套管到井底，然后一边在套管鞋周围注水泥一边将套管柱上提到距离井底 13ft 的位置。这一工序为分支井造斜提供了良好的水泥塞。

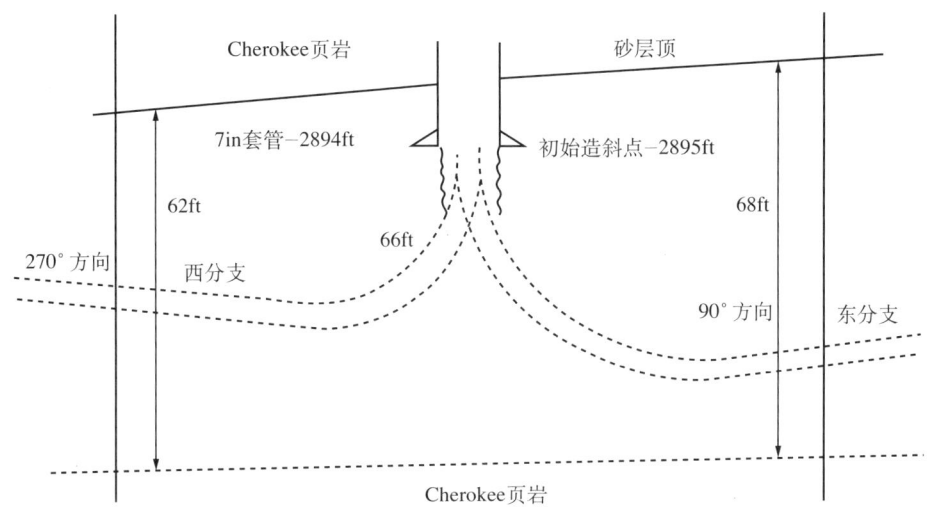

图 3.15 俄克拉何马双分支井井眼轨迹侧面图

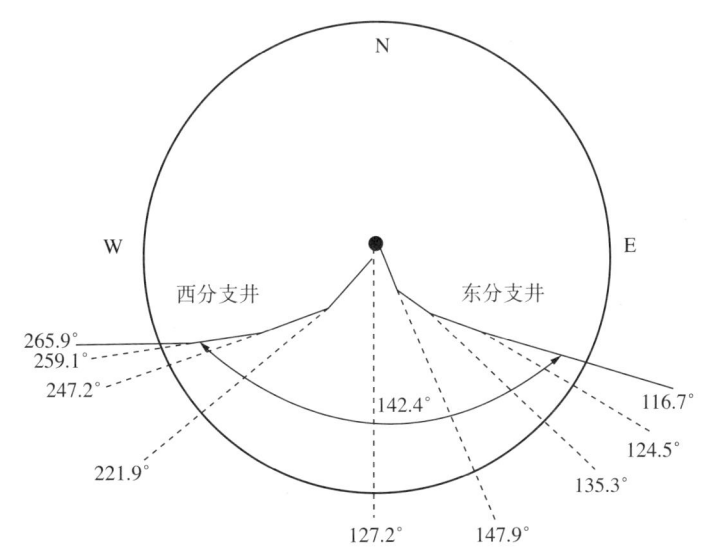

图 3.16 俄克拉何马双分支井井眼轨迹平面图

第一口分支井在测深 2895ft 处从水泥塞开始造斜，使用的井底钻具组合包括 3°×3° 弯壳体、3⅜in 短半径造斜动力钻具和作为导向工具底座的 2°弯接头。下入陀螺仪调整工具面方位，分支井眼同步从2895ft钻到2905ft，从水泥塞造斜侧钻。又用7小时钻进了30ft，此时短半径造斜段的垂深达到2925ft，井斜角为80°。钻造斜段使用的井底钻具组合包括 $2^7/_8$in 短半径分支钻井动力钻具，1°弯壳体和无弯角接头。井眼方向从垂直转为水平方向进尺49ft。该分支井眼的水平段使用两套底部钻具组合完钻，第一套组合包括一个1.5°弯壳体和2°弯接头，第二套包括一个1.5°弯壳体和无弯角接头。两套钻具组合分别钻出476ft和501ft，从垂直井眼钻出的东边分支井钻深为1052ft。这口分支井钻井总共耗时7天，在理想条件下该周期可缩短为4天。

第二口分支井的造斜点也在2895ft处，从第一口分支井使用的同一水泥塞开始侧钻造斜。第二口分支井钻井作业与第一口分支井十分相似，井眼轨迹从垂直方向转为水平方向进尺45ft。当钻至910ft长时，该分支井眼因可能出现井下动力钻具故障而停钻。第二口分支井5天完钻。

3.4.3 委内瑞拉鱼骨形多分支井

复杂多分支井应用最为活跃的地区之一就是委内瑞拉奥里诺科稠油带。开发Zuata油田的Petrozuata公司也一直引领着多分支井的探索研究（Kopper和York，2002；Summers等，2002；Stalder等，2001）。该区域的开发表明了如何利用地质导向技术在地质情况复杂的油藏产层中进行多分支井钻完井操作。

奥里诺科稠油带的开发始于1997年，当时从平台位置钻出了多口水平井单井，有4到12个井口，每一口水平井的泄油区块面积为600m×1600m。重质原油的API度为9°，要求人工举升，因此需要将潜油泵下入到井筒中尽可能深的位置。典型分支井的示意图（图3.17）说明了单口分支井的钻井方案设计。分支井有150ft长井段垂直下入 $13^3/_8$in 套管。中半径造斜井段为 $12^1/_4$in 井眼，泵切线以上的造斜段半径小于8°/100ft。$12^1/_4$in 井段钻至平台位置以东或以西370m位置，然后下 $9^5/_8$in 套管并注水泥固井。然后钻出 $8^1/_2$in 水平井段，

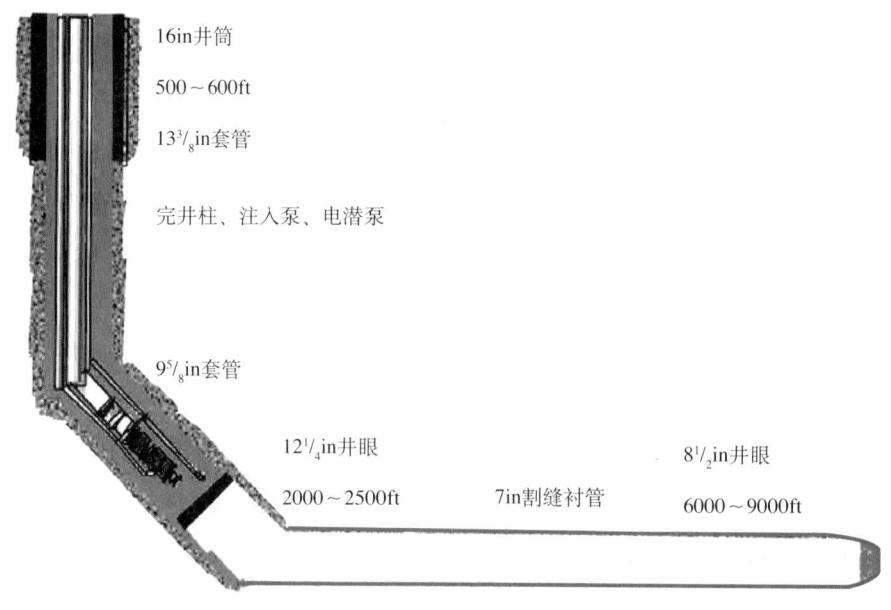

图3.17 委内瑞拉Zuata油田水平井示意图

完钻长度为 1200～1500m，采用 5$\frac{1}{2}$in 或 7in 割缝衬管完井。

分支井单井产量并不理想，平均仅 800bbl/d，而预期产量为 1200～1500bbl/d。对油藏特性进行多方面重新评估后，发现油藏是由侵蚀形态复杂的复合沉积层序地层组成。这种复杂圈闭构造使得水平井单井难以有效地进入油藏。

此后，开始应用复杂程度不断增加的多分支井进行开发。现场开发的井型包括叠加式双分支井或三分支井，鸥翼形双分支井，鸦爪形三分支井以及 Y 形分叉双分支井。此外，也经常从主井眼中钻鱼骨形分支井。从两个钻井平台钻出的复杂多分支井的井眼轨迹如图 3.18 所示。

图 3.18　委内瑞拉 Zuata 油田从两个钻井平台钻出的井眼轨迹

典型的鱼骨形多分支井钻井程序是首先开始钻第一口分支井眼，钻井方式与其他单分支井相同，而不同之处在于，为了钻鱼骨形分支井，通常下入带有预磨铣成形窗口的套管柱，以方便侧钻（Smith 和 Redup，2002）。然后沿主井眼不断向上钻出其他分支井眼。上部分支井眼一般先在垂直方向钻井，然后以一定方位角偏离主井眼。控制造斜角度对方便地在分支井眼中下割缝衬管十分重要，经验表明，从窗口处钻第一段 40～50ft 长的井眼时，方位角变化越小则越理想，可有效预防下衬管遇卡（Smith 和 Redup，2002）。

第二口和第三口主分支井眼采用与第一口分支井大致相同的方法钻成，并下 5$\frac{1}{2}$in 或 7in 割缝衬管完井。在该鱼骨形多分支井的应用中，主要分支井眼在目标砂层的下部钻出。鱼骨形分支井眼钻井采用低面侧钻，为了实现稠油重力泄油一般沿向上方向钻进，总井长为 10000ft，井眼上升高度为 30～50ft。鱼骨形分支井眼的直井为 8$\frac{1}{2}$in，井底钻具组合与主分支井的钻具组合相同，钻井结束后选择裸眼方式完井。鱼骨形多分支井钻井的关键因素是通过地质导向，引导鱼骨形分支井眼进入由页岩层分隔、体积相对较小的砂岩体中。Zuata 油田砂层的典型特点是砂层中存在韵律层或砂岩—粉砂岩交替层，在局部形成大范围的垂直渗流隔层。如图 3.19 所示，从主分支井延伸出来的鱼骨形分支井眼可以穿透这些页岩隔层，从而将井筒与产油率更高的油藏连通。Zuata 油田的地质导向是通过将随钻或近钻头电阻率和伽马射线探测数据与油藏地质及地球物理模型相对比而实现的（Prakesh 和

Redup，2002）。由于鱼骨形分支井眼以上倾角度钻进，因此当钻遇页岩时，可以根据随钻测井探测数据将井眼轨迹调回目标地层中（图3.20）。

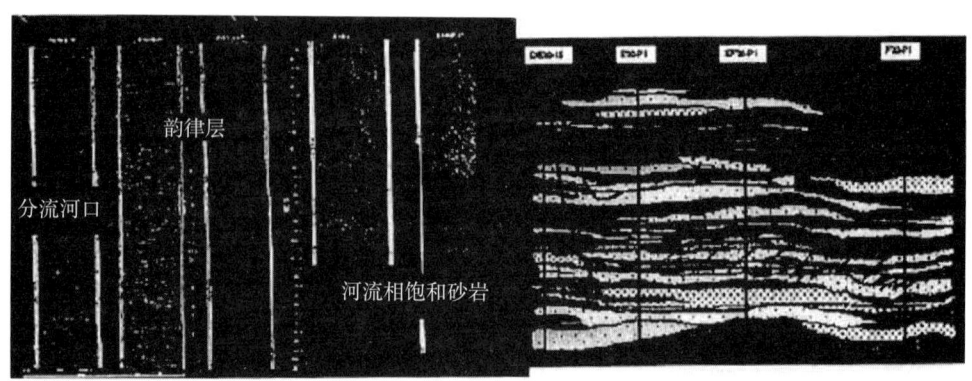

图3.19 鱼骨形分支井眼延伸进入被页岩层分隔的产层

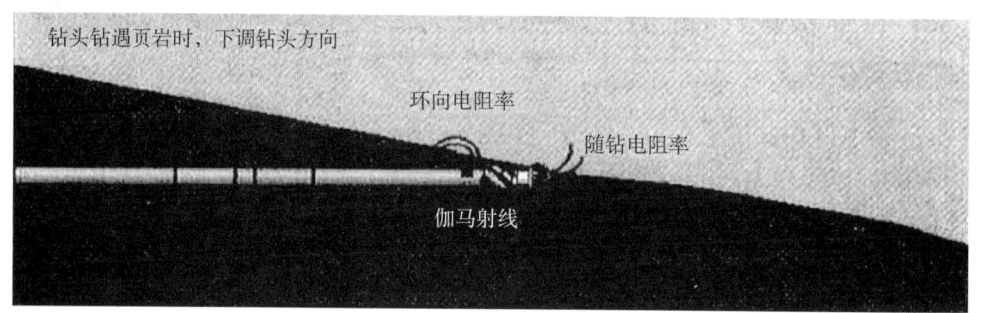

图3.20 根据电阻率测量数据、通过地质导向重新进入产层

应用鱼骨形多分支井可以将单井采油率提高到接近原采油率的两倍，产量从应用多分支井以前的800bbl/d提高到应用多分支井完井后的1500bbl/d。鱼骨形分支井眼的潜在优势是能够持续提高采油率，而其成本费用仅占油井总成本的10%~20%（Summers等，2002）。

第4章 多分支井完井

4.1 概述

多分支井的完井与直井和水平井单井的完井方式大不相同。多分支井完井的主要特征是连通分支井眼与主井眼的接口连接作业。1997年，一些油公司和油田服务公司确立了TAML（多分支井技术进步）分级标准，提出了划分多分支井完井技术等级的指导原则（Diggins，1997；Chambers，1998b）。这些公司将多分支井完井划分为7个不同的等级，其中6s级为第6级的附属级。1级是最简单的裸眼完井，6级与6s级是最高级完井，连接处具备压力完整性。TAML完井连接分级系统是多分支井完井技术发展的里程碑，以后的多分支井连接一直按照TAML标准进行分级。随后的5年中，多分支井完井技术迅速进步，世界各地油田纷纷实施了最高级别的完井——6级完井。2002年，TAML根据多年的现场应用经验和1997年后的技术进步，对多分支井完井标准进行了微调。5级完井标准有所改变，6s级并入6级完井。

本章根据多分支井的分类，详述了多分支井的各级连接完井，包括各级完井的定义、应用以及完井结构和程序。多分支井中连通储层的水平分支井眼（生产或注入）完井与水平井的完井非常相似，仅作简要描述。水平分支井眼的完井效果直接影响多分支井的整井产能。本章将通过表皮系数模型量化，说明水平分支井眼完井对水平分支产能以及多分支井总体产能的影响。本书第8章智能完井中讨论了与多分支井完井及井下监控密切相关的问题。

4.2 多分支井完井设计考虑的因素

选择和设计多分支井完井涉及许多问题。主要问题包括主井眼与分支井眼连接处的井眼稳定性，生产/注入控制，修井或增产作业的井筒重入。豪格（1997）提出了多分支井设计的指导原则。以下是需要考虑的主要因素。

4.2.1 油藏结构

多分支井适用于从单一油藏或多个油藏中开采地层流体。双分支井和三分支井的分离完井、鱼骨形分支井都是在单油藏中应用多分支井技术的示例。当多口分支井眼在油藏不同储层中完井时，多分支井的效果相当于共用一个主井筒的多口分支井眼。这将提高多分支井的经济效益，并涉及在油藏条件和流体特性不同的储集空间中实现多层合采。如果地层条件有利、且分层控制并非关键因素，考虑到经济成本，建议采用较低等级的完井。如果分层控制是重要的问题，裸眼完井可能满足不了生产要求，此时需要采用较高等级的连接完井，实现分支隔离。

4.2.2 连接处地层特性

一般来说，连接处造斜点应当设计在稳定的地层区段。如果不可能选择稳定地层段，须采用等级高于裸眼完井的完井方式来保证连接处的稳定性。

4.2.3 连接处压差

生产期间的储层压力分布变化较大。完井设计不但需要考虑储层的初始压力，还应考虑井的寿命，因为井筒周围的储层压力在生产期内将不断衰减。如果后期生产要求连接处的压力隔离，则应采用较高等级的完井方式。

4.2.4 采油与注入管理

从不同的油藏储集空间合采时需要进行层位隔离和生产控制，以满足环保法规要求，优化油井和储层产能。当一口分支井内水侵程度过高时，可能需要进行分支井眼堵水。在油井寿命期内，产油分支井可以转化为注水分支井。管理合采的多分支井需要对井眼连接处进行控制与隔离。保持井下监测有助于发现分支井眼高含水、窜流和其他生产问题。井下流动控制可以解决一些问题，优化油井产能。高级智能完井技术（永久井下监控）在合采的多分支井产能管理中有着极高价值。

4.2.5 重入能力

在很多情况下，为了提高油井产量，需要重新进入井筒内进行修井和油井增产作业。采用裸眼完井的井由于井筒没有套管支撑，其重入能力有限，而且不能保证进入井筒的通道畅通。在多分支井技术的早期发展阶段，多数多分支井因考虑成本问题而采用了裸眼完井。当今，较高等级的多分支井完井有着更明确的连接处完井配置要求，可以通过多种不同方法实现重入（选择性重新进入井筒，进行增产作业的示例见第 7 章）。

多分支井完井的同时，建立了油藏储层与井筒之间的连通。多分支井各口分支井眼的完井方式与普通水平井十分相似。不同于直井和水平井，多分支井的经济成本较高，而且连接处复杂性高，因此裸眼完井仍然是常见的多分支井完井方式。与裸眼完井相比，割缝衬管完井和预充填筛管完井能够提供更好的井眼稳定性，因而得到了广泛的现场应用。随着多分支井完井技术的进步，已有多次报道在现场成功应用多分支井套管射孔完井的案例。如今，分支井套管射孔完井已成为许多石油公司的标准完井作业方法。分支井眼完井的讨论焦点是分支井眼完井对油井总体产能的影响。

4.3 连接分级

多分支井的连接完井是油井建设的关键步骤。可以根据上一章讨论的问题来确定连接类型。业内最认可的多分支井连接分级是在 1997 年确立、2002 年调整的（Moritis, 2003）TAML 多分支井完井分级标准。根据 TAML 分级标准，多分支井完井分为 6 个等级，1

级为最简单等级，6级为最高级完井。TAML 各级多分支井完井如图 4.1 所示。

4.3.1　1 级完井

1 级完井中，主井眼为裸眼完井，从主井眼钻出的分支井眼也采用裸眼完井。连接处无机械支撑或液力隔离性。从多分支井的初期发展阶段开始，1 级完井因其结构简单和低成本特点，一直被选用为许多多分支井的完井方式。此级完井不需要磨铣开窗和回收造斜器；只安装最少的井下采油设备，甚至不安装，保留大口径井筒供采油使用。1 级完井的连接处和支井眼缺少支撑，因此要求高致密、坚硬的地层条件。许多位于稠油层中的多分支井，延伸进入油层的树杈状分支井眼（从一口分支井钻出的下级分支井眼）都采用 1 级完井。

合采一般不进行采油控制和地层隔离。同时，1 级完井多分支井的重入性不能保证。这些不利条件限制了 1 级多分支井完井的应用。

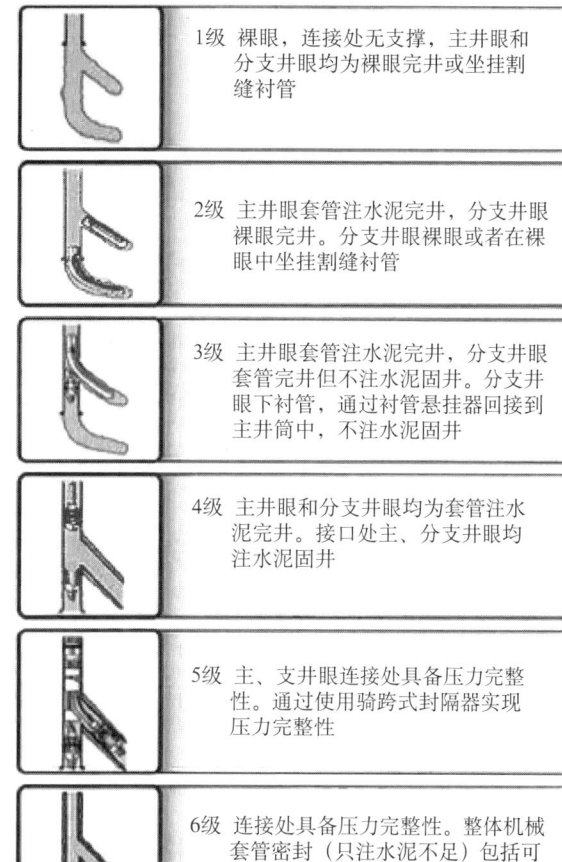

1级　裸眼，连接处无支撑，主井眼和分支井眼均为裸眼完井或坐挂割缝衬管

2级　主井眼套管注水泥完井，分支井眼裸眼完井。分支井眼裸眼或者在裸眼中坐挂割缝衬管

3级　主井眼套管注水泥完井，分支井眼套管完井但不注水泥固井。分支井眼下衬管，通过衬管悬挂器回接到主井筒中，不注水泥固井

4级　主井眼和分支井眼均为套管注水泥完井。接口处主、分支井眼均注水泥固井

5级　主、支井眼连接处具备压力完整性。通过使用骑跨式封隔器实现压力完整性

6级　连接处具备压力完整性。整体机械套管密封（只注水泥不足）包括可改造式接口和需要大直径井眼的不可改造、全直径分叉套管

图 4.1　多分支井完井 TAML 分级

4.3.2　2 级完井

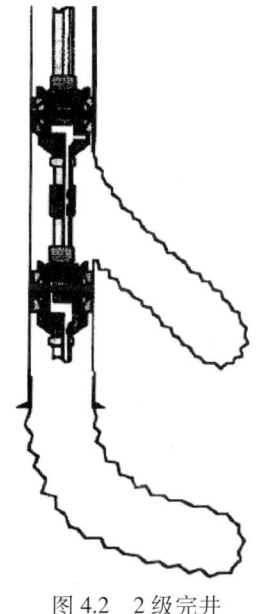

图 4.2　2 级完井

2 级完井主井眼为套管注水泥完井，而分支井眼采用简单方式完井，例如裸眼完井，通过主井眼向分支井眼下割缝衬管或预充填筛管。由于主井眼采取套管注水泥完井，因此有两种方式从连接处形成支井眼窗口，即下带预磨铣窗口的套管或者磨铣套管开窗。在第 3 章已经说明建立连接和分支井钻井的程序。分支井眼钻成后，下分支井眼完井设备（筛管或衬管）并悬挂回接到主井筒。2 级完井比 1 级完井复杂，增加了带有预磨铣窗口的套管下井和注水泥固井程序，或者磨铣套管开窗和回收造斜器的程序。但由于 2 级完井中连接处有套管支撑，所以 2 级完井比 1 级完井有更好的井筒稳定性。

分支井眼完钻后，常见的 2 级完井操作是在位于两个封隔器之间的连接处坐放滑套，保持分支井眼的裸眼状态，该步操作如图 4.2 所示（豪格，1997）。滑套打开时，两口分支井眼合采。对于 2 级完井的地层隔离，可通过在下部封隔器配置堵水塞，实现对下部分支井眼的封堵，解决底水锥进和/或其他生产问题。注意，两口分支井合采油进入油管后将不能再分开。由于 2 级完井使用滑套，重新进入井筒将受限制。

另一种 2 级完井使用过流式造斜器和悬挂于造斜器下的割缝衬管组合。这种方式选用衬管完井，提供了连接处的机械支撑，并将额外成本降到最低。该完井方式的缺点是占用主井眼空间，重入能力大大受限，而且没有地层隔离，必须采用合采方式采油。

2 级完井的一个关键因素是接口处的地层稳定性。由于连接处无机械支撑，如果地层不够坚硬，连接处很容易坍塌。这种情况下应采用较高等级的完井方法。

4.3.3 3 级完井

3 级完井的定义为：主井眼套管注水泥完井，分支井眼下套管但不注水泥。与 2 级完井相比，3 级完井的主要优势在于连接处的机械完整性得到提高。3 级完井提供了在非致密地层的防砂措施和稠油开采的有限连接支撑。由于 3 级完井不具备压力完整性，连接处无水泥封固，会出现生产期间因压降较大而导致连接失效的问题。

典型的 3 级完井程序，先下带预磨铣窗口的套管或者下工具磨铣套管形成开窗，然后钻出分支井眼。使用造斜器或其他造斜工具调整进入分支井眼的完井工具的方向，在分支井眼中下割缝衬管或筛管，然后使用带闭锁装置的不同完井工具机械回接到主井筒。完井设计的主要考虑因素是完井之后再次进入主井筒或支井筒的需求。3 级完井中，应当为生产、重入、修井设备及人工举升装置尽可能多地保留主井眼与分支井眼空间。

3 级完井有几种变化方式（图 4.3；Chambers，1998b）。一种常用的 3 级完井方式是采用分支井段回接（LTB）系统（哈里波顿，2007），此系统设计使用预磨铣窗口。分支回接使用带有定向锁紧耦合器的预铣窗口接头（图 4.4）。标准安装程序是首先在主井眼中下带有预铣窗口接头的套管，钻出分支井段，然后使用常规悬挂器和闭门工具下分支井段衬管，最后坐挂衬管。这种完井方式允许重新进入分支井筒。

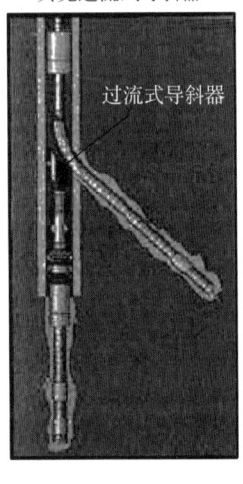
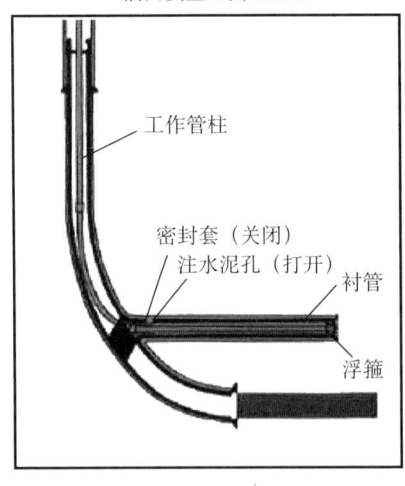
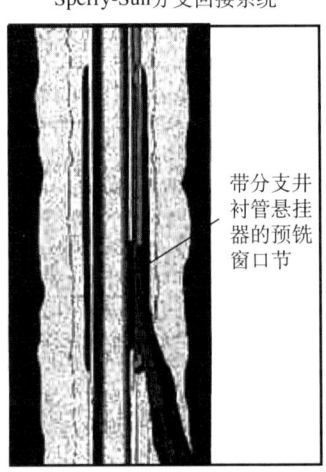

图 4.3 3 级完井

壁钩式悬挂器系统是另一种应用广泛的 3 级完井方式（Pasicznyk，2001）。壁钩式悬挂器是带有机加工成形窗口的衬管节。窗口底部的壁钩将系统悬挂在套管窗口下。系统顶部装有向下锁紧卡瓦，将系统和主井眼锁紧接合（图4.5）。磨铣套管形成窗口、从套管进出窗口钻完分支井眼后，安装壁钩式悬挂器系统。

形成分支井眼后，使用底部弯接头将割缝衬管下入分支井眼。衬管下到要求深度后，接入套管旋转头和壁钩式悬挂器组合，作为分支井割缝衬管系统的一部分。套管旋转头的作用是在允许悬挂器旋转的同时防止分支井眼中的衬管转动，确保与套管窗口对接成功。悬挂器进入套管底部后，释放下放工具，施加下压重量，使压紧卡瓦与套管咬合，将分支井眼衬管锚接到主井筒。

快速回接四分支系统是一种3级完井系统，主要应用于稠油开采（Smith 等，2001；Schlumberger，2002）。在同一套管段最多可侧钻形成4口分支井眼。该系统组成包括预铣开窗接头和衬管回接装置。衬管回接装置包括可锁挂在窗口底部的燕尾形挂耳，可锁入窗口顶部开口的扇形悬挂工具，可吸收衬管回弹能量的衬管反冲弹簧以及旋转接头（图4.6）。安装程序是首先钻出分支井眼，然后下衬管和回接工具总成。当深度定位器的定位销找准上部深度剖面位置时，释放旋转接头的离合器，使回接定向销转动进入定向槽。回接装置由反

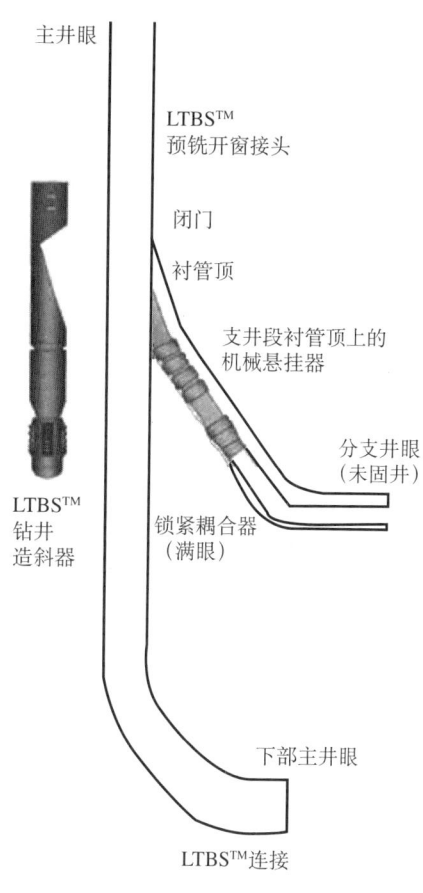

图 4.4　3 级回接系统

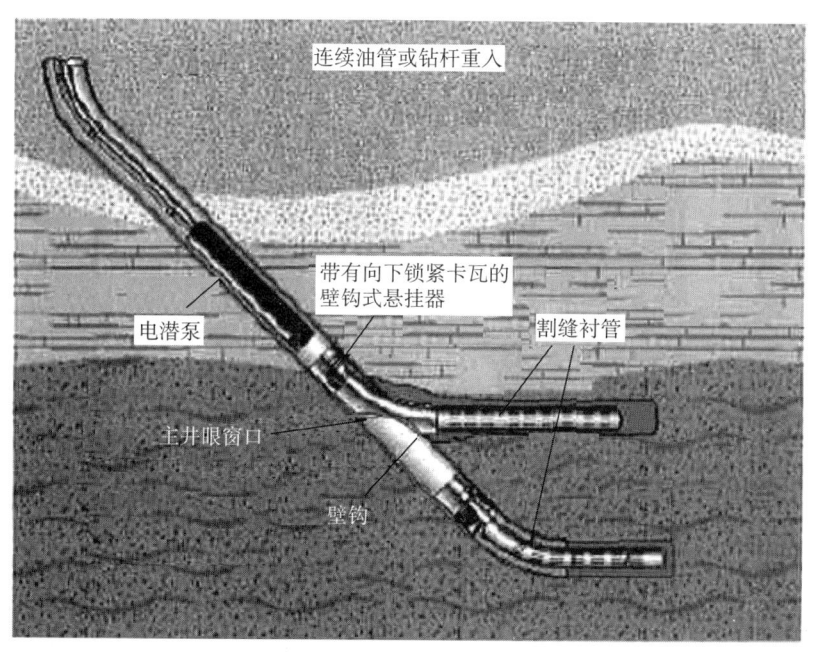

图 4.5　3 级壁钩式悬挂器系统

冲弹簧固定，操作下放工具使回接装置上的扇形悬挂器与窗口挂合。然后从回接装置上释放下放工具，并回收造斜器。

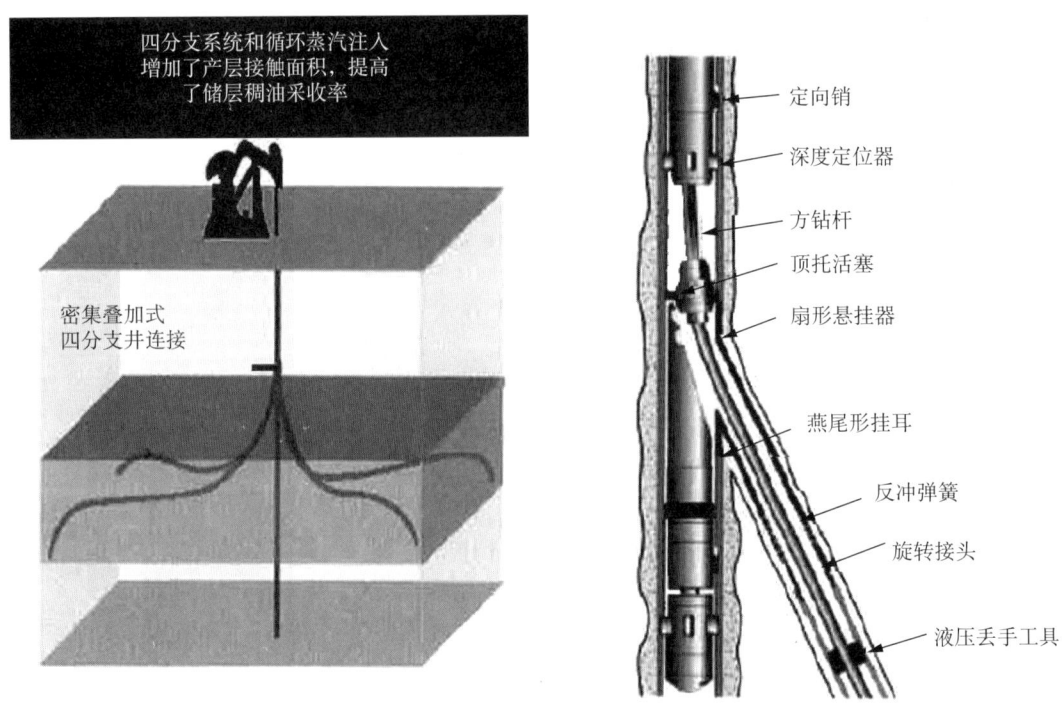

图 4.6　3 级快速回接四分支系统

机械固定套管悬挂系统（Fipke 和 Oberkircher，2002）是改进的 3 级完井方式，与分支回接系统相比其安装程序更加快速便捷。该系统使用可回收式斜向器将标准衬管圆堵头从主井眼导出，使衬管进入分支井眼，该系统不使用传统的弯接头或其他定向工具组合。使用弯接头或定向钻杆组合下衬管不仅耗时长，而且难于操控，因为衬管通过主井眼需不断尝试，可能出现误差。而斜向器提供了将衬管从主井眼导入支井眼的平稳过渡方法，而且无需预先定位。

钻完分支井眼后，在井眼下部的固定工具总成中下入斜向器，固定工具总成可以自动将斜向器工作面调向支井眼窗口位置。然后分支井眼全长下衬管，并下入过渡接头总成。衬管下放工具将进入上部定位锁扣接头，帮助过渡接头总成与主井眼套管剖面锁紧。最后释放衬管下放工具，回收斜向器，对分支井眼进行生产完井。井筒可以重新进入。图 4.7 说明了该完井系统的安装程序。

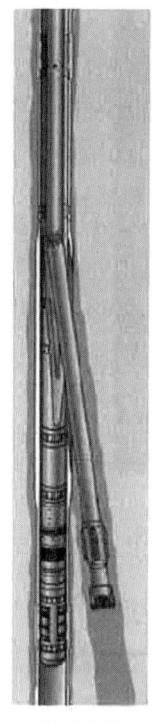 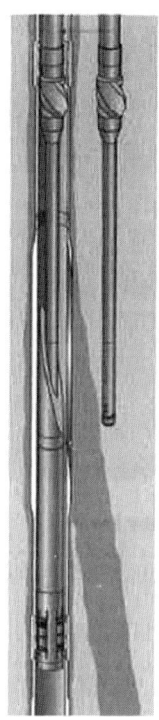 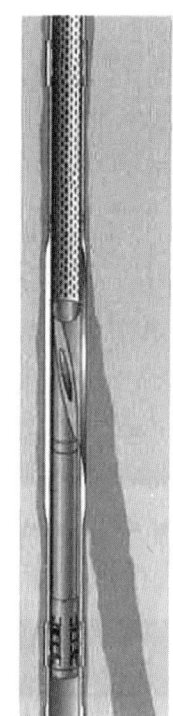 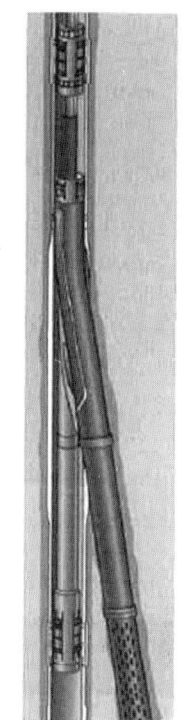

a.钻分支井眼　　　b.坐放斜向器　　　c.下分支井衬管　　　d.衬管坐挂工具定位

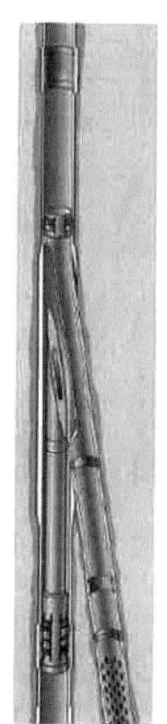 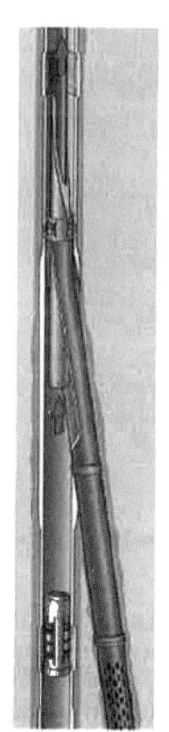 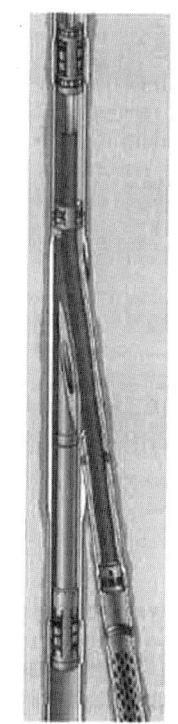

e.坐放过渡接头总成　　　f.起出衬管下放工具　　　g.回收斜向器工具

图 4.7　3 级机械固定套管悬挂系统

4.3.4　4级完井

4级完井中，主井眼和分支井眼均为套管完井，连接处注水泥固井。与3级完井（只在连接处下套管实现机械完整性）相比，4级完井通过连接处水泥固井，实现了更好的机械完整性和液力隔离。该级完井可承受较高压差并预防连接处出砂问题。4级完井的程序较为复杂，完井需要多趟起下钻而且设备更多。4级完井既可以采取从主井眼中段铣套管开窗的方法，也可以使用带预铣窗口的套管。分支井段完钻后，下衬管并注水泥固井。从这一点开始，可以通过套铣造斜器形成进入主井眼或分支井眼的通道，保持进入主井眼的满眼通道，或者钻穿造斜器形成进入通道，但此方法将缩小进入主井眼的通道尺寸。图4.8说明了4级完井的流程（Chambers，1998b）。

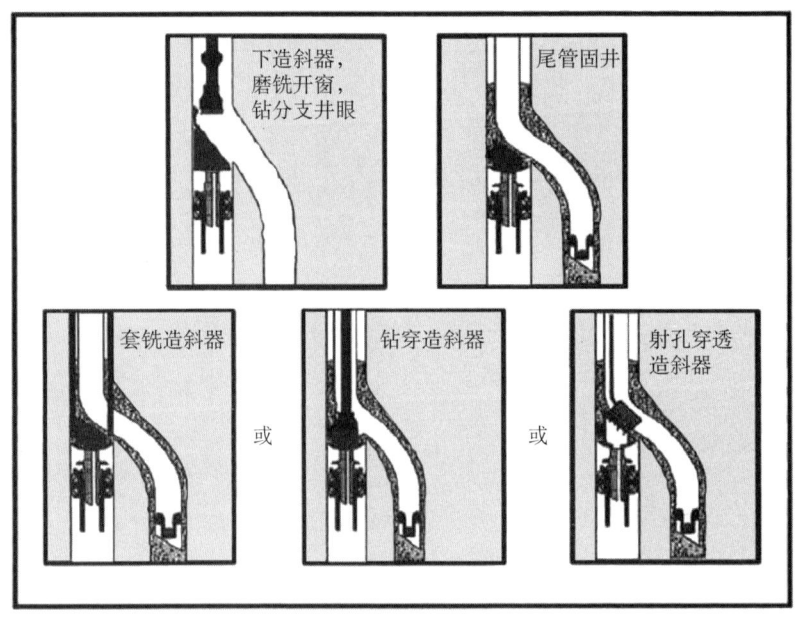

图4.8　4级完井

图4.9显示了4级完井跟部系统，通过造斜器磨铣套管开窗（贝克休斯，2007）。在套管上开窗后钻出分支井眼，然后下衬管并注水泥固井。水泥凝固后，进行分支井筒射孔、增产和完井作业。完井作业和增产措施结束后，下入套铣工具组合，切削回收与主井眼套管重叠的衬管柱。当套铣工具组合通过造斜器外部时，组合中的回收节将倒扣进入造斜器下部，实现造斜器回收。分支井连接作业结束后，在连接区域形成的井筒直径等于主井筒内径。

4级完井的另一种方法是先下带预铣窗口的套管，然后钻出分支井眼，在分支井段下衬管并固井，随后通过套铣形成进入分支井眼和主井眼下部的完整通道。壁钩式悬挂器系统是该方法的重要部件。壁钩式悬挂器系统包括带有预铣窗口的套管节，井筒内部重入的定位剖面，以及位于预铣窗口之下、用于抓挂分支井眼衬管的壁钩。在预定的套管穿出深度以下坐放封隔器，下入工具将多分支封隔器定位，然后下磨铣工具并坐放在定位封隔器上。完成磨铣开窗与分支井侧钻后，回收造斜器组合。

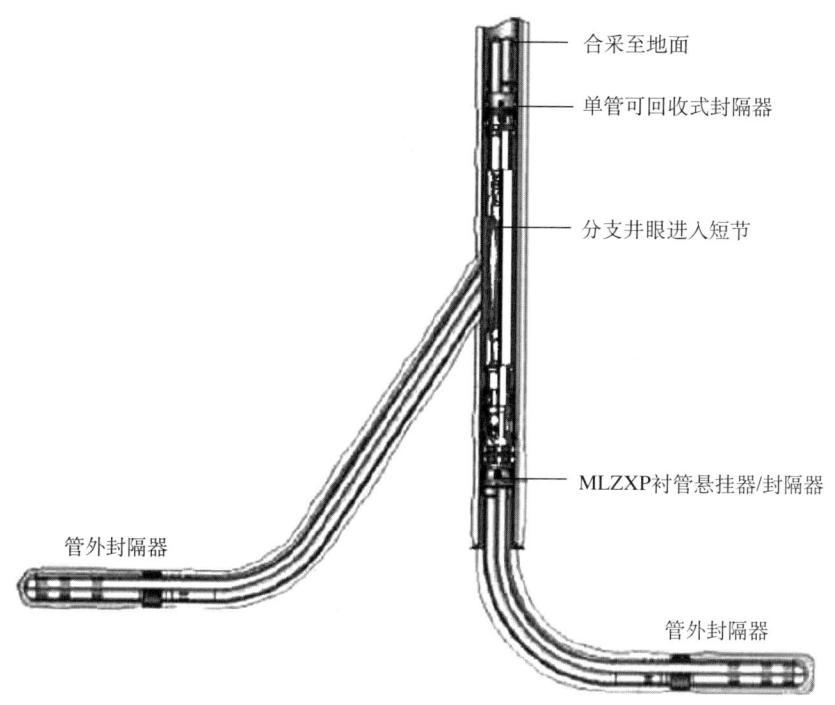

图 4.9　4 级跟部系统

然后下入壁钩式悬挂器和分支井衬管组合，通过弯接头导向进入分支井眼，直到壁钩与套管窗口接合。坐挂壁钩式悬挂器之后，注水泥将壁钩位置固定。这种 4 级完井方法不但能够有效地穿过油管重新进入任意分支井眼，而且实现了连接处的完全机械支撑。

另外一种较为简单的 4 级完井方法是使用浅层造斜器替代常规造斜器。为了重新获得进入下部主井眼的通道，浅层造斜器带有孔眼通道。这种方法不需要进行套铣或磨铣，但是阻止了造斜器下方的重入主井眼。

4.3.5　5 级完井

5 级完井的发展以 4 级完井系统为基础，提高了压力完整性。5 级完井通过在主井眼和分支井眼中下油管和封隔器实现了连接处的压力完整性。在标准 5 级完井中，连接位置以上是双封隔器，连接位置以下的下部主井眼和分支井眼中有另外两个封隔器。下入双油管柱，穿过双封隔器进入主井眼和分支井眼中，双油管柱通过下部主井眼和分支井眼内的其他封隔器密封。双油管柱可以通过双封隔器上方的"Y"形分叉机构实现合采。5 级完井为处于易坍塌、薄弱地层中的多分支井提供了最佳解决方案。5 级完井示意图见图 4.10。

5 级跟部系统的详细完井配置见图 4.11。下入衬管悬挂封隔器和造斜器组合，磨铣套管形成窗口。钻出分支井眼后，下衬管并注水泥固井。下衬管时，衬管顶部应当穿过套管窗口回接到主井眼中。下放其他完井装置，实现 5 级多分支系统要求的水力完整性。首先下入导向块和锚定系统。锚定系统插入位于窗口之下的多分支封隔器，顶住多分支封隔器固定位置。导向块固定后，利用导向块导引，向分支井眼中下生产管柱，通过预先坐放在分支井眼中的生产封隔器来实现生产管柱的密封。5 级多分支井完井的最后一步取决于预期采油方式。如果分层开采,可直接下标准的双油管封隔器并坐放插入导向块中。如果两个产层合采,可在导向块上方下选择性进入工具和标准封隔器,并坐入导向块中。

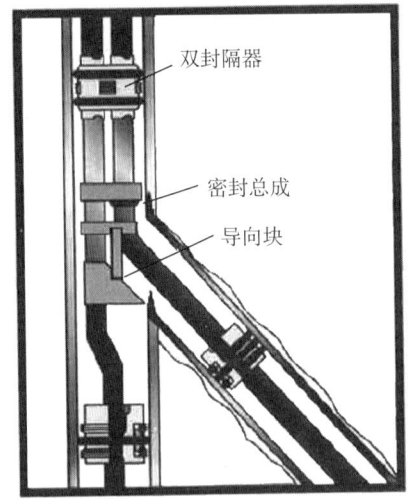
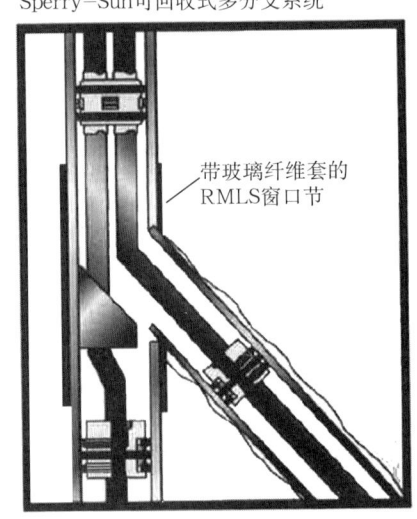

图 4.10　5 级完井

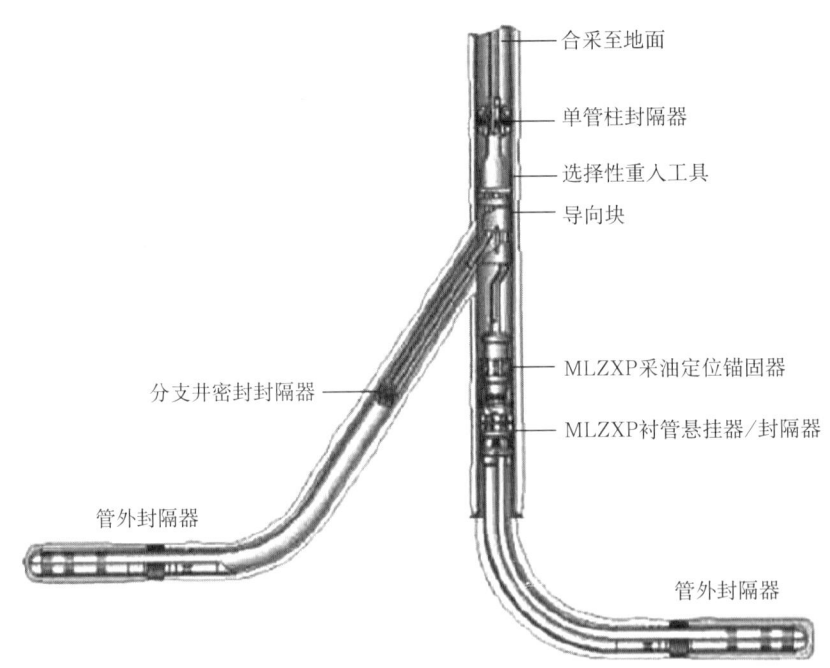

图 4.11　5 级完井跟部系统

选择性重入工具最简单的描述是:将两个产层的油混合的倒"Y"形装置。通过使用导向块,本系统仍然可以选择性地重新进入任意井眼,导向块可以使用连续油管或钢丝绳下入井下,或者直接装置于选择性重入工具中。导向块在地面进行配置,用于选择性地封堵某口生产分支井,并引导连续油管进入多分支井的其他分支井眼。目标井眼的处理完成或修井作业结束后,可以起出导向块,恢复油井合采。

4.3.6 6级完井

6级完井是多分支井技术中的最高级完井。通过连接处的套管柱支撑，实现了主井眼与支井眼完全的压力完整性和液力隔离。6级完井有两种方式，即可改造式完井与不可改造式完井。可改造式6级完井的分支井腿尺寸较小，可通过井下液压工具或变径操作来膨胀扩张尺寸。近年来研发了井下液压膨胀技术，用于扩大分支井腿的尺寸。可改造式6级完井有一定局限性，即6级完井抗压强度相对较低。不可改造式6级完井的实际全尺寸接口部分在地面完成制作。这种接口可承受较高外挤压力，但是连接尺寸和下部主井眼、支井眼的尺寸受主井眼中套管内径的限制。这种完井方式需要用大尺寸套管。与其他多分支井完井方式相比，6级连接完井有几项重要优势。首先，它属于单组件完井，连接完井过程得到大大简化，避免了井下铣窗或套铣工艺产生的金属屑。接口处的液力隔离性和压力完整性不依赖于固井质量或任何其他密封系统。进入两口井眼的连续衬管内径提高了井控能力。该级完井保证了最大灵活性的同时，将风险和复杂程度降低到最低水平。目前，6级完井的主要局限在于其较大的井眼尺寸要求与高完井成本。

制作可改造式接口使用的材料非常关键，所用材料应具有高强度（抗内压和抗外挤强度）、大壁厚、高延展性等组合特性。材料必须有足够的强度承受工作压力，同时在变形和改造过程中必须具备足够的挠性与韧性。图4.12显示了可改造式接口的配置（Steele和Nobileau, 2002）。

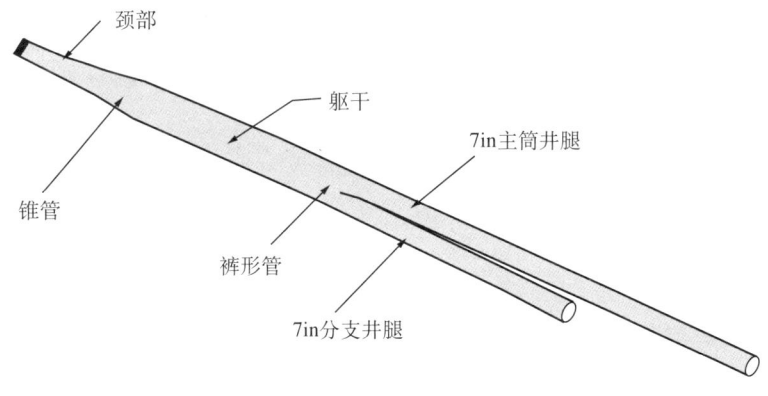

图4.12 6级可改造式完井配置

可改造式6级完井的多分支接口通过金属成形技术制成，在安装期间，该接口的有效外径小于连接处两条套管腿的直径之和。图4.13显示的系统（Fipke和Oberkircher, 2002）为预成型构件，作为标准套管柱或衬管柱的一部分从地面下入井中或者用衬管悬挂器进行悬挂。接口下井前，对接口落地深度附近的裸眼区进行井下划眼，为连接改造提供足够空间。进入划眼井段后，使用变径技术改造非圆井眼。然后进行常规的钻完井作业。6级多分支井建成后，可以通过使用特殊井下完井工具实现地层隔离和任意井眼重入。

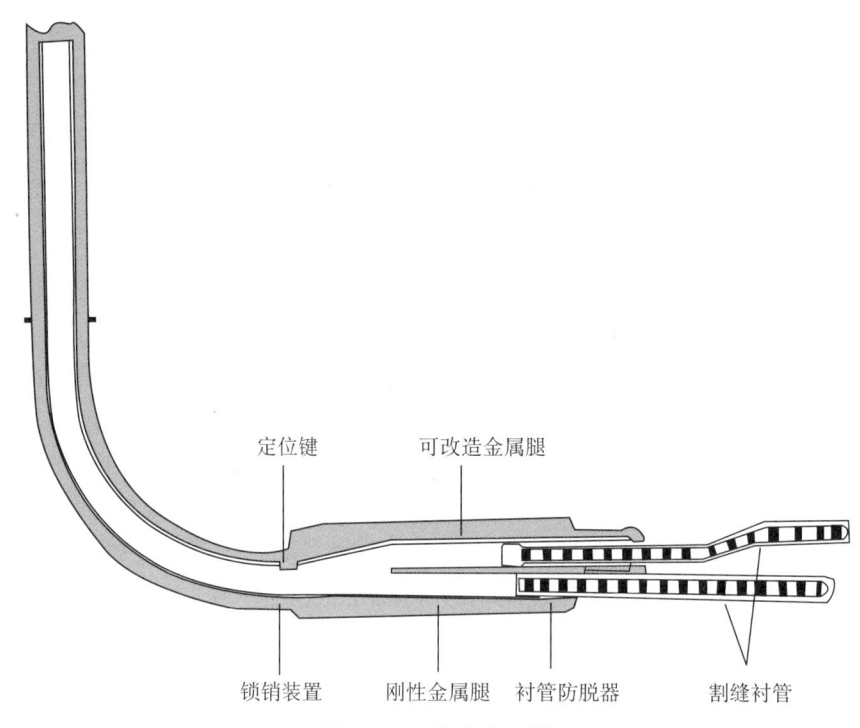

图 4.13　6 级完井示例

　　该系统主要构件包括：预成形接口总成，改造用预安装导向块，后期重入作业用钻井导向器以及下放工具。其他所有固井、钻井和完井工具都是非多分支井专用的标准设备。

　　6 级可改造式接口的另一个例子是双支腿接口，该接口使用加强件作为硬化的工具引导面，防止在钻井过程中磨损（Ohmer 等，2000）。两条可改造支腿以小分离角焊接在加强件上（图 4.14）。在成形过程中，接口的几何构造将被压缩到与套管匹配的尺寸，此时只有支腿部位承受塑性变形，而加强件不会变形。接口通过井下膨胀恢复到原尺寸。膨胀操作使用装有径向液压活塞无线传送液压膨胀工具。两条支腿将被同时改造。径向安装的活塞可使膨胀力直接作用在分支腿上，而不会有任何径向力作用于接口处。改造过程通过预装在液压系统中的传感器从地面进行监控。膨胀工具见图 4.15。

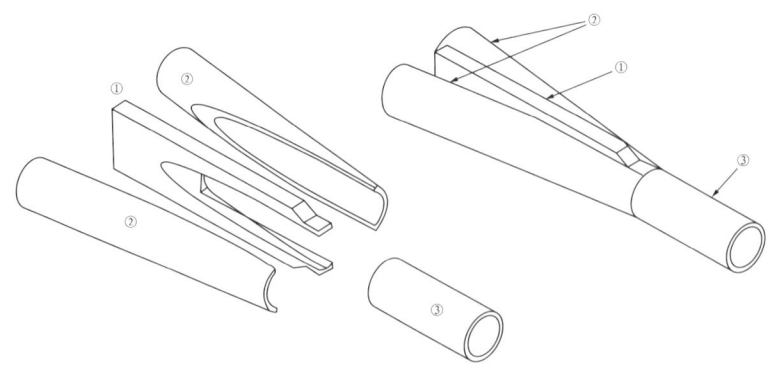

图 4.14　6 级完井工具

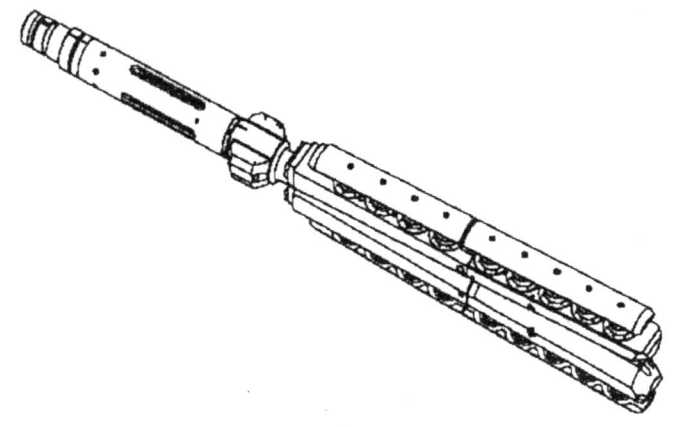

图 4.15　6 级完井工具

4.4　分支井完井

4.4.1　简介

一般来说，多分支井产油段采用的完井方式取决于多分支井的类型和地质条件。致密地层中的 1 级和 2 级多分支井采用裸眼完井或者割缝衬管或尾管射孔完井。套管射孔完井仅可应用于 4 级或 4 级以上的多分支井。多分支井的分支井眼完井与水平井单井的完井方式相似。最简单的完井方式是裸眼，从裸露井眼中排泄储层流体。直井和水平井使用割缝衬管来保持井眼完整性。割缝衬管是在管身割出很多细长开口（割缝）的一般钢管。割缝可以防止地层砂进入管内，同时不影响储层流体流入衬管；但是因为割缝尺寸较大，割缝衬管并不是可靠的防砂完井工具。割缝衬管为井眼提供机械支撑，预防井壁坍塌。

与筛管相比，割缝衬管价格相对便宜，并且容易加工。割缝衬管的缺陷在于缝的尺寸不足以阻挡颗粒砂子进入井筒。缝在衬管周围并排分布。图 4.16 是（2007 年割缝井）使用过的不同的割缝衬管。最常使用的割缝样式是在一个集中位置交错割多缝（多重交错排列型）。射孔衬管、提前钻孔套管也被用于水平分支完井。

　a. 单一平行缝　　　b. 复合平行缝　　　c. 单一交叉缝　　　d. 复合交叉缝

图 4.16　割缝衬管类型

标准筛管、网状筛管以及预包装筛管都广泛用于水平段部分。与衬管相比，筛管在胶结不密实的地层中在防砂方面非常有效和可靠，特别在细砂粒地层中。为了提高筛管的抗地层坍塌以及用于完井时的抗腐蚀能力，所以加工时用超级材料来制作并且制成多层。筛管完井存在一个问题就是筛管倾向于放在水平段的下部,这样就在水平段横面的上部留出了空间。这易造成井筒上面不牢固或者因砂子在环空内流动对套管产生冲蚀作用。用膨胀筛管能在水平段降低这些问题的产生。由于这种筛管在井内膨胀所以能减少或消除裸眼井壁与筛管之间的环空体积(Baker Hughes,2007)(图 4.17),并且能在完井时减少对筛管的损害。如果地层出砂单在水平段下筛管来完井是一种既简单又经济的手段。这种方式在完井初期可以,一旦时间延长,由于地层出砂导致筛管被堵或者因腐蚀导致筛管最终损坏,使完井段被堵塞,从而使生产不能维持。

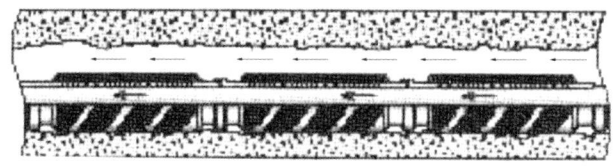

a. 标准筛管

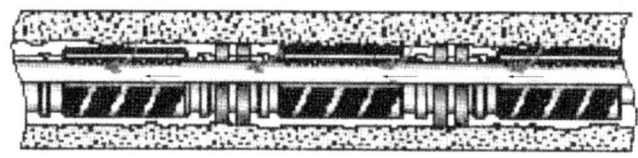

b. 膨胀筛管

图 4.17 膨胀筛管

砂砾充填方式目前在长水平段完井时用得越来越多。这种方式就是在筛管周围填上砂砾。所用砂砾或者是天然的或者是粒径比较小且足以能起到挡砂或细颗粒的合成材料,但粒径必须大到被筛管足以控制住。图 4.18 是砂砾充填方式完井(Syed 等,2001)。与单用筛管完井相比,砂砾充填能使井壁稳固并且井身结构可靠。这种方式能减轻与砂而有关的问题,比如砂蚀、出砂以及采到地面后的处理问题。它并且能消除单用筛管完井时的环空冲蚀问题。砂砾充填方式能使井有一个较长的生产周期。这种方式完井很少有井壁坍塌的,但降低产量时有发生。

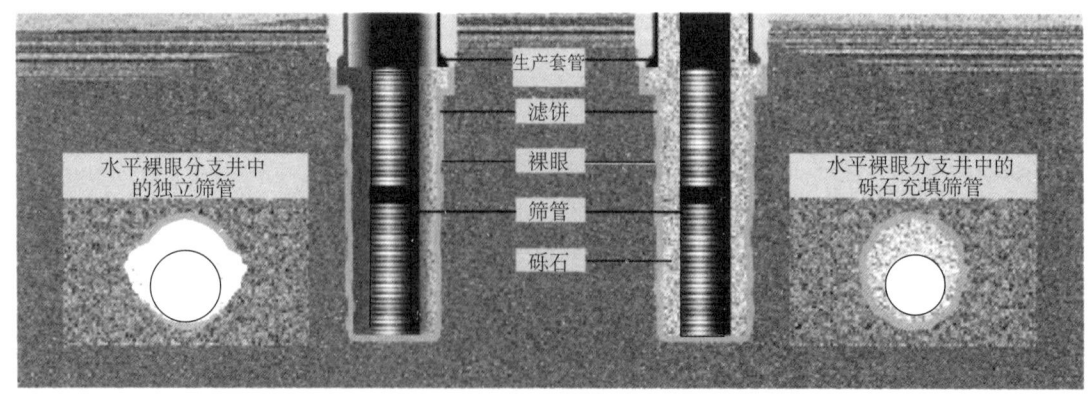

图 4.18 砾石充填完井

套管射孔完井法是一种最可靠的完井方式,它能沿钻进方向实现井身结构、产量控制及注入量的有机组合。与其他完井方式相比，套管射孔完井的费用比较高，完井程序复杂，特别是在有长水平段情况下。

但在今天，水平分支井眼套管射孔完井因其可靠性高而得到越来越广泛的现场应用。

4.4.2 水平分支井的完井效能

水平分支井作为整个油井的组成部分，其完井效能直接影响到整井产能。可以用表皮系数的概念来评价不同完井方式的油井产能。总的来说，表皮系数反映了油藏流体自然流动的附加制约因素。完井表皮系数由几部分组成。除了最常考虑的表皮系数、地层伤害表皮系数之外，还包括与单井完井方式有关的机械表皮系数。对于裸眼完井的情况，唯一的表皮系数是与地层伤害相关的表皮系数。本部分讨论了水平井的地层损害表皮系数和与不同分支井完井方式的相关机械表皮系数。本部分中完井表皮模型的结果也直接应用于第5章中多分支井的整井产能估测。

水平分支井的地层伤害表皮系数。油井寿命期内任何作业，如钻完井、采油作业甚至增产措施，都可能造成近井眼地层伤害。进入储层的外来流体将改变储层岩性，从而导致地层岩体的渗透率降低，这种现象通常称为地层伤害。水平井的泄油方式与直井大不相同。水平井中流体的流动状态在近井区为径向流，在远井区为线性流，而对于直井，主要流体状态为径向流。油藏各向异性是影响水平井生产非常重要的参数。水平井流入动态模型中的表皮系数与直井模型表皮系数意义不同，水平井模型中的表皮系数对油井流入动态的影响通常较低。由于储层的非均质性和暴露在钻井液中的时间不同，地层最可能沿分支井眼方向遭到不均匀伤害。常规霍金斯公式（霍金斯，1956）不能用于测算水平井的地层伤害表皮系数。

Furui 等（2003）提出了水平井地层伤害的总表皮系数模型。该模型假设条件是，垂直于井筒的受损害横断面（图4.19）模拟的是皮斯曼修正方法（1983）给出的流体从各向异性渗透率场向圆筒形井筒流动的等压线。因为地层伤害通常与流量或流速直接相关，所以假设地层伤害的分布与压力场相似。假设地层伤害分布在 y—z 空间内，考虑空间非均质性，对霍金斯公式变形，得到地层伤害表皮系数 $s_d(x)$ 的解析表达式为

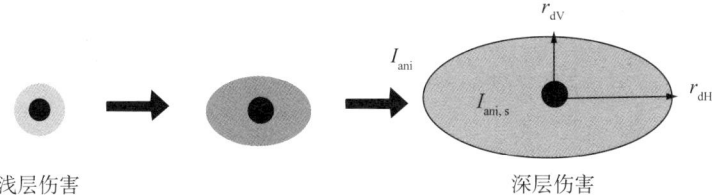

图 4.19 地层伤害横断面

$$s_d(x) = \left[\frac{K}{K_d(x)} - 1\right] \ln\left[\frac{1}{I_{ani}+1}\left(\frac{r_{dH}(x)}{r_w} + \sqrt{\left(\frac{r_{dH}(x)}{r_w}\right)^2 + I_{ani}^2 + 1}\right)\right] \tag{4.1}$$

其中

$$I_{ani} = \sqrt{K_H/K_V} \tag{4.2}$$

此处定义的局部伤害表皮系数说明的是垂直于水平分支井的平面二维流的表皮效应。

在方程式 4.1 中，r_{dH} 为伤害椭圆的水平轴半长，K_d 为受伤害地层的渗透率，而 K 为未受伤害地层的渗透率。水平分支井的总伤害表皮系数通过将分支井长度代入方程式（4.1）获得

$$s_d = \frac{L}{\int_0^L \left\{ \left[\frac{I_{ani}h}{r_w(I_{ani}+1)}\right]^{-1} + s_d(x)\right\} dx} - \ln\left[\frac{I_{ani}h}{r_w(I_{ani}+1)}\right] \tag{4.3}$$

式中，L 表示水平分支井长，r_w 为井筒半径，h 为产层厚度，I_{ani} 为各向异性比，而 $s_d(x)$ 为局部伤害表皮系数分布。如图 4.20 所示，局部伤害表皮系数可以说明沿水平井方向任意分布的地层伤害。一般来说，近井区地层伤害对水平井完井的影响小于对分支井完井的影响。但是，如果储层厚度大，径向流将占支配地位，因此地层伤害将对水平分支井造成重大影响。为确定水平分支井中地层伤害的重要性，可以将伤害量级和完井表皮系数与水平井流入方程（Hill 和 Zhu，2006）中的其他项相比对。

完井构件的表皮系数模型。除了地层伤害造成的表皮效应，完井作业本身也会改变储层流体流入井筒的流动路径，而由于裸眼条件下的流径被改变，完井作业可能造成影响井产能的附加表皮效应（图 4.21）。该表皮效应有时称为完井的机械表皮效应。此外，地层伤害与完井的复合作用可大幅增加总表皮效应。完井作业结束后，机械表皮系数不可能通过增产措施消除，因此，通过优化完井设计来降低或消除机械表皮效应是十分重要的。

机械表皮系数一般可表达（Furui 等，2005）为式（4.4），

$$s = s^0 + f_1 F_{o,w} \tag{4.4}$$

其中，右边第一项 s^0 为与流量不相关的表皮系数，其定义式为

$$s^0 = \int_{\xi_{D0}}^{\xi_{D1}} A_D^{-1} d\xi_D - \int_{\xi'_{D0}}^{\xi'_{D1}} A_D^{-1} d\xi'_D \tag{4.5}$$

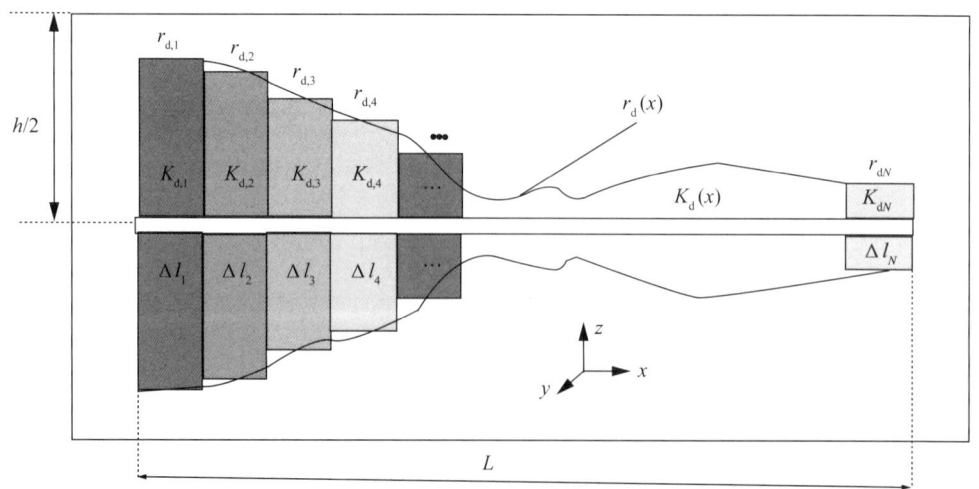

图 4.20　非均质伤害分布

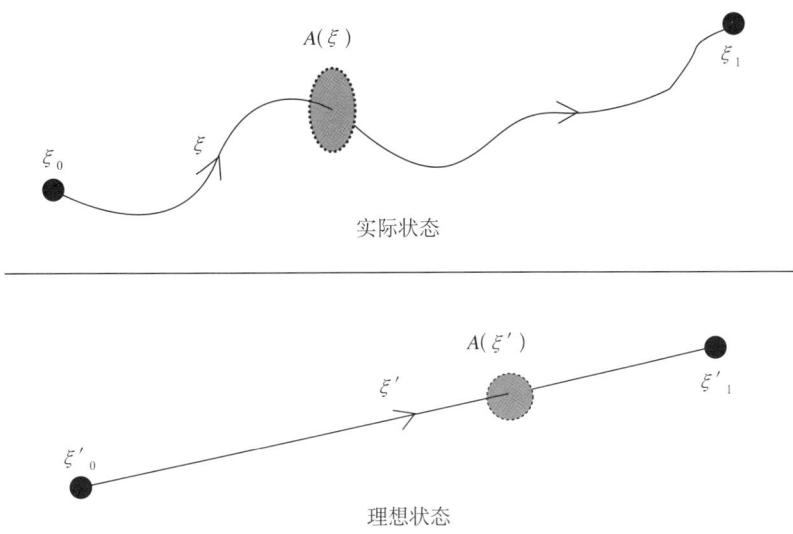

图 4.21 实际条件和理想条件下的流径

定义式（4.5）中，A_D（$=A/2\pi r_w L$）表示无量纲的流通面积，无量纲流通面积为无量纲流径 ξ_D（$=\xi/r_w$）的函数。方程式（4.4）第二项 $f_1 F_{0,w}$ 为流量相关表皮系数，f_1 为紊流比例系数，$F_{0,w}$ 为福希海默数：

$$f_1 = \int_{\xi_{D0}}^{\xi_{D1}} A_D^{-2} d\xi_D \tag{4.6}$$

和

$$F_{0,w} = \frac{\beta \rho k}{\mu}\left(\frac{q}{2\pi r_w L}\right) \tag{4.7}$$

与流量不相关的表皮系数 s^0 说明了实际流径与理想流径的无量纲流通面积之差。紊流比例系数 f_1 对流通面积函数 $A(\xi)$ 极其敏感。如果实际流动形态包括窄流区（即流体流入射孔孔道端部和割缝），f_1 值可能很大且紊流效应可占主导地位。

套管射孔完井。对于采用下套管、固井并进行射孔完井的水平分支井，Furui 等（2002）提出了计算完井表皮效应对流动特性影响的解析模型。继 Karakas 和 Tariq 的直井射孔完井表皮系数模型，Furui 的模型将射孔完井法的相关表皮系数分解为三个组成部分，分别为：二维汇流表皮系数 s_{2D}、井筒堵塞表皮系数 s_{wb}、三维汇流表皮系数 s_{3D}。图 4.22 说明了每一项表皮系数的概念。解析模型中的参数根据有限元模型数值模拟结果进行确立。二维汇流表皮系数的计算方程为

$$s_{2D} = \begin{cases} a_m \ln\left(\dfrac{4}{l_{pD}}\right) + (1-a_m)\ln\left(\dfrac{1}{1+l_{pD}}\right) + \ln\left[\dfrac{\sqrt{K_y/K_z}+1}{2\left(\cos^2\alpha + \sqrt{K_y/K_z}\sin^2\alpha\right)^{0.5}}\right] & m=1 \text{ 或 } 2 \\ a_m \ln\left(\dfrac{4}{l_{pD}}\right) + (1-a_m)\ln\left(\dfrac{1}{1+l_{pD}}\right) & m=3 \text{ 或 } 4 \end{cases} \tag{4.8}$$

式中，m 为 y—z 平面上的射孔孔道数量，α 为射孔方位角，射孔方位问题下文讨论。同时，

$$l_{pD}=l_p/r_w \tag{4.9}$$

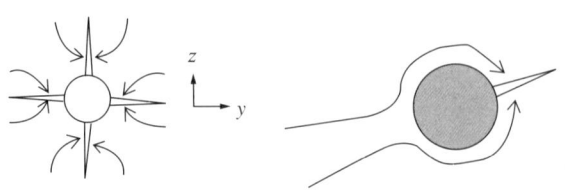

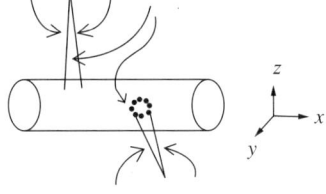

图 4.22　射孔表皮系数模型

井筒堵塞表皮系数为

$$s_{wb}=b_m\ln\{c_m/l_{pD,eff}+\exp[-c_m/l_{pD,eff}]\} \tag{4.10}$$

其中

$$l_{pD,eff}=\begin{cases} l_{pD}\left[\dfrac{(K_y/K_z)\sin^2\alpha+\cos^2\alpha}{(K_y/K_z)\cos^2\alpha+\sin^2\alpha}\right]^{0.675} & m=1 \\ l_{pD}\left[\dfrac{1}{(K_y/K_z)\cos^2\alpha+\sin^2\alpha}\right]^{0.625} & m=2 \\ l_{pD} & m=3\text{或}4 \end{cases} \tag{4.11}$$

三维汇流表皮系数为

$$s_{3D}=10^{\beta_1}x_{pD}^{\beta_2-1}r_{pD}^{\beta_2} \tag{4.12}$$

式中

$$\beta_1=d_m\lg r_{pD}+e_m \tag{4.13}$$

和

$$\beta_2=f_m r_{pD}+g_m \tag{4.14}$$

$m=1$ 或 2 时，方程式中 x_{pD} 和 r_{pD} 的定义式分别为

$$x_{pD} = \frac{x_p}{l_p\sqrt{(K_x/K_z)\sin^2\alpha + (K_x/K_y)\cos^2\alpha}} \tag{4.15}$$

$$r_{pD} = \frac{r_p}{2x_p}\left[\cos(\alpha''-\alpha')\sqrt{\frac{K_x}{K_y}\sin^2\alpha + \frac{K_x}{K_z}\cos^2\alpha} + 1\right] \tag{4.16}$$

其中

$$\alpha' = \arctan\left(\sqrt{K_y/K_z}\tan\alpha\right) \tag{4.17}$$

而

$$\alpha'' = \arctan\left(\sqrt{K_z/K_y}\tan\alpha\right) \tag{4.18}$$

当 $m=3$ 或 4 时

$$x_{pD} = \frac{x_p}{l_p}\left(\frac{\sqrt{K_yK_z}}{K_x}\right)^{0.5} \tag{4.19}$$

而

$$r_{pD} = \frac{r_p}{2x_p}\left[\left(\frac{K_y}{\sqrt{K_yK_z}}\right)^{0.5} + 1\right] \tag{4.20}$$

方程式（4.8）到方程式（4.20）中的数值 a_m、b_m、c_m、d_m、e_m、f_m、g_m 从有限元模拟结果中生成，表 4.1 列出了以上各数值。水平分支井射孔完井的总表皮系数为

$$s^0_p = s_{2D} + s_{wb} + s_{3D} \tag{4.21}$$

方程式（4.17）可用于计算射孔相关的表皮系数，而表皮系数量化地反映了完井对油井产能的影响。

表 4.1　射孔表皮系数方程式的参数数值

m	a_m	b_m	c_m	d_m	e_m	f_m	g_m
1	1.00	0.90	2.0	−2.091	0.0453	5.1313	1.8672
2	0.45	0.45	0.6	−2.025	0.0943	3.0373	1.8115
3	0.29	0.20	0.5	−2.018	0.0634	1.6136	1.7770
4	0.19	0.19	0.3	−1.905	0.1038	1.5674	1.6935
∞	0.00	0.00	0.00				

射孔方位对产能的影响。上文方程式中的方位角 a 的定义为：射孔孔道与水平面之间的夹角。射孔方位对射孔表皮系数的作用见图 4.23，该图对应的特定射孔条件为（l_p=1.0ft, r_w=0.328ft, r_p=0.0208ft, K_x=K_y=2mD, K_z=0.5mD），两个射孔密度分别为每英寸 4 孔和 0.5spf。0°～180° 象限的射孔表皮系数随着射孔孔道与渗透率场之间方位角角度的增加

而增加。在0°和180°象限之间，当 $\alpha=90°$ 时，即当射孔方向垂直于最大渗透率方向时，射孔表皮系数达到最小值。参数 m 与射孔相位有关，$m=1$ 时对应 0°相位，$m=2$ 时对应 180°相位，$m=3$ 时对应 120°相位，$m=4$ 时对应 90°相位。另一方面，由于多向射孔特有的射孔几何形态，120°和90°射孔相位的射孔表皮系数不随射孔方位角变化。油藏各向异性使等效各向同性地层内的一些射孔孔道增长，而其他孔道缩短；因此整体表皮效应抵消。油藏各向异性造成和放大了射孔方位角 α 对表皮系数的影响。在各向异性油藏中，垂直方向（$\alpha=90°$）射孔产生的射孔表皮系数最小。图 4.24 说明了方位角 $\alpha=90°$、射孔密度 0.5spf 的射孔表皮系数与油藏各向异性的关系。如图所示，最佳射孔相位取决于油藏各向异性。对于轻微各向异性油藏（$I_{ani} \approx 1$），90°或 120°相位（$m=4$ 或 3）射孔的产能高于 0°或 180°相位射孔。对于各向异性油藏（$I_{ani}>1$），180°相位（$m=2$）是到垂直方向（最低渗透率方向）的最佳射孔相位。对于高度各向异性油藏，360°（$m=1$）相位射孔也优于多向射孔（$m>3$）。

水平井射孔表皮系数模型表明，射孔方向应当调整为最低渗透率平行方向，因为此方向射孔产生的表皮系数最小（最高射孔产能）。对于大多数水平井，这意味着在垂直方向射孔，射孔孔道沿井筒上边和/或下边延伸。

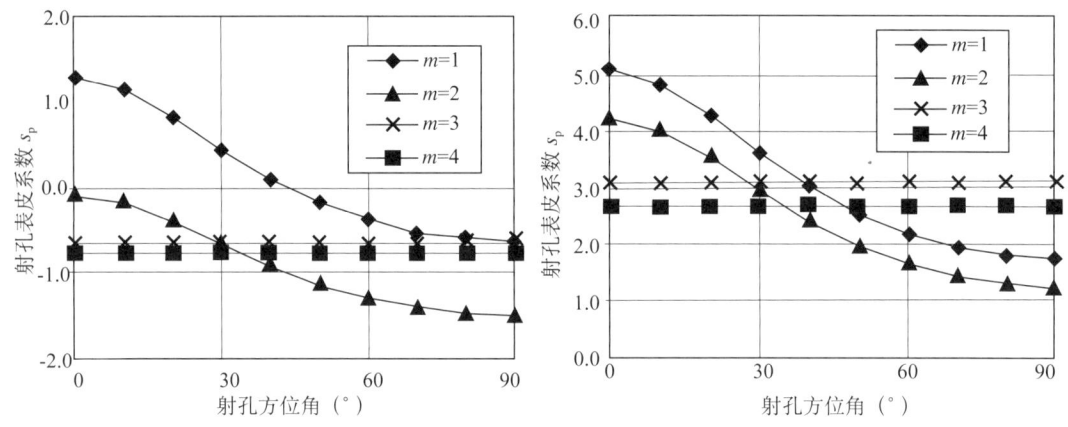

图 4.23　方位角对射孔表皮系数的影响

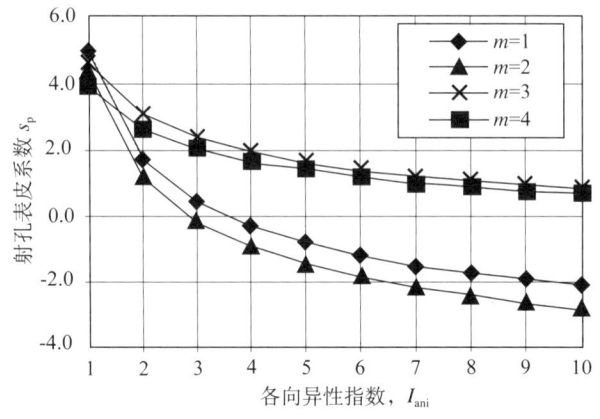

图 4.24　油藏各向异性对射孔表皮系数的影响

如果射孔方位可调，水平射孔井的最佳完井工艺是在180°相位（$m=2$）射孔，因为所有射孔孔道将与最低渗透率方向平行。因此，不同于各向同性油藏，各向异性油藏中采用多向射孔技术（$m>3$）可能不够高效。但如果射孔方位角可以调整，则90°相位可以保证部分射孔孔道与最高渗透率方向垂直。图4.25提出了将完井表皮系数降至最低的水平分支井射孔原则。

地层伤害与完井的复合效应。即便射孔表皮系数的绝对值不大，当射孔孔道没有延伸到受伤害区域之外时，射孔与地层伤害复合效应造成的总体影响将大大增强。这种情况下，结合地层伤害效应的射孔完井表皮系数为

$$s_p = s_{d,o} + (K/K_d)s^0_p + (\beta_d/\beta)f_{tp}F_{o,w} \tag{4.22}$$

式中，$s_{d,o}$ 为方程式（4.1）得出的局部伤害表皮系数。射孔周围的岩体因受压缩作用，其渗透率遭到破坏，可严重削弱油井产能（Karakas 和 Tariq，1991；McLeod，1983；Behrmann，1996）。射孔周围碎裂带引起的附加压降可纳入以下方程中考虑

$$s_p = s_{d,o} + \frac{K}{K_d}s_p^0 + x_{pD}\left(\frac{K}{K_{cz}} - \frac{K}{K_d}\right)\ln\left(\frac{r_{cz}}{r_p}\right) + \frac{\beta_{cz}}{\beta}f_{tp}F_{o,w} \tag{4.23}$$

其中 x_{pD} 为无量纲射孔间距，即

$$x_{pD} = \frac{x_p}{l_p}\left(\frac{\sqrt{K_y K_z}}{K_x}\right)^{0.5} \tag{4.24}$$

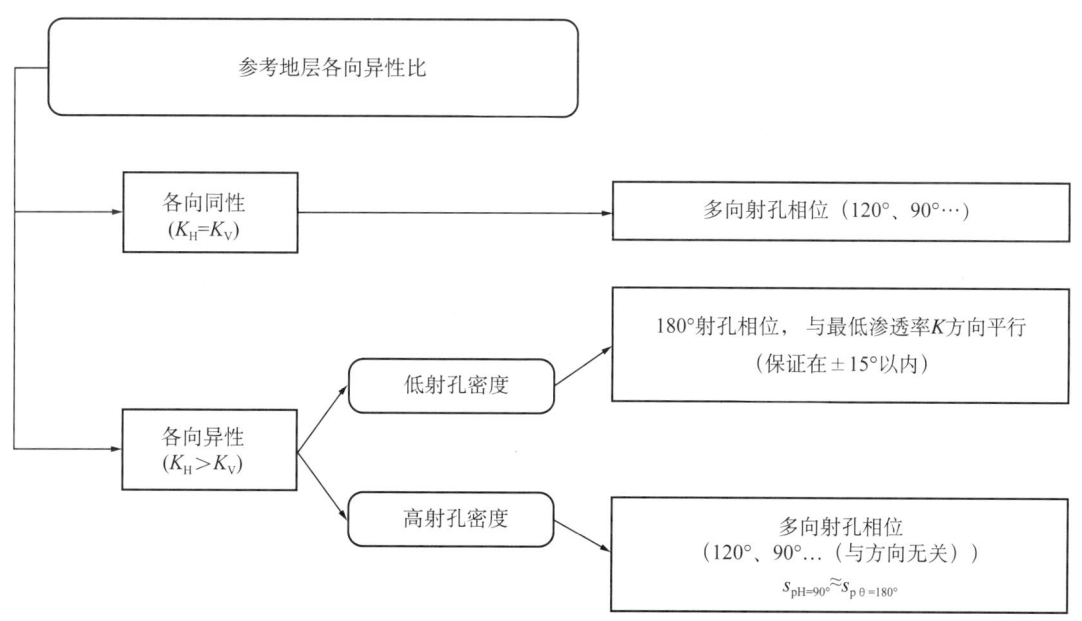

图4.25 射孔完井的指导原则

方程式（4.23）第三项代表的附加表皮系数与 x_{pD} 成比例。在 McLeod（1983）的著作中也可以看到关于压缩表皮系数的类似表达式。在高射孔密度（即低 x_{pD} 值）条件下，压缩区的

影响可以忽略。另一方面，对于射孔密度不佳（即高 x_{pD} 值）的套管射孔井，压实区的影响可能较严重。

对于延伸到受伤害区域之外的射孔孔道，地层伤害效应比方程式（4.23）的计算数值要小。射孔形成了穿透受伤害地层的流动通道，使流体在没有明显压降的情况下流入井筒。但是，流体在射孔孔道端部周围积聚将增加和引起附加压降。

根据 Karakas 和 Tariq（1991）建议，可以简单地将射孔孔道长度和井筒半径表示为 $l_{p,eff}$ 和 $r_{w,eff}$，得到以下等效流动系统的相关公式

$$l_{p,eff}=l_p-[1-(K_d/K)]l_{pd}(\alpha) \tag{4.25}$$

$$r_{w,eff}=r_w+[1-(K_d/K)]l_{pd}(\alpha) \tag{4.26}$$

式中，l_{pd} 为射孔孔道上的伤害长度，与射孔相对于渗透率场的方位角 α 成函数关系。结合碎裂带影响，延伸到受伤害区外的射孔孔道的表皮系数方程为

$$s_p = s_p^0\left(l_{p,eff},r_{w,eff}\right) + x_{pD}\left(\frac{K}{K_{cz}}-1\right)\ln\left(\frac{r_{cz}}{r_p}\right) + \frac{\beta_{cz}}{\beta}f_{tp}F_{o,w} \tag{4.27}$$

上式第二项表示碎裂带产生的附加表皮系数，该系数可通过将方程式（4.23）第三项中的 K_d 替换为 K 取得。对于套管/射孔砾石充填完井，附加表皮系数可加入方程式（4.23）和（4.27）。假设砾石的渗透率远高于地层渗透率，穿过射孔孔道内砾石的流体流动可以运用线性渗流模型进行近似模拟。线性渗流模型推断出的非达西流动系数可在相关文献中（豪格，1997；Moritis，2003；Pasicznyk，2001）查阅。

割缝衬管完井。要建立割缝衬管完井的表皮系数模型，应当首先确定衬管割缝周围的流动场，以便评价方程式（4.3）中与流量相关以及与流量不相关的表皮系数。Furui 等（2005）基于有限元数值模拟结果，建立了一套全面解析模型。对于管内单割缝衬管，割缝衬管表皮系数 s_{SL} 是以下条件的函数：割缝宽度 w_s、割缝长度 l_s、衬管周围的割缝（或割缝单元）数量 n_s、割缝穿透率 λ（定义为每单位管长的割缝长度）以及井筒半径 r_w。图 4.26 说明了用于建立割缝衬管表皮系数方程的物理模型。结合上述参数，割缝衬管完井的表皮系数方程式为

$$s_{SL}=s^0_{SL}+f_{tSL}F_{o,w} \tag{4.28}$$

其中

$$s^0_{SL}=s^0_{SL,l}+s^0_{SL,r} \tag{4.29}$$

$$f_{tSL}=f_{tSL,l}+f_{tSL,r} \tag{4.30}$$

下标字母 l 和 r 分别表示割缝内外的线性流与径向流。设割缝的渗透率为 K_l，则线性流方程组为

$$s^0_{SL,l}=\left(\frac{2\pi}{n_s m_s w_{sD}\lambda}\right)\left(\frac{K}{K_l}\right)t_{sD} \tag{4.31}$$

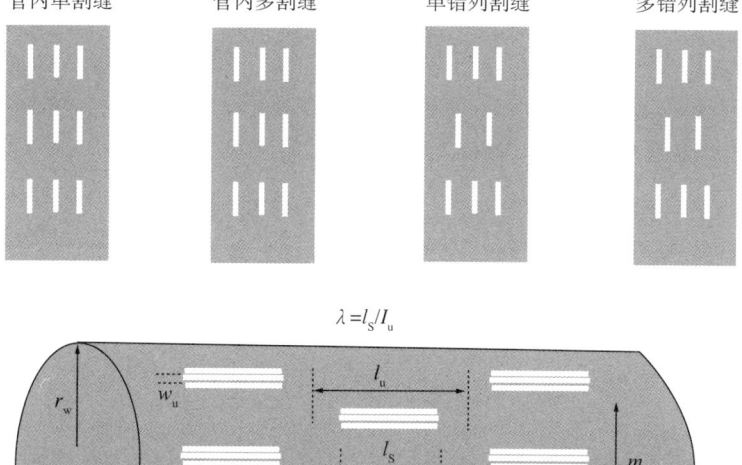

图 4.26 割缝衬管完井的表皮系数模型

$$f_{tSL,l} = \left(\frac{2\pi}{n_s m_s w_{sD} \lambda}\right)^2 \left(\frac{\beta_1}{\beta}\right) t_{sD} \tag{4.32}$$

式中，t_{sD}（$=t_s/r_w$）为无量纲衬管厚度或者衬管堵塞时的局部堵塞深度。对于未堵塞的割缝（$K_l \gg K$），方程式（4.31）得出的表皮系数可忽略不计。

两个参数决定了衬管径向方向的流动收敛是否会产生重要影响，这两个参数为

$$\upsilon = \sin(\pi/m_s) \tag{4.33}$$

和

$$\gamma = l_{sD}/(2\lambda) \tag{4.34}$$

径向流方程组如下
对于高割缝穿透率（$\gamma < \upsilon$）

$$\begin{aligned} s_{SL,r}^0 = &\left(\frac{2}{n_s m_s \lambda}\right) \ln\left(\frac{1-\lambda+2l_{sD}/w_{sD}}{1-\lambda+n_s l_{sD}/w_{uD}}\right) \\ &+ \left(\frac{2}{m_s}\right) \times \left[\frac{1}{\lambda}\ln\left(1-\lambda+l_{sD}/w_{uD}\right) + \ln\left(\frac{2\lambda\upsilon}{l_{sD}}\right)\right] - \ln(1+\upsilon) \end{aligned} \tag{4.35}$$

$$f_{\mathrm{lSL,r}} = \left(\frac{2}{n_s m_s \lambda}\right)^2 \left\{-\frac{4(1-\lambda)}{l_{sD}} \ln\left(\frac{1-\lambda+2l_{sD}/w_{sD}}{1-\lambda+n_s l_{sD}/w_{uD}}\right) + \frac{4}{w_{sD}} - \frac{2n_s}{w_{uD}}\right.$$
$$\left. + \frac{4(1-\lambda)}{(1-\lambda)w_{sD}+2l_{sD}} - \frac{2(1-\lambda)}{(1-\lambda)w_{uD}/n_s+l_{sD}}\right\}$$
$$+ \left(\frac{2}{m_s}\right)^2 \left\{\frac{1}{\lambda^2}\left[-\frac{4(1-\lambda)}{l_{sD}}\ln(1-\lambda+l_{sD}/w_{uD}) + \frac{2}{w_{uD}} - \frac{1}{\upsilon}\right.\right.$$
$$\left.\left. + \frac{2(1-\lambda)}{(1-\lambda)w_{uD}+l_{sD}} - \frac{2(1-\lambda)}{2(1-\lambda)\upsilon+l_{sD}}\right] + \left(\frac{1}{\upsilon} - \frac{2\lambda}{l_{sD}}\right)\right\} + \frac{1}{1+\upsilon} \tag{4.36}$$

对于低割缝穿透率（$\gamma > \upsilon$）

$$s_{\mathrm{SL,r}}^0 = \left(\frac{2}{n_s m_s \lambda}\right) \ln\left(\frac{1-\lambda+2l_{sD}/w_{sD}}{1-\lambda+n_s l_{sD}/w_{uD}}\right)$$
$$+ \left(\frac{2}{m_s \lambda}\right) \ln\left[\frac{1-\lambda+l_{sD}/w_{uD}}{1-\lambda+l_{sD}/(2\upsilon)}\right]$$
$$+ \left(\frac{l_{sD}/\lambda}{l_{sD}-2(1-\lambda)}\right) \times \ln\left\{\left(\frac{\lambda+l_{sD}/2}{1+\upsilon}\right)\left[1+\frac{2\upsilon(1-\lambda)}{l_{sD}}\right]\right\} - \ln\left(1+\frac{l_{sD}}{2\lambda}\right) \tag{4.37}$$

$$f_{\mathrm{lSL,r}} = \left(\frac{2}{n_s m_s \lambda}\right)^2 \left\{-\frac{4(1-\lambda)}{l_{sD}} \times \ln\left(\frac{1-\lambda+2l_{sD}/w_{sD}}{1-\lambda+n_s l_{sD}/w_{uD}}\right)\right.$$
$$\left. + \frac{4}{w_{sD}} - \frac{2n_s}{w_{uD}} + \frac{4(1-\lambda)}{(1-\lambda)w_{sD}+2l_{sD}} - \frac{2(1-\lambda)}{(1-\lambda)w_{uD}/n_s+l_{sD}}\right\}$$
$$+ \left(\frac{2}{m_s \lambda}\right)^2 \left\{-\frac{4(1-\lambda)}{l_{sD}} \ln\left[\frac{1-\lambda+l_{sD}/w_{uD}}{1-\lambda+l_{sD}/(2\upsilon)}\right] + \frac{2}{w_{uD}} - \frac{1}{\upsilon}\right.$$
$$\left. + \frac{2(1-\lambda)}{(1-\lambda)w_{uD}+l_{sD}} - \frac{2(1-\lambda)}{2(1-\lambda)\upsilon+l_{sD}}\right\}$$
$$+ \left[\frac{l_{sD}/\lambda}{l_{sD}-2(1-\lambda)}\right]^2 \times \left\{\frac{1}{1+\upsilon} - \frac{1}{1+l_{sD}/(2\lambda)} + \frac{2(1-\lambda)}{2(1-\lambda)\upsilon+l_{sD}} - \frac{2\lambda(1-\lambda)}{l_{sD}}\right.$$
$$\left. - \left[\frac{4(1-\lambda)}{l_{sD}-2(1-\lambda)}\right] \ln\left[\left(\frac{\lambda+l_{sD}/2}{1+\upsilon}\right)\left[1+\frac{2\upsilon(1-\lambda)}{l_{sD}}\right]\right]\right\} + \left(\frac{1}{1+l_{sD}/2\lambda}\right) \tag{4.38}$$

图 4.27 显示了割缝堵塞时衬管周围的压力分布情况。割缝内发生急剧压降。如果割缝被地层砂填塞（即 $K_l=K$），则方程式（4.31）和（4.32）给出的线性流方程项将成为支配条件，增加表皮系数和紊流效应。此类情况下 $S_{\mathrm{SL,r}}^0$ 和 $f_{\mathrm{tSL,r}}$ 可以忽略。

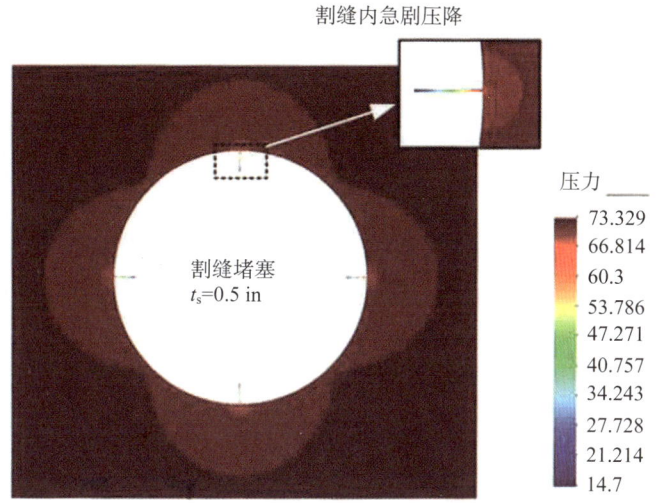

图 4.27 堵塞割缝的压力场

预计交错割缝的表皮系数略小于管内割缝的表皮系数。Muskat（1949）曾讨论过向双线交错布置油井供液的管线系统。他证明了交错布井对系统的屏蔽与渗流特性没有影响，除非管线之间的距离明显小于油井间距。同样，割缝错列也以割缝间距为特征。随着 l_{uD}（$=l_{sD}/\lambda$）接近 0，衬管周长上的割缝数量可以有效加倍。结合这些结果，我们引入以下关联方程式来获得有效割缝角度分布 m'_s

$$m'_s = m_s(1+e^{-m_s l_{sD}/\lambda}) \tag{4.39}$$

用方程式（4.31）到（4.38）中的 m'_s 替代上式中 m_s，可以得到错列割缝的表皮系数。不同于套管射孔完井，割缝衬管完井中，如果衬管周长上有四个或超过四个割缝单元，那么地层各向异性的影响不大。衬管相对于渗透率场的方位对表皮系数没有重大影响。将坐标转换为等效各向同性系统坐标，则无量纲割缝衬管长度可通过以下地层渗透率函数方程计算：

$$l_{sD} = \frac{2l_r/r_w}{\sqrt{K_x/K_z}+\sqrt{K_x/K_y}} \tag{4.40}$$

上式中假设衬管沿 x 轴方向放置。将方程式（4.40）代入表皮系数模型，可得各向异性地层中的表皮系数。各向异性地层中的割缝衬管表皮系数见图 4.28。

尾管射孔完井。射孔尾管的流动形态与割缝衬管流动形态相似。流入射孔孔道的收敛流属于半球形流动而非径向流。结合射孔半球形流动方程式（4.5）和（4.6），尾管射孔完井的表皮系数由下式计算：

$$s_{PL} = s^0_{PL} + f_{tPL}F_{o,w} \tag{4.41}$$

对于射孔尾管

$$\gamma = r_{pD}/\lambda \tag{4.42}$$

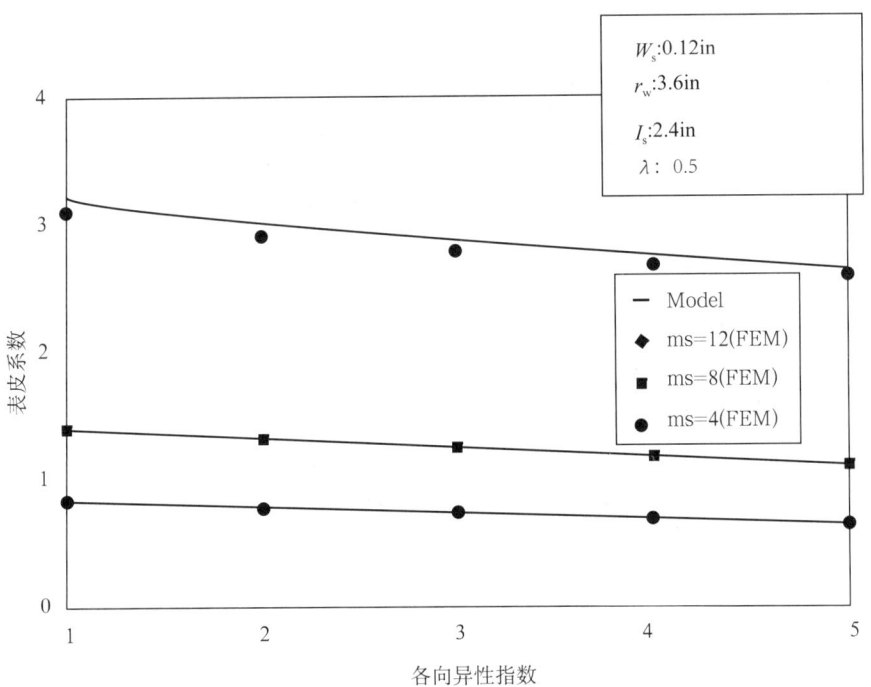

图 4.28 地层各向异性对割缝衬管表皮系数的影响

当 $\gamma < \upsilon$ 时，

$$s_{\text{PL}}^0 = \left(\frac{2}{m_p \lambda}\right)\left(\frac{3}{2} - \lambda\right) + \left(\frac{2}{m_p}\right) \ln\left(\frac{\upsilon \lambda}{r_{\text{pD}}}\right) - \ln(1+\upsilon) \tag{4.43}$$

而

$$f_{\text{tPL}} = \left(\frac{2}{m_p \lambda}\right)^2 \left(\frac{27}{8r_{\text{pD}}}\right) + \left(\frac{2}{m_p}\right)^2 \left(\frac{1}{\upsilon}\right) + \frac{1}{1+\upsilon} \tag{4.44}$$

当 $\gamma > \upsilon$ 时，

$$\begin{aligned} s_{\text{PL}}^0 &= \left(\frac{2}{m_p \lambda}\right)\left(\frac{3}{2} - \frac{r_{\text{pD}}}{\upsilon}\right) \\ &+ \left(\frac{r_{\text{pD}}/\lambda}{r_{\text{pD}} + \lambda - 1}\right) \times \ln\left\{\left(\frac{\lambda + r_{\text{pD}}}{1+\upsilon}\right)\left(1 + \frac{\upsilon(1-\lambda)}{r_{\text{pD}}}\right)\right\} - \ln(1 + r_{\text{pD}}/\lambda) \end{aligned} \tag{4.45}$$

而

$$\begin{aligned} f_{\text{tPL}} &= \left(\frac{2}{m_p \lambda}\right)^2 \left(\frac{27}{8r_{\text{pD}}} - \frac{r_{\text{pD}}^2}{\upsilon^3}\right) + \left(\frac{r_{\text{pD}}/\lambda}{r_{\text{pD}} + \lambda - 1}\right)^2 \left\{\frac{1}{1+\upsilon} - \frac{1}{1 + r_{\text{pD}}/\lambda}\right. \\ &+ \frac{1-\lambda}{(1-\lambda)\upsilon + r_{\text{pD}}} - \frac{\lambda(1-\lambda)}{r_{\text{pD}}} - \left[\frac{2(1-\lambda)}{r_{\text{pD}} + \lambda - 1}\right] \times \left.\ln\left[\left(\frac{\lambda + r_{\text{pD}}}{1+\upsilon}\right)\left(1 + \frac{\upsilon(1-\lambda)}{r_{\text{pD}}}\right)\right]\right\} \\ &+ \left(\frac{1}{1 + r_{\text{pD}}/\lambda}\right) \end{aligned} \tag{4.46}$$

地层伤害对割缝衬管（射孔尾管）完井的影响。割缝（射孔）与地层伤害产生的表皮效应只影响近井眼区域。霍金斯公式（1956）给出了经典的裸眼完井中地层伤害对表皮系数的影响，见下式，

$$s_{d,o}=(K/K_d-1)\ln(r_d/r_w) \tag{4.47}$$

式中，K_d 为受伤害地层的渗透率，r_d 为受伤害区半径。需要结合收敛流和地层伤害影响的表皮系数方程式。Karakas 和 Tariq（1991）建立了反映套管射孔井中这些因素相互作用的模型。根据其成果，受伤害地层中割缝衬管完井的表皮系数方程式为：

$$s_{SL}=s_{d,o}+s^0_{SL,l}+(K/K_d)s^0_{SL,r}+[f_{tSL,l}+(\beta_d/\beta)f_{tSL,r}]F_{o,w} \tag{4.48}$$

地层伤害对割缝衬管完井的影响甚至大于其对裸眼完井的影响。由于受伤害区内的收敛流动，渗透率降低的地带可将表皮效应放大。例如，在渗透率为原地层渗透率 10%（$K/K_d=10$）的受伤害地层中，当 $S_{SL,r}^0=2$ 时，相应表皮系数将比方程式（4.46）计算的表皮系数值大 20。此外，因方程式（4.45）第三项与受伤害区半径不相关，即便伤害穿透层较浅，地层伤害对割缝衬管完井的影响也会很明显。

地层各向异性可能导致出现垂直于水平井的椭圆形受伤害区，具体取决于垂直渗透率与水平渗透率的比例。因此方程式 4.47 将变为（Furui 等，2005）：

$$s_{d,o}=\left(\frac{K}{K_d}-1\right)\ln\left\{\frac{1}{I_{ani}+1}\left[\frac{r_{dH}}{r_w}+\sqrt{\left(\frac{r_{dH}}{r_w}\right)^2+I_{ani}^2-1}\right]\right\} \tag{4.49}$$

式中，I_{ani} 为各向异性指数，其定义为

$$I_{ani}=\sqrt{K_y/K_z} \tag{4.50}$$

砾石充填。在砾石充填完井中，完井用砂砾的设计渗透率大大高于地层砂岩的渗透率。在这种情况下，砾石充填完井的表皮系数会产生轻微的不利影响。方程式（4.1）定义的地层伤害表皮系数可以直接用于完井产能预测。

如果填充砾石遭到严重破坏，可以使用针对两个系列受伤害区的霍金斯公式计算表皮系数。地层伤害对完井的影响。钻完井液侵入造成的近井眼地层渗透率下降可严重影响油井产能。如前文所述，当地层伤害与完井的机械表皮效应复合时，通常会对完井造成重大影响。

图 4.29 对比了各级完井的相关表皮系数：情况 1，裸眼完井；情况 2，射孔孔眼几何形态极好（$l_p=12\text{in}$，$s_p^0=-1.20$）的套管射孔井；情况 3，射孔孔眼几何形态良好（$l_p=12\text{in}$，$s_p^0=0.00$）的套管射孔井；情况 4，割缝衬管完井（$s_{SL}^0=1.54$）。高效射孔（即 $s_p<0$）完井的表皮系数小于裸眼完井的表皮系数。延伸到受伤害层之外的射孔孔眼形成了穿过受伤害区的流体通道，所以地层伤害的影响作用降低。即使射孔孔眼的末端位于受伤害区内，地层伤害增加的表皮效应也将小于裸眼完井。另一方面，割缝衬管（射孔尾管）完井不适用于渗透率严重下降的地层。即使伤害穿透层较浅，所造成的表皮效应也会大大增加，因为渗透率下降放大了割缝衬管几何构造的表皮系数。在这种情况下，降低地层伤害的表皮效应

需要最优的割缝设计以达到 $s_{SL}^0 \approx 0$ 条件,或者对地层进行适当的复原处理,恢复地层原始渗透率。

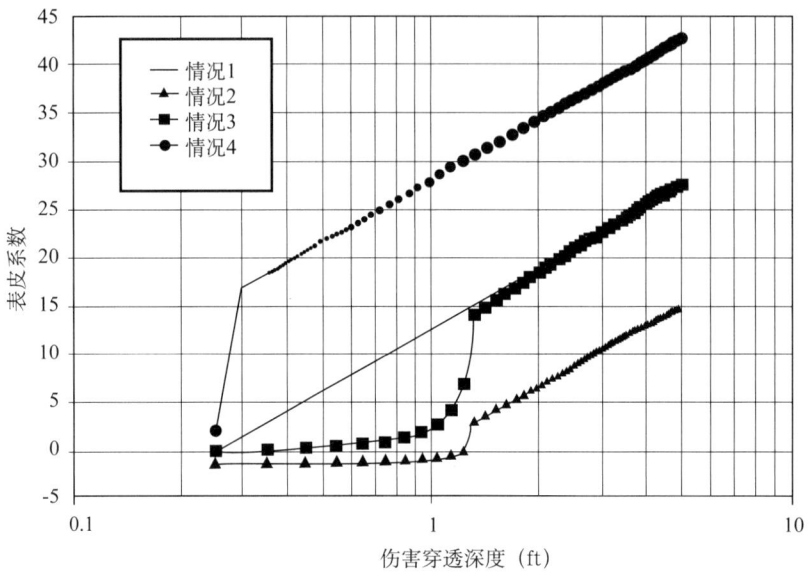

图 4.29 地层伤害对完井表皮系数的影响

第 5 章 多分支井产能

5.1 概述

多分支井的产能预测是一个复杂问题，类似于对连接到同一集收系统相互关联的多口分支井的产能进行预测。这包括预测各水平分支井的流入动态，确定分支井与主井眼之间造斜段的压降特性，建立最低连接处到地面的主井眼流动与压降模型。多分支井系统的各部分相互连通，相互影响，因此需要同时求解描述不同系统部分的方程式，或者需要进行迭代求解。例如，一口分支井的总流量取决于该分支井眼跟部的井筒压力，但如果已经给定主、支井眼接口处的压力，则分支井眼跟部的压力取决于连通分支井眼和主井眼的造斜段压降，而造斜段的压降又取决于分支井眼流量，因此，这两个问题必须同时求解或通过迭代法收敛求解。解决该问题需要得知接口处压力，而接口处压力又取决于多分支井系统的其他部分。

预测多分支井产能的第一步是确定油藏的流入动态。由于最常见的分支井是水平或近水平井眼，我们首先应用广泛的水平井流入动态解析模型。为了将这些流入模型应用于单个分支井，各分支井应从独立油藏结构中泄油的分支井，或者必须推测出不同分支井泄油区域之间的泄油边界。如果以上方法不能实际操作，可以采用点/线源方法，将各分支井视为同一连续油藏中的一系列点或线。在更复杂的情况下，例如当油藏储层中存在多相流动时，预测多分支井产能的最佳途径可能是应用能够处理多分支井复杂井眼轨迹的油藏模拟器。

除研究流入分支井眼的储层流体外，还必须针对所有井段中的流体建立模型，用于预测多分支井产能。在高流量井中，分支井眼本身的压降可能足够大，使分支井眼从端部到跟部出现较大压力变化。这种情况下可以应用反映流体从井壁流入井筒的管流压降模型。精细计算井斜角变化时的管内多相流压降，确定分支井眼造斜段的压力剖面。

最后将各分支井眼的油藏流入动态、分支井和分支井造斜段内的流动以及主井筒中的混合流动特性相结合、确定多分支井产油能力的程序。通过计算确定各分支井眼的流量，从而得到多分支井总流量，多分支自流井的总流量是井口压力的函数。在确定最上端接口处压力的基础上人工举升井可以采用相似程序进行计算。

5.2 水平井油藏流入动态

建立任何多分支井产能模型的起点都是预测一口分支井的油藏流入动态和流量。应用水平井油藏流入动态模型，将流入井筒的流体流量作为储层压降的函数进行预测。有三种主要建模方法：解析/半解析方法、点/线源方法和油藏模拟法。

5.2.1 水平井流入解析模型

建立水平井流入动态解析模型需要假设油井的边界条件、流入井筒的流体流态和性质。一般假设整个水平井处于恒定压力条件下，因为与垂直压降相比，水平井沿井筒方向的压降较小。同时假设流体为不可压缩或微可压缩的单相稳态流或拟稳态流。这些假设可以扩展用于其他流体系统。

5.2.1.1 稳态模型

（1）Joshi 模型。

Joshi（1988）根据前人的解析方法（Borisov，1984）建立的稳态流模型是历史上第二个水平井流入动态解析模型，至今仍然应用广泛。Joshi 通过综合考虑垂直到水平方向的各向异性，将水平流阻和垂直流阻相加，得到了水平井流量与井长 L 的关系方程式。

设一口水平井沿 x 方向在厚度为 h 的油藏中延伸，y 为垂直于井轴的水平方向，而 z 为垂直方向。Joshi 将 x—y 平面的水平流动与 y—z 平面的流动区分对待。当二维 x—y 平面流以稳定状态流入长度为 L 的井槽时将会出现椭圆形的等压线，因此假设泄油椭圆的长轴长度为 $2a$（图 5.1）且泄油边界处为恒定压力，得到：

$$q_\text{h} = \frac{2\pi K_\text{o} \Delta p}{\mu B_\text{o} \ln\left(\dfrac{a + \sqrt{a^2 - (L/2)^2}}{L/2}\right)} \tag{5.1}$$

上式乘以油藏厚度可以近似估算平面井槽（叠加式多分支井或完全贯穿的无限导水裂隙带）的产量。从距离井筒 $h/2$ 处的垂直边界开始，垂直平面上的流动（y—z 平面，图 5.1）近似为径向流，假定此处压力与椭圆形水平边界处的压力相同，得到：

$$q_\text{v} = \frac{2\pi K_\text{o} \Delta p}{\mu B_\text{o} \ln\left(\dfrac{h}{2r_\text{w}}\right)} \tag{5.2}$$

上式计算结果与总井长 L 相乘，算出 y—z 平面流量对油井总流量的贡献比例。然后将 x—y 平面流阻与 y—z 平面流阻相加得 $\Delta p/q$，则各向同性油藏油井的流量计算公式为：

$$q = \frac{2\pi K_\text{H} h \Delta p}{\mu B_\text{o}\left(\ln\left(\dfrac{a + \sqrt{a^2 - (L/2)^2}}{L/2}\right) + \dfrac{h}{L}\ln\left(\dfrac{h}{2r_\text{w}}\right)\right)} \tag{5.3}$$

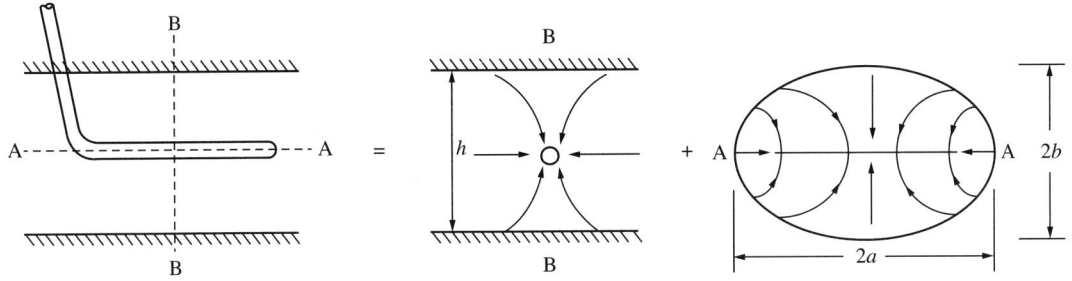

图 5.1 Joshi 模型中假设的流动几何形态

对于各向异性油藏，式（5.3）经过 Joshi 修正，被 Economides 等（1991）修正为：

$$q = \frac{K_H h(p_e - p_{wf})}{141.2\mu B_o \left(\ln\left(\frac{a + \sqrt{a^2 - (L/2)^2}}{L/2} \right) + \frac{I_{ani} h}{L} \ln\left(\frac{I_{ani} h}{r_w (I_{ani} + 1)} \right) \right)} \quad (5.4)$$

上式中各向异性比 I_{ani} 为：

$$I_{ani} = \sqrt{\frac{K_H}{K_V}} \quad (5.5)$$

方程式（5.4）称为"Joshi 公式"，公式中采油速率的单位 bbl/d 表示，渗透率单位为 mD，厚度单位为 ft，压力单位为 psi，黏度单位为 cP。公式中 a 为椭圆泄油的水平半轴长度。椭圆短轴（图 5.1 中 $2b$）长度由井长和椭圆长轴长度 $2a$ 确定，因为油井两端即为椭圆焦距。Joshi 设椭圆面积等于半径为 r_e 的圆筒面积，将量纲 a 与等效圆筒泄油半径关联，得到：

$$a = \frac{L}{2}\left\{ 0.5 + \left[0.25 + \left(\frac{r_{eH}}{L/2} \right)^4 \right]^{0.5} \right\}^{0.5} \quad (5.6)$$

Joshi 模型研究对象是位于泄油体积（油层）水平和垂直中心的油井。Joshi 对模型进行了修正，更好地说明垂直平面上的离心率问题。使用本公式必须选择适当的参数 a 数值。a 取值应该依据是关于沿井方向（即 x 方向）或沿垂直于井轴的水平方向（即 y 方向）油藏延伸范围的准确值。

例 5.1 油层厚度为 50ft，水平分支井水平段的长度为 2000ft，油藏水平渗透率为 10mD，垂直渗透率为 1mD。分支井眼直径为 6ft，从沿井方向长度为 4000ft 的区域泄油。泄油边界处压力为 4000psi，原油黏度为 5cP，地层体积系数为 1.1。建立该水平分支井的流入动态曲线（IPP）。井底压力为 2000psi 的分支井产量是多少？

流入动态曲线反应的是井底流动压力 p_{wf} 与流量 q 的函数关系。应用 Joshi 模型，根据式（5.4），又得

$$p_{\text{wf}} = p_{\text{e}} - \frac{141.2qB_{\text{o}}\mu}{K_{\text{H}}h}\left(\ln\left(\frac{a+\sqrt{a^2-(L/2)^2}}{L/2}\right) + \frac{I_{\text{ani}}h}{L}\ln\left(\frac{I_{\text{ani}}h}{r_{\text{w}}(I_{\text{ani}}+1)}\right)\right) \tag{5.7}$$

据式（5.5），得到

$$I_{\text{ani}} = \sqrt{\frac{1}{0.1}} = 3.162 \tag{5.8}$$

a 为 2000ft，等于沿井方向油藏长度的一半。代入式（5.7），得到

$$p_{\text{wf}} = 4000 - 1.55q[1.32 + 0.079(5.02)] \tag{5.9}$$

或

$$p_{\text{wf}} = 4000 - 2.66q \tag{5.10}$$

如图 5.12 所示，水平分支井的稳态流入关系呈线性。当 $p_{\text{wf}}=0$ 时，达到最大流量为 1503bbl/d。$p_{\text{wf}}=2000$psi 时流量为最大流量的一半，或采油速率为 751bbl/d。

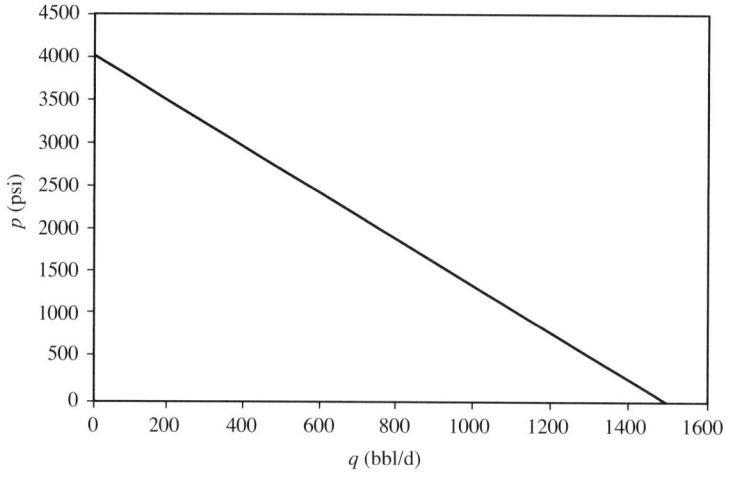

图 5.2　例 5.1 中水平井流入动态关系曲线

Joshi 公式中可以加入一个表皮系数，说明地层伤害的影响和（或）完井表皮效应。此表皮系数在模型的 y—z 平面流动部分中，因此 Joshi 公式（Frick 和 Economides 1993）中加入第二个对数项：

$$q = \frac{K_{\text{H}}h(p_{\text{e}}-p_{\text{wf}})}{141.2\mu B_{\text{o}}\left(\ln\left(\frac{a+\sqrt{a^2-(L/2)^2}}{L/2}\right) + \frac{I_{\text{ani}}h}{L}\left(\ln\left(\frac{I_{\text{ani}}h}{r_{\text{w}}(I_{\text{ani}}+1)}\right)+s\right)\right)} \tag{5.11}$$

该表皮系数可用于反映完井和（或）地层伤害的影响，但不能用于说明部分穿透效应，因为 Joshi 模型已经假设油井从超出井端的油藏中泄油。

（2）Furui 等模型。

Furui 等（2003）建立了水平井稳态流入动态的简单解析模型。模型中考虑了由地层伤害或完井产生的表皮。模型假定水平分支井完全穿透一个箱形油藏，而该油藏底部和顶部均为封闭边界，而且 y 方向油藏边界处的压力恒定。该模型还假设流体在近井区为径向流，而在远井区变为线性流。因此总压降可表达为：

$$\Delta p = \Delta p_r + \Delta p_l \tag{5.12}$$

式中，Δp_r 和 Δp_l 分别表示径向流区域压降和线性流区域压降。在径向坐标中，根据达西定律，径向流动造成的压降为

$$\Delta p_r = \frac{q\mu}{2\pi KL}\ln\left(\frac{r_t}{r_w}\right) \tag{5.13}$$

式中，r_t 为径向流区域的外延（径向流向线性流过渡的位置）。同样，线性流区域的压降为

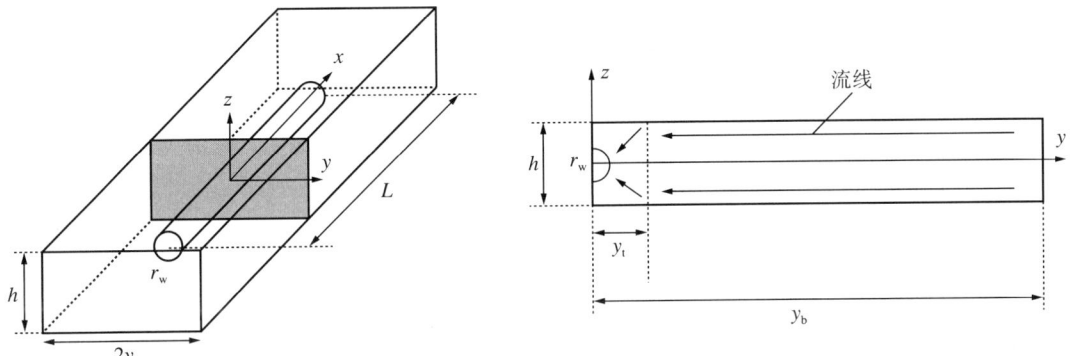

图 5.3　箱形油藏的流动形态—Furui 等（2003）模型

$$\Delta p_l = \frac{(q/2)\mu(y_b - y_t)}{KhL} \tag{5.14}$$

式中，y_t 为线性流区域的起始位置，而 y_b 表示到 y 方向泄油边界的距离。基于有限元模拟，油井产能的匹配函数 r_t 和 y_t 分别为

$$r_t = y_t\sqrt{2} = \frac{\sqrt{2}}{2}h \tag{5.15}$$

和

$$y_t = h/2 \tag{5.16}$$

将以上公式代入方程式（5.13）和式（5.14）中，得到

$$\Delta p_r = \frac{q\mu}{2\pi KL}\ln\left(\frac{h\sqrt{2}}{2r_w}\right) \tag{5.17}$$

和

$$\Delta p_1 = \frac{q\mu(y_b - h/2)}{2KhL} \tag{5.18}$$

所以，从 y—z 平面流入井筒的平面流动总压降为

$$\Delta p = \frac{q\mu}{2\pi KL}\left[\ln\left(\frac{h\sqrt{2}}{2r_w}\right) + \pi(y_b/h - 1/2)\right] \tag{5.19}$$

将径向流区域的表皮系数引起的压降为

$$\Delta p_{skin} = \frac{q\mu}{2\pi KL}s \tag{5.20}$$

则总压降计算公式为

$$\Delta p = \frac{q\mu}{2\pi KL}\left[\ln\left(\frac{h\sqrt{2}}{2r_w}\right) + \pi(y_b/h - 1/2) + s\right] \tag{5.21}$$

或

$$\Delta p = \frac{q\mu}{2\pi KL}\left[\ln(h/r_w) + \pi y_b/h - 1.917 + s\right] \tag{5.22}$$

解出 q，结合油田单位转换，方程式转换为

$$q = \frac{KL(p_e - p_{wf})}{141.2\mu B_o\left(\ln\left(\frac{h}{r_w}\right) + \frac{\pi y_b}{h} - 1.917 + s\right)} \tag{5.23}$$

对于各向异性油藏，方程式（5.23）变为

$$q = \frac{KL(p_e - p_{wf})}{141.2\mu B_o\left(\ln\left(\frac{hI_{ani}}{r_w(I_{ani}+1)}\right) + \frac{\pi y_b}{hI_{ani}} - 1.224 + s\right)} \tag{5.24}$$

式中 K 为

$$K = \sqrt{K_y K_z} \tag{5.25}$$

例 5.2 研究对象为例 5.1 描述的油藏。使用 Furui (2003) 模型，计算在以下条件时，当井底流压为 2000psi 时的产量：(1) 水平段长仍为 2000ft，但是沿井方向油藏长度变为 2000ft；(2) 油藏长度仍为 4000ft，但是水平段长也是 4000ft。假设到垂直于井轴（y_b）油藏边界的距离等于 Joshi 椭圆的短半轴长（图 5.1 中距离 b）。将该模型的结果与之前 Joshi 模型结果相比对。

面临的两个问题都与水平井有关，因为 Furui 等模型研究的油井几何形态就是水平井。下文将看到该模型如何通过结合部分穿透效应来缓解这一局限。对于例 5.1 中的油藏几何

形态，即长度为4000ft的油藏中井长2000ft，Joshi假设的泄油椭圆的短轴长度b等于2的平方根乘以1000ft，即1414ft。该值将作为到油藏边界y_b的距离。Furui公式使用的平均渗透率是10的平方根或3.16。

情况1 运用方程式（5.24），得到

$$q = \frac{(3.16\text{mD})(2000\text{ft})(2000\text{psi})}{141.2(5\text{cP})(1.1)\left(\ln\left[\frac{(50)(3.162)}{(0.25)(3.162+1)}\right] + \frac{\pi(1414\text{ft})}{(50)(3.162)} - 1.224\right)} \tag{5.26}$$

或

$$q = 511\text{bbl/d} \tag{5.27}$$

情况2的唯一区别在于水平段长L加倍，因此预计流量也将加倍，情况2产量为1022bbl/d。对于4000ft长油藏中长度为2000ft的油井，Joshi公式的计算结果大约在2000ft长油藏中完整水平井产量与4000ft长油藏中水平井产量之间。

（3）Butler模型。

Butler（1994）基于Muskat（1937）的推测井叠加解法，针对位于油藏上、下边界中间的完整水平井，提出了稳态流方程式。按照Furui等模型形式，将各向同性渗透率场的Butler公式整理为

$$\Delta p = \frac{q\mu}{2\pi KL}\left[\ln(h/r_w) + \pi y_b/h - 1.84 + s\right] \tag{5.28}$$

或者解出q，使用油田单位：

$$q = \frac{K_H L(p_e - p_{wf})}{141.2\mu B_o\left(\ln\left(\dfrac{h}{r_w}\right) + \dfrac{\pi y_b}{h} - 1.84 + s\right)} \tag{5.29}$$

将这些方程式与Furui等模型对比，看到唯一的不同在于分母中的常数，Butler模型中分母常数为1.84而Furui等模型中该常数值为1.917。对于各向异性油藏，Butler推导出以下方程式：

$$\Delta p = \frac{q\mu}{2\pi KL}\left[I_{ani}\left\{\ln\left[\frac{hI_{ani}}{r_w(I_{ani}+1)}\right] + \frac{\pi y_b}{I_{ani}h} - 1.14 + s\right\}\right] \tag{5.30}$$

或

$$q = \frac{K_H L(p_e - p_{wf})}{141.2\mu B_o\left(I_{ani}\ln\left(\dfrac{hI_{ani}}{r_w(I_{ani}+1)}\right) + \dfrac{\pi y_b}{h} - 1.14 + s\right)} \tag{5.31}$$

同时Butler提出了垂直偏心井相关方程式的解法。对于各向同性油藏中距离油藏上边界或下边界为b的垂直偏心井，

$$\Delta p = \frac{q\mu}{2\pi KL}\left[\ln\left(\frac{h}{r_w \sin(\pi b/h)}\right) + \pi y_b/h - 1.84 + s\right] \tag{5.32}$$

或使用油田单位：

$$q = \frac{K_H L(p_e - p_{wf})}{141.2\mu B_o \left[\ln\left(\dfrac{h}{r_w \sin(\pi b/h)}\right) + \dfrac{\pi y_b}{h} - 1.84 + s\right]} \tag{5.33}$$

对于各向异性油藏，上式变为

$$q = \frac{K_H L(p_e - p_{wf})}{141.2\mu B_o \left(I_{ani}\ln\left[\dfrac{hI_{ani}}{r_w(I_{ani}+1)\sin(\pi b/h)}\right] + \dfrac{\pi y_b}{h} - 1.14 + s\right)} \tag{5.34}$$

注意，公式分母中采用的水平渗透率，而不是方程式（5.23）定义的、用在 Furui 模型中平均渗透率。如果运用方程式（5.25），用 K 替代 K_H，则两个模型除了 Butler 模型中使用常数 1.14 而 Furui 等模型使用常数 1.224，其他都是相同的。

Butler 模型和 Furui 等模型的研究对象都是完整水平分支井。这两个模型也可应用于非完整水平分支井，具体方法是在模型的表皮系数项中加入 Babu 和 Odeh（见下文介绍）提出的非完整井表皮系数。

5.2.1.2 拟稳态模型

拟稳态动态流入模型假设油藏边界为封闭边界，且油藏压力呈均匀下降。

（1）Babu 和 Odeh 模型。

Babu 和 Odeh（1988，1989）模型的物理系统是箱形泄油区，如图 5.4 所示，油藏产层中的水平井与 x 方向平行，井半径为 r_w，井长为 L（x_2-x_1）。油藏沿 x 方向的长度为 b，垂直于井轴的水平宽度（y 方向）为 a，油藏厚度为 h。

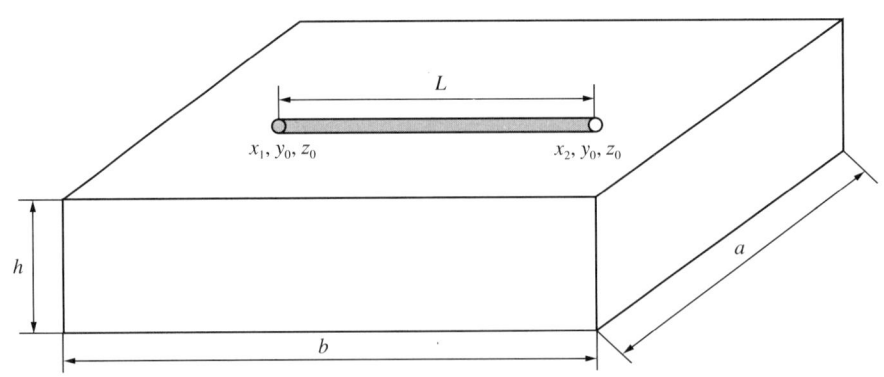

图 5.4 Babu 和 Odeh 模型系统示意图

井身可在油藏中任何位置，但是必须平行于 x 方向而且不能太靠近油藏边界（"太靠近"的定义参考模型方程的限定条件）。通过将油井跟部相对于油藏一角原点的位置规定为 x_0，y_0，z_0 来定义油井位置。Babu 和 Odeh 模型以 y—z 平面径向流为基础，用一个几何因数说明 y—z 平面泄油区的圆形偏差，用一个部分穿透表皮系数说明井筒外流体沿 x 方向的流入特点。注意，Babu 和 Odeh 几何因数与常用的 Dietz 形状因子（Dietz 1965）成倒数关系。因此 Babu 和 Odeh 流入流量的计算公式为

$$q = \frac{\sqrt{K_y K_z} b(\bar{p} - p_{wf})}{141.2 B_o \mu \left[\ln\left(\frac{A^{0.5}}{r_w}\right) + \ln C_H - 0.75 + s_R + \left(\frac{b}{L}\right)s\right]} \tag{5.35}$$

方程式（5.35）中，A 为泄油区面积，C_H 为形状因子，s_R 为部分射开表皮系数，s 为任何其他表皮系数，如完井或地层伤害产生的表皮系数。形状因子 C_H 表示泄油区形状的圆形偏差和油井位置从系统中部的偏移（图 5.4）。部分射开表皮系数 s_R 衡量油井 x 方向端部以外的油藏流体流动，在完整（完全穿透）水平井中 s_R 值等于 0。

Babu 和 Odeh 模型的核心是形状因子和部分穿透表皮系数的计算程序。这些参数通过简化平行六面体油藏结构的扩散方程解法，并比对假设条件流入方程（方程式 5.35）获得。Babu 和 Odeh 使用格林函数方法，解出了三维扩散方程，方程的井筒边界条件包括井筒流量恒定（均匀流量）且油藏中没有过边界窜流。得到以下形状因子与部分穿透表皮系数的关联方程式：

$$\ln C_H = 6.28 \frac{a}{h}\sqrt{\frac{K_z}{K_x}} \left[\frac{1}{3} - \frac{y_0}{a} + \left(\frac{y_0}{a}\right)^2\right] - \ln\left(\sin\frac{\pi z_0}{h}\right) \\ -0.5\ln\left[\left(\frac{a}{h}\right)\sqrt{\frac{K_z}{K_x}}\right] - 1.088 \tag{5.36}$$

或者考虑各向异性比，得到，

$$\ln C_H = 6.28 \frac{a}{I_{ani} h} \left[\frac{1}{3} - \frac{y_0}{a} + \left(\frac{y_0}{a}\right)^2\right] - \ln\left(\sin\frac{\pi z_0}{h}\right) \\ -0.5\ln\left[\left(\frac{a}{I_{ani} h}\right)\right] - 1.088 \tag{5.37}$$

s_R 根据油藏的水平尺寸，分两种情况进行计算。第一种情况是相对较宽的油藏，即油藏沿垂直于井轴的水平方向延伸长度大于沿井方向的延伸长度（$a>b$）。第二种情况是相对较长的油藏（$b>a$）。第一种情况的具体标准是，

$$\frac{a}{\sqrt{K_y}} \geqslant 0.75 \frac{b}{\sqrt{K_x}} > 0.75 \frac{h}{\sqrt{K_z}} \tag{5.38}$$

和

$$s_R = P_{xyz} + P'_{xy} \tag{5.39}$$

上式中

$$P_{xyz} = \left(\frac{b}{L} - 1\right)\left[\ln\frac{h}{r_w} + 0.25\ln\frac{K_x}{K_z} - \ln\left(\sin\frac{\pi z}{h}\right) - 1.84\right] \tag{5.40}$$

而

$$P'_{xy} = \frac{2b^2}{Lh}\sqrt{\frac{K_z}{K_x}}\left\{F\left(\frac{L}{2b}\right) + 0.5\left[F\left(\frac{4x_{mid}+L}{2b}\right) - F\left(\frac{4x_{mid}-L}{2b}\right)\right]\right\} \tag{5.41}$$

上式中 x_{mid} 表示油井 x 轴中点，计算式为

$$x_{mid} = \frac{x_1 + x_2}{2} \tag{5.42}$$

和

$$F\left(\frac{L}{2b}\right) = -\left(\frac{L}{2b}\right)\left[0.145 + \ln\left(\frac{L}{2b}\right) - 0.137\left(\frac{L}{2b}\right)^2\right] \tag{5.43}$$

方程式（5.41）中的 $F(4x_{mid}+L/2b)$ 和 $F(4x_{mid}-L/2b)$ 计算如下。如果 $(4x_{mid}+L)/2b$ 和 $(4x_{mid}-L)/2b$ 的值小于等于 1，则 $F[(4x_{mid}+L)/2b]$ 和 $F[(4x_{mid}-L)/2b]$ 运用方程式 (5.43) 计算，$(4x_{mid}+L)/2b$ 和 / (或) $(4x_{mid}-L)/2b$ 替代自变量 $L/2b$。如果 $(4x_{mid}+L)/2b$ 和 $(4x_{mid}-L)/2b$ 的值大于 1，则 $F[(4x_{mid}+L)/2b]$ 和 $F[(4x_{mid}-L)/2b]$ 运用下式计算：

$$F(x) = (2-x)\left[0.145 + \ln(2-x) - 0.137(2-x)^2\right] \tag{5.44}$$

式中，x 等于 $(4x_{mid}+L)/2b$ 或 $(4x_{mid}-L)/2b$。

第二种情况的标准为

$$\frac{b}{\sqrt{K_x}} \geqslant 1.33\frac{a}{\sqrt{K_y}} > \frac{h}{\sqrt{K_z}} \tag{5.45}$$

这种情况下，

$$s_R = P_{xyz} + P_y + P_{xy} \tag{5.46}$$

其中

$$P_y = \frac{6.28b^2}{ah}\frac{\sqrt{K_xK_z}}{K_y}\left[\left(\frac{1}{3} - \frac{x_{mid}}{b} + \frac{x_{mid}^2}{b^2}\right) + \frac{L}{24b}\left(\frac{L}{b} - 3\right)\right] \tag{5.47}$$

$$P_{xy} = \left(\frac{b}{L} - 1\right)\left(\frac{6.28a}{h}\sqrt{\frac{K_z}{K_x}}\right)\left(\frac{1}{3} - \frac{y_0}{a} + \frac{y_0^2}{a^2}\right) \tag{5.48}$$

方程式（5.46）中 P_{xyz} 的定义与方程式（5.40）相同。

例 5.3 Babu 和 Odeh 模型研究对象还是例 5.1 和例 5.2 中长度为 4000ft 的油藏。对位于油藏中心、长度为 2000ft 的水平井（如例 5.1），油藏宽度 a 为 1414ft（如例 5.2），当

油藏平均压力为 4000psi、井底流动压力为 2000psi 时，Babu 和 Odeh 模型预测的产量是多少？假设所有参数与例 5.1 和例 5.2 中参数相同。

油井位于给定尺寸的 Babu 和 Odeh 箱形油藏的中心，油藏长度 b 为 4000ft，油藏宽度 a 为 2828ft，油藏高度 h 为 50ft，油井两端 x 坐标为 x_1=1000ft，x_2=3000ft，中点 x 坐标为 x_{mid}=2000ft，z_0=25ft，y_0=1414ft。其他必要数据：水平渗透率为 10mD（$K_x=K_y$），垂直渗透率（K_z）为 1mD，分支井直径为 6ft，原油黏度为 5cP，地层体积系数为 1.1。I_{ani} 取 3.16。

首先运用式（5.37）计算形状因子 $\ln C_H$：

$$\ln C_H = 6.28 \frac{2828\text{ft}}{(3.16)(50\text{ft})} \left[\frac{1}{3} - \frac{1414\text{ft}}{2828\text{ft}} + \left(\frac{1414\text{ft}}{2828\text{ft}}\right)^2 \right] - \ln\left(\sin\frac{\pi(25\text{ft})}{50\text{ft}}\right) \\ -0.5\ln\left[\left(\frac{2828}{(3.16)(50\text{ft})}\right)\right] - 1.088 \tag{5.49}$$

得到

$$\ln C_H = 6.83 \tag{5.50}$$

验算按哪种情况计算部分穿透表皮系数，a=1414ft，b=4000ft，则

$$\frac{4000\text{ft}}{\sqrt{10\text{mD}}} \geqslant 1.33 \frac{1414\text{ft}}{\sqrt{10\text{mD}}} > \frac{50\text{ft}}{\sqrt{1\text{mD}}} \tag{5.51}$$

所以适用第二种情况（长油藏）。

运用式（5.40）和式（5.46）到式（5.48），得到

$$P_{xyz} = \left(\frac{4000\text{ft}}{2000\text{ft}} - 1\right)\left[\ln\frac{50\text{ft}}{0.25\text{ft}} + 0.25\ln 10 - \ln\left(\sin\frac{\pi 25\text{ft}}{50\text{ft}}\right) - 1.84\right] = 4.03 \tag{5.52}$$

$$P_y = \frac{6.28(4000\text{ft})^2}{(2828\text{ft})(50\text{ft})} \frac{\sqrt{(10\text{mD})(1\text{mD})}}{(10\text{mD})} \\ \times \left[\left(\frac{1}{3} - \frac{2000\text{ft}}{4000\text{ft}} + \frac{(2000\text{ft})^2}{(4000\text{ft})^2}\right) + \frac{2000\text{ft}}{24(4000\text{ft})}\left(\frac{2000\text{ft}}{4000\text{ft}} - 3\right)\right] = 7.02 \tag{5.53}$$

以及

$$P_{xy} = \left(\frac{4000\text{ft}}{2000\text{ft}} - 1\right)\left(\frac{6.28(2828\text{ft})}{50\text{ft}}\sqrt{\frac{1\text{mD}}{10\text{mD}}}\right)\left(\frac{1}{3} - \frac{1414\text{ft}}{2828\text{ft}} + \frac{(1414\text{ft})^2}{(2828\text{ft})^2}\right) = 9.36 \tag{5.54}$$

所以，计算式（5.46）得到

$$s_R = 4.03 + 7.02 + 9.36 = 20.41 \tag{5.55}$$

然后应用式（5.35）计算给定条件下的流量：

$$q = \frac{\sqrt{(10\text{mD})(1\text{mD})}(4000\text{ft})(4000\text{psi} - 2000\text{psi})}{141.2(1.1)(5\text{cP})\left[\ln\left(\frac{\{(2828\text{ft})(50\text{ft})\}^{0.5}}{0.25\text{ft}}\right) + 2.5 - 0.75 + 20.41\right]} = 963\text{bbl/d} \tag{5.56}$$

计算得到的流量值接近于通过 Furui 模型算出的 4000ft 长油藏中完整水平井的流量。但是，此结果有很大偶然性，因为计算条件有两方面完全不同。首先，在 Furui 等模型示例中，假设条件是长度为 4000ft 的完整井，而 Babu 和 Odeh 模型的假设条件是 2000ft 井长。其次，Babu 和 Odeh 模型针对拟稳态条件，油藏平均压力为 4000psi，而稳态模型（Furui 等模型）中边界压力为 4000psi。

（2）Goode 和 Kuchuk 模型。

Goode 和 Kuchuk（1991）通过解决相当于油藏全高的裂隙的二维流动问题，然后用 z 方向部分射开表皮系数说明 z 方向收敛流问题，提出了流入模型。假设沿井方向为均匀流量。Goode 和 Kuchuk 模型包含无穷级数求和，因此不如 Babu 和 Odeh 模型应用广泛。

（3）Helmy 和 Wattenbarger 模型。

Helmy 和 Wattenbarger（1998）扩大了 Babu 和 Odeh 的应用范围，确定了在均匀井筒压力条件下 Dietz 形状因子与部分穿透表皮系数的关联常数，对均匀井筒压力（与沿井均匀流量相反）情况进行了研究。他们也修正了均匀流量情况下的 Babu 和 Odeh 部分穿透表皮系数模型。在 Babu 和 Odeh 的公式中加入一些附加经验常数，然后寻找公式中最符合模拟结果的常数，从而建立了关联公式。

使用采油指数 J 和 Dietz 形状因子，Helmy 和 Wattenbarger 的流入公式为

$$J = \frac{K_{eq}b_{eq}}{141.2B\mu\left(\frac{1}{2}\ln\left(\frac{4A_{eq}}{\gamma r_{weq}^2}\right) - \frac{1}{2}\ln C_A + s_R\right)} \tag{5.57}$$

同样，可以在分母中加入一个附加表皮系数来综合考虑完井或地层伤害造成的附加表皮效应。均匀流量条件下，形状因子通过下式计算得出：

$$\ln C_A = 4.485 - \left[4.187 - 12.56\left(\frac{y_{weq}}{a_{eq}}\right) + 12.56\left(\frac{y_{weq}}{a_{eq}}\right)^2\right]\left(\frac{a_{eq}}{h_{eq}}\right) \\ + 2.01\ln\left(\sin\left(\frac{\pi z_{weq}}{h_{eq}}\right)\right) + \ln\left(\frac{a_{eq}}{h_{eq}}\right) \tag{5.58}$$

部分穿透表皮系数 s_R 为

$$s_R = \left(\left(\frac{b_{eq}}{L_{eq}}\right)^{0.858} - 1\right)(A + B) \tag{5.59}$$

上式中

$$A = -0.025 + 0.022\ln C_A - 3.781\ln\left(\frac{h_{eq}}{a_{eq}}\right) \tag{5.60}$$

而

$$B = \frac{1.289 - 4.751\left(\dfrac{x_{weq}}{b_{eq}}\right) + 4.652\left(\dfrac{x_{weq}}{b_{eq}}\right)^2 + 1.654\left(\dfrac{L_{eq}}{b_{eq}}\right) - 1.718\left(\dfrac{L_{eq}}{b_{eq}}\right)^2}{\left(\dfrac{h_{eq}}{a_{eq}}\right)\left(\dfrac{a_{eq}}{b_{eq}}\right)^{1.472}} \tag{5.61}$$

对于均匀井筒压力情况，

$$\ln C_A = 2.607 - \left[4.74 - 10.353\left(\frac{y_{weq}}{a_{eq}}\right)^{1.115} + 9.165\left(\frac{y_{weq}}{a_{eq}}\right)^{2.838}\right]\left(\frac{a_{eq}}{h_{eq}}\right)^{1.011}$$
$$+ 1.81\ln\left(\sin\left(\frac{\pi z_{weq}}{h_{eq}}\right)\right) + 2.056\ln\left(\frac{a_{eq}}{h_{eq}}\right) \tag{5.62}$$

部分穿透表皮系数 s_R 为

$$s_R = \left(\left(\frac{b_{eq}}{L_{eq}}\right)^{1.233} - 1\right)(A + B) \tag{5.63}$$

其中

$$A = 2.894 + 0.003\ln C_A - 0.453\ln\left(\frac{h_{eq}}{a_{eq}}\right) \tag{5.64}$$

$$B = \frac{0.388 - 1.278\left(\dfrac{x_{weq}}{b_{eq}}\right) + 0.715\left(\dfrac{x_{weq}}{b_{eq}}\right)^2 + 1.278\left(\dfrac{L_{eq}}{b_{eq}}\right) - 1.215\left(\dfrac{L_{eq}}{b_{eq}}\right)^2}{\left(\dfrac{h_{eq}}{a_{eq}}\right)\left(\dfrac{a_{eq}}{b_{eq}}\right)^{1.711}} \tag{5.65}$$

以上方程式中的下标"eq"表示用于描述各向异性油藏的转换变量，其定义参考附录 A。

图 5.5 表明，Helmy 和 Wattenbarger 关联公式的解与 Babu 和 Odeh 模型结果相近，而且恒定流量和恒定压力解也很接近。

（4）水平气井的流入模型。

水平气井流入方程式的推导方法与油井相似。对油井模型的修正包括：气井地层体积系数是压力与温度的函数，而且气井通常流速较高，因此应当考虑非达西流效应。所以，气井流入方程中流量和压降之间不存在线性关系，而油井流量与压降呈线性关系。例如稳定状态条件下，应用 Furui 模型，水平气井流量方程可表达为（Kamkon 和 Zhu 2006）：

$$q_g = \frac{KL\left(p_e^2 - p_{wf}^2\right)}{1424\overline{Z}\overline{\mu}_g T\left(\ln\left[\dfrac{hI_{ani}}{r_w\left(I_{ani}+1\right)}\right] + \dfrac{\pi y_b}{hI_{ani}} - 1.224 + s\right)} \tag{5.66}$$

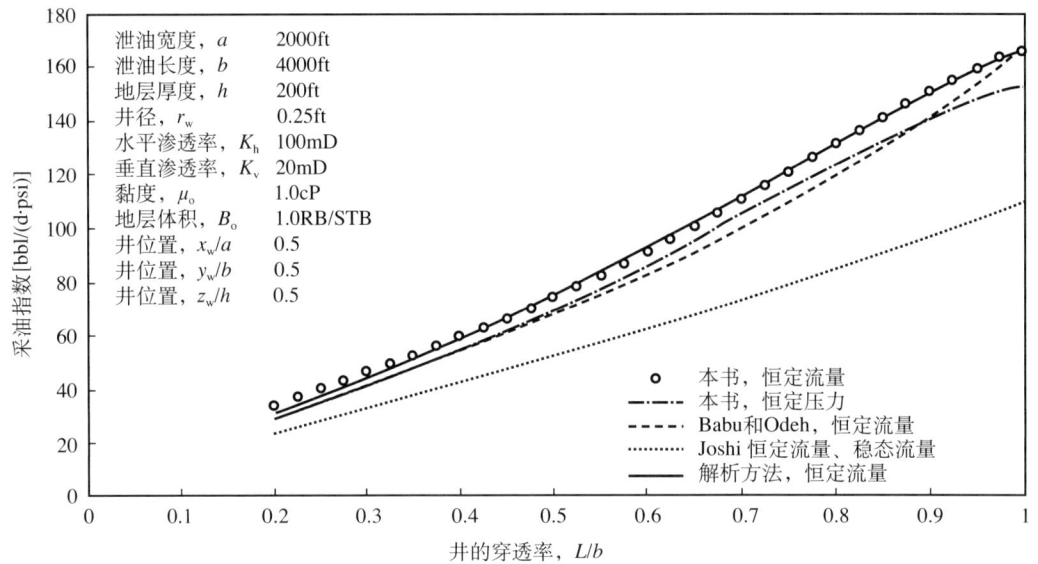

图 5.5　水平井模型对比（据 Helmy 和 Wattenbarger，1998）

方程（5.66）将 Z 和 μ_g 在 p_{wf} 到 p_e 压力区间内近似为恒定值。为了更准确地说明压力对物理性质的影响，可以使用 Al–Hussainy 和 Ramey（1966）提出的真实气体拟压力函数方程：

$$m(p) = 2\int_{p_0}^{p} \frac{p}{\mu_g Z} dp \tag{5.67}$$

式中，p_0 为参考压力，可以选取合适的基准压力。结合真实气体拟压力项，水平气井的流入动态关系公式为

$$q_g = \frac{KL\left[m(\overline{p}) - m(p_{wf})\right]}{1424T\left(\ln\left[\dfrac{hI_{ani}}{r_w\left(I_{ani}+1\right)}\right] + \dfrac{\pi y_b}{hI_{ani}} - 1.224 + s\right)} \tag{5.68}$$

气井流速通常远高于油井的流速，特别是近井眼区。这种高流速可造成附加压降，造成非达西流效应。附加压降是流量的函数，加入方程（5.68）可得到：

$$q_{\text{g}} = \frac{KL\left[m(\overline{p}) - m(p_{\text{wf}})\right]}{1424T\left(\ln\left[\dfrac{hI_{\text{ani}}}{r_{\text{w}}(I_{\text{ani}}+1)}\right] + \dfrac{\pi y_{\text{b}}}{hI_{\text{ani}}} - 1.224 + s + Dq_{\text{g}}\right)} \tag{5.69}$$

非达西系数 D 可以从试验室实验数据中或关联公式（Economides 等，1994）中获得。当井底流压 p_{wf} 不是太低时（Kamkom 和 Zhu，2006），气井流入动态解析模型与油藏数值模拟结果较一致。

根据类似方法，拟稳态条件下的单相气体渗流方程可以从 Babu 和 Odeh 模型（方程式（5.35））中得到

$$q_{\text{g}} = \frac{b\sqrt{K_y K_z}\left(\overline{p}^2 - p_{\text{wf}}^2\right)}{1424\overline{Z}\overline{\mu}_{\text{g}}T\left(\ln\left[\dfrac{A^{0.5}}{r_{\text{w}}}\right] + \ln C_{\text{H}} - 0.75 + s_{\text{R}} + s\right)} \tag{5.70}$$

对井底流压和油藏压力平均压力条件下的气体特性进行了估算。使用真实气体拟压力并结合非达西流效应，方程式变为

$$q_{\text{g}} = \frac{b\sqrt{K_y K_z}\left[m(\overline{p}) - m(p_{\text{wf}})\right]}{1424T\left(\ln\left[\dfrac{A^{0.5}}{r_{\text{w}}}\right] + \ln C_{\text{H}} - 0.75 + s_{\text{R}} + (s + Dq_{\text{g}})\right)} \tag{5.71}$$

水平井两相流流入动态的关联方程式。与直井相似，由于油藏相对渗透率和可变相态分布的复杂性，水平井两相流的解析流入关系不能应用。以 Vogel 公式（Vogel，1968）为首的关联方程组一直应用于直井两相流流入动态关系的计算，水平井应用中也采取了这些方法。

1968 年 Vogel 提出了估算直井两相流流入动态关系的经验公式。该经验公式为

$$\frac{q_{\text{o}}}{q_{\text{o,max}}} = 1 - 0.2\left(\frac{p_{\text{wf}}}{\overline{p}}\right) - 0.8\left(\frac{p_{\text{wf}}}{\overline{p}}\right)^2 \tag{5.72}$$

式中，p_{wf} 和 $\overline{p}$ 分别表示井底流动压力和油藏平均压力。$q_{\text{o,max}}$ 代表压降最大时（$p_{\text{wf}}=0$）的产量。该关联公式在直井两相流入动态关系的计算中得到了成功而广泛的应用。水平井流入动态模型遵循原 Vogel 公式。

（5）Bendakhlia 和 Aziz 的关联公式。

Bendakhlia 和 Aziz（1998）基于 Vogel 公式建立了水平井模型。他们提出了计算水平井中两相流的产量经验公式：

$$\frac{q_{\text{o}}}{q_{\text{o,max}}} = \left[1 - V\left(\frac{p_{\text{wf}}}{\overline{p}}\right) - (1-V)\left(\frac{p_{\text{wf}}}{\overline{p}}\right)^2\right]^n \tag{5.73}$$

Bendakhlia 和 Aziz 修改了 Vogel 公式，用参数 V 替代了常数 0.2 与 0.8，并在原公式中加入了指数 n。如图 5.6 所示，参数 V 和参数 n 都是油藏采收率的函数。新公式通过数值模拟结果的曲线拟合而得到。采收率不同，流入动态关系曲线也不同，因为参数 V 和参数 n 都取决于油藏采收率。

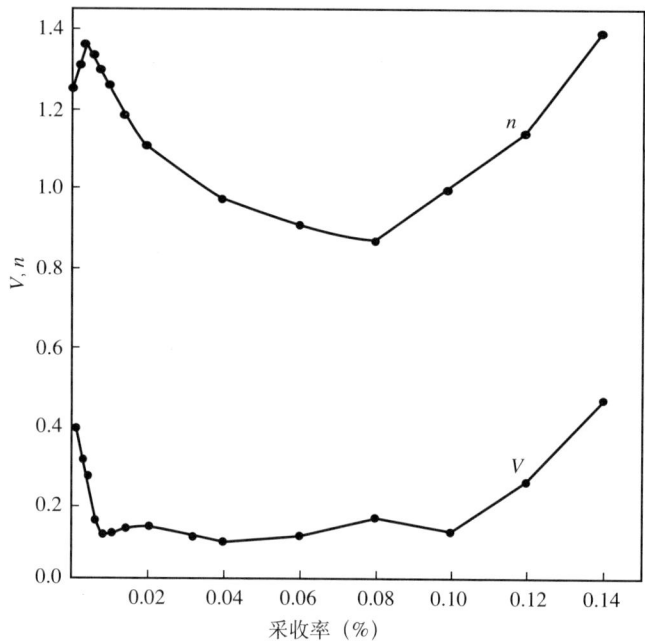

图 5.6　Retnanto 和 Economides 关联公式中的函数（据 Retnanto 和 Economides，1989）

（6）Cheng 的关联公式。

Cheng（1990）建立了一个计算斜井产油能力的公式。他的曲线拟合数据来自于斜井和水平井的油藏模拟模型。Cheng 的经验公式表达为：

$$\frac{q_o}{q_{o,\max}} = 0.9885 + 0.2055\left(\frac{p_{wf}}{\bar{p}}\right) - 1.1818\left(\frac{p_{wf}}{\bar{p}}\right)^2 \tag{5.74}$$

Cheng 的油藏模拟模型使用的是长方形油藏，斜井或水平井位于储层中心。假设油藏为含水饱和度恒定的各向同性均质油藏，油井在拟稳态条件下采油，Cheng 的模型保留了与 Vogel 关联公式相同的压力比例项 $(p_{wf}/\bar{p})$ 指数，但为了更好地符合油藏模拟结果，Cheng 修改了 Vogel 方程式中的常数。

（7）Retnanto 和 Economides 关联公式。

Retnanto 和 Economides（1998）提出了计算水平井两相流入动态的模型。通过将非线性回归技术应用于流入动态关系曲线，符合模拟结果的经验公式为

$$\frac{q_o}{q_{o,\max}} = 1 - 0.25\left(\frac{p_{wf}}{\bar{p}}\right) - 0.75\left(\frac{p_{wf}}{\bar{p}}\right)^n \tag{5.75}$$

其中

$$n = \left[-0.27 + 1.46\left(\frac{\bar{p}}{p_b}\right) - 0.96\left(\frac{\bar{p}}{p_b}\right)^2 \right](4 + 1.66 \times 10^{-3} p_b) \tag{5.76}$$

式中，p_b 为泡点压力。Retnanto 和 Economides 关联公式修改了原 Vogel 公式中的指数与常数，以说明流体特性和油藏条件对两相流流入动态的影响。方程式（5.76）表明 n 为油藏流体泡点压力的函数。在正常泡点压力范围内，指数 n 随泡点压力增加而增加，这表示两相流的非线性特性更为明显。该模型的应用范围有限制。当 $\bar{p}/p_b$ 值小时，n 可能小于 1，甚至为负数。

（8）水平井的 Vogel 修正模型。

Kabir（1992）提出了水平井无阻流势或 $q_{o,max}$ 的计算方法。为计算 $q_{o,max}$，对无量纲的流入动态关系进行了微分并从采油指数角度计算了 $q_{o,max}$。微分 Vogel 公式（式（5.72））得到

$$-\frac{dq_o}{dp_{wf}} = q_{o,max}\left(0.2\frac{1}{\bar{p}} + 1.6\frac{p_{wf}}{(\bar{p})^2} \right) \tag{5.77}$$

式中，$(-dq_o/dp_{wf})$ 定义为采油指数 J，当 p_{wf} 等于 $\bar{p}$ 时，J 达到最大值。因此，各模型的最高采油指数可以写为：

$$J = q_{o,max}\left(1.8\frac{1}{\bar{p}} \right) \tag{5.78}$$

Kabir 建议应用式（5.78）计算 $q_{o,max}$，方程式中 J 通过水平井单向流的解析表达式，如 Babu 和 Odeh 模型，进行计算。将修正了 Vogel、Bendakhlia 和 Aziz、Cheng 以及 Retnanto 和 Economides 模型的关联公式与不同采收率对应的油藏模拟结果相对比。图 5.7 显示了对比结果（Kamkom 和 Zhu，2005）。Bendakhlia 和 Aziz 关联公式，考虑采收率影响。

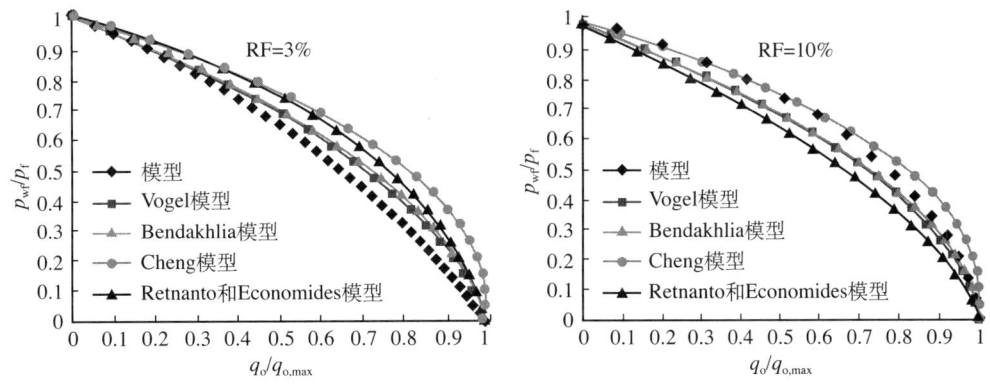

图 5.7 两相流关系式对比

考虑到与 IPR 流动相关的采收率的影响，Bendakhlia 和 Aziz 公式的相关关系，与不考虑采收率影响的修正的 Vogel 公式的相关系数非常接近，特别是在高采收率情况下。在低采收率下，Cheng 模型与其他模拟结果偏差较大。总的来说，在低采收率情况下，Cheng 模型高估了原油采出程度。

5.2.2 适合水平流入的点源法

一种既精确又灵活分析水平井生产能力的方法是用点源法（Babu 和 Odeh，1988，1989；Frick 和 Economides，1993；Ouyang 等 1998）。假设一个有水平井的平行六面体油藏，内部的液体是单向流的并且是微压缩的，这样液体通过多孔介质向井底流动的状态可用一个扩散方程来描述：

$$K_x \frac{\partial^2 p}{\partial x^2} + K_y \frac{\partial^2 p}{\partial y^2} + K_z \frac{\partial^2 p}{\partial z^2} = \phi \mu C_t \frac{\partial p}{\partial t} \tag{5.79}$$

方程（5.79）可转化为均质状态下的方程（见附录 B）

$$\frac{\partial^2 p}{\partial x^2} + \frac{\partial^2 p}{\partial y^2} + \frac{\partial^2 p}{\partial z^2} = \frac{\phi \mu C_t}{\overline{K}} \frac{\partial p}{\partial t} \tag{5.80}$$

上面的点源法扩散方程涉及以下几个步骤：
（1）建立一维瞬时点源方程。
（2）通过镜像法和叠加原则给平行六面体油藏加上边界。
（3）通过由纽曼乘积方法得到的一维解得到三维瞬时点源方程的解。
（4）通过对时间积分获得连续点源方程的解。
（5）在连续压力条件下或者在连续流动边界条件下沿着井身轨迹获得连续点源方程的解，这样就可以得到式（5.80）的解。

5.2.2.1 一维点/平面源的解

通过式（5.80）可得到该三维问题的解。先解三个单一的一维方程，然后用这三个一维方程的解来解最初的三维问题。对一维问题，用 b 来表示一维油藏在 X 轴上的解。其他方向的解是相似的，连续点源在 X 轴上的一维方程是：

$$\frac{\partial^2 p}{\partial x^2} = \alpha \frac{\partial p}{\partial t} \tag{5.81}$$

α 在上式中被定义为：

$$\alpha = \frac{\phi \mu c_t}{K_x} \tag{5.82}$$

通过变量的转换和可变量的分解，上面连续流动边界条件方程的解可表示为（见附录 C）：

$$p = \frac{q\mu}{2\pi K_x a} \exp\left(\frac{\alpha x^2}{4t}\right) \tag{5.83}$$

5.2.2.2 对边界应用联想法和叠加原则法

通过对边界应用联想法和叠加原则，给平行六面体油藏加上边界分别用 a，b 和 h 表示，如图5.4所示。这样，单位强度下非连续点源在X轴上的解s为：

$$s_x = \frac{1}{2\sqrt{\pi K_x \tau}} \left\{ \sum_{n=-\infty}^{\infty} e^{-\frac{(x-x'-2nb)^2}{4K_x\tau}} + \sum_{n=-\infty}^{\infty} e^{-\frac{(x+x'-2nb)^2}{4K_x\tau}} \right\} \quad (5.84)$$

它的解可用傅里叶系列表示为：

$$s_x = \frac{1}{b}\left\{1 + 2\sum_{n=1}^{\infty} e^{-\frac{K_x\pi^2 n^2\tau}{b^2}} \left[\cos\left(\frac{n\pi x}{b}\right)\cos\left(\frac{n\pi x'}{b}\right)\right]\right\} \quad (5.85)$$

$$s_y = \frac{1}{a}\left\{1 + 2\sum_{n=1}^{\infty} e^{-\frac{K_y\pi^2 n^2\tau}{a^2}} \left[\cos\left(\frac{n\pi y}{a}\right)\cos\left(\frac{n\pi y'}{a}\right)\right]\right\} \quad (5.86)$$

$$s_z = \frac{1}{h}\left\{1 + 2\sum_{n=1}^{\infty} e^{-\frac{K_z\pi^2 n^2\tau}{h^2}} \left[\cos\left(\frac{n\pi z}{h}\right)\cos\left(\frac{n\pi z'}{h}\right)\right]\right\} \quad (5.87)$$

5.2.2.3 用组曼法解一个三维问题

使用组曼法可以把一个三维方程的解拆分成三个一维方程的解。因而，把式（5.87）的解代入式（5.85）进行求解，可得：

$$\begin{aligned} s &= s_x s_y s_z \\ &= \frac{1}{abh}\left\{1 + 2\sum_{n=1}^{\infty} e^{-\frac{K_x\pi^2 n^2\tau}{a^2}} \left[\cos\left(\frac{n\pi x}{a}\right)\cos\left(\frac{n\pi x'}{a}\right)\right]\right\} \\ &\quad \left\{1 + 2\sum_{n=1}^{\infty} e^{-\frac{K_y\pi^2 n^2\tau}{b^2}} \left[\cos\left(\frac{n\pi y}{b}\right)\cos\left(\frac{n\pi y'}{b}\right)\right]\right\} \\ &\quad \left\{1 + 2\sum_{n=1}^{\infty} e^{-\frac{K_z\pi^2 n^2\tau}{h^2}} \left[\cos\left(\frac{n\pi z}{h}\right)\cos\left(\frac{n\pi z'}{h}\right)\right]\right\} \end{aligned} \quad (5.88)$$

连续点源方程的解可通过把无量纲时间T及井眼轨迹ξ考虑进去对式（5.88）进行求解可得到。在单位油藏条件下，这一积分可表示为：

$$\Delta p = p_i - p_w(t) = \frac{887 B_o \mu q}{L\alpha} \int_0^t \int_{\xi_1}^{\xi_2} s \, d\tau d\xi \quad (5.89)$$

从这一点开始，该问题的计算可变得复杂而冗长。Babu 和 Odeh 证明了在恒定压力边界条件下，与油藏边界平行的直线水平井眼轨迹可以通过解析方法求解（附录C）。可弯曲井眼轨迹需要使用数值积分法。

5.2.3 油藏模拟方法

油藏模拟模型也可用于预测水平井产能。与油藏模拟器中的直井标准表示法相比，水平分支井需要不同的油井模型将井筒压力与网格块压力相关联，因为渗透率可能出现各向异性，而且一口水平分支更有可能贯穿多个油藏网格块。Peaceman（1993）提出了一个油井模型，将井筒流压 p_{wf} 及流量 q 与容纳水平井网格的平均网格压力 p 相关联。对于单向流动，Peaceman 提出的油井模型公式为：

$$p_{wf} = p_{i,j,k} - \frac{q\mu}{2\pi(K_xK_z)^{1/2}\Delta y}\ln\frac{r_o}{r_w} \qquad (5.90)$$

式中，r_o 表示等效井筒半径，对于各向异性油藏，r_o 的表达式为：

$$r_o = \frac{0.14\left[\left(\frac{K_y}{K_x}\right)^{1/2}\Delta x^2 + \left(\frac{K_x}{K_y}\right)^{1/2}\Delta y^2\right]^{1/2}}{0.5\left[\left(\frac{K_y}{K_x}\right)^{1/4} + \left(\frac{K_x}{K_y}\right)^{1/4}\right]} \qquad (5.91)$$

本章后边将进一步讨论多分支井的油藏模拟问题。

5.3 井筒流动特性

多分支井产能预测和单井眼产能预测之间的最大的不同可能在于当油井合采时，所有分支井筒的流动条件与流动特性耦合。对于单一分支井筒，可以使用流入动态关系描述油藏产能；然后结合管内流动的独立评估和流入动态关系，对油井产能进行预测（Economides 等 1994）。多分支井不能使用该方法预测产能，因为一口分支井的井筒流动会影响所有其他分支井筒的压力条件。因此，井筒流动条件是多分支井系统的关键部分，必须与油藏流体同步模拟。

本部分研究多分支井压力与流动特性的计算方法。为了描述井筒流动条件，将多分支井分解为三个组成部分：

（1）分支井筒，即油井与油藏储层接触的井筒。
（2）造斜段，连通分支井筒与主井筒、但不向油藏储层开放的井段。
（3）主井筒，联系分支井筒的井段，包括从最上部接口到井口的井段。

5.3.1 分支井筒压降

在很多情况下，分支井筒内压降与油藏压降相比可以忽略，计算时可忽略不计分支井筒压降，并假设分支井筒内压力恒定。但是，如果油藏产油率足够高而能使分支井筒内形成相对较高的流量，如果压降较小（最大程度减少锥进或脊进的常规做法），或者井筒内流体波动形成多相流压降势能，则必须考虑分支井筒内的压降。

分支井采油段的压降计算不同于标准管流计算，因为沿管流入影响管内压降。一般通过修改无孔管的摩擦系数来综合考虑这种效应。研究分支井筒压降的计算方法时，先从单向流开始，然后考虑更为复杂的多相流情形。

水平分支井内的单向流。如果流体从油藏流入分支井筒的流量低、单分支井延伸范围足够大而且分支井筒内压降比油藏压降更显著，则分支井压降可以通过标准的管流计算公式进行计算，不需要明确考虑油藏流入对分支井筒压降的影响。稠油藏或致密气藏中的多分支井可能出现上述情况。在这种情况下，如果流体是不可压缩液体，那么长度为 L_s、水平倾角为 θ 的分支井段压降（图 5.8）为

$$\Delta p = p_1 - p_2 = \frac{g}{g_c}\rho L_s \sin\theta + \frac{2f_f \rho u^2 L_s}{g_c d} \tag{5.92}$$

式中，g 为重力加速度，g_c 为重力常数，ρ 为液体密度，d 为管直径，f_f 为范宁摩擦系数。上升流倾角 θ 为正数，下降流倾角 θ 为负数。如果流体为可压缩液体（气体流），对于水平段（或近水平段，与低密度气体流摩擦力相比，流体静压头可忽略不计）

$$p_1^2 - p_2^2 = \frac{32}{\pi^2}\frac{28.97\gamma_g \overline{ZT}}{Rg_c d^4}\left(\frac{p_{sc}q}{T_{sc}}\right)\left(\frac{2f_f L_s}{d} + \ln\frac{p_1}{p_2}\right) \tag{5.93}$$

式中，γ_g 为气体重力，Z 为压缩系数，T 为绝对温度，R 为通用气体常数，而下标 sc 表示流量 q 对应的标准条件。

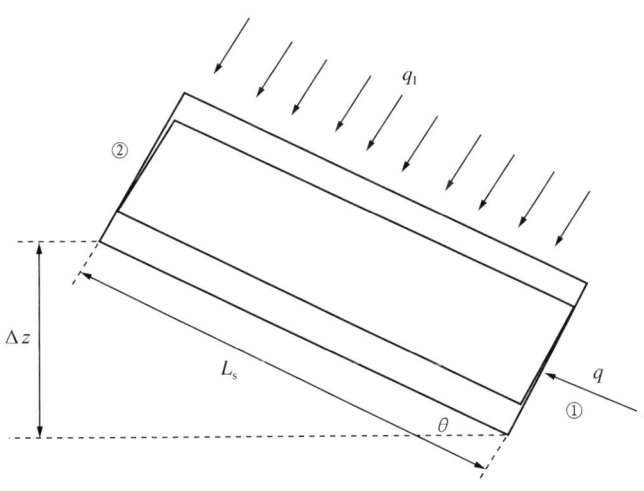

图 5.8 管流的几何形态

许多研究者，包括 Asheim 等（1992）、Su 和 Gudmusson（1994）、Yuan 等（1996，1998）、Ouyang 等（1998），Ouyang 和 Aziz（2001）以及 Yalniz 和 Ozkan（1998），一直在研究通过射孔孔道或割缝的径向流入对水平井筒轴向压降的影响。考虑一段水平井筒，流体通过沿井筒离散分布的射孔孔道或割缝径向流入，如图 5.9 所示，Su 和 Gudmusson 将压

降分为四部分：

$$\Delta p = \Delta p_f + \Delta p_{acc} + \Delta p_{perf} + \Delta p_{mix} \quad (5.94)$$

式中，Δp_f 为未射孔管道内的管壁摩擦压降，Δp_{acc} 为轴向流速变化引起的加速压降，Δp_{perf} 表示当管身有射孔或割缝时，更粗糙管道表面引起的附加管壁摩擦压降，而 Δp_{mix} 表示因径向流入影响轴向流动流线、径、轴向流混合造成的附加耗散效应。有径向流入时单相流压降关联式中没有明确考虑所有这些因素，而是将部分条件纳入一个摩擦系数关联式中。

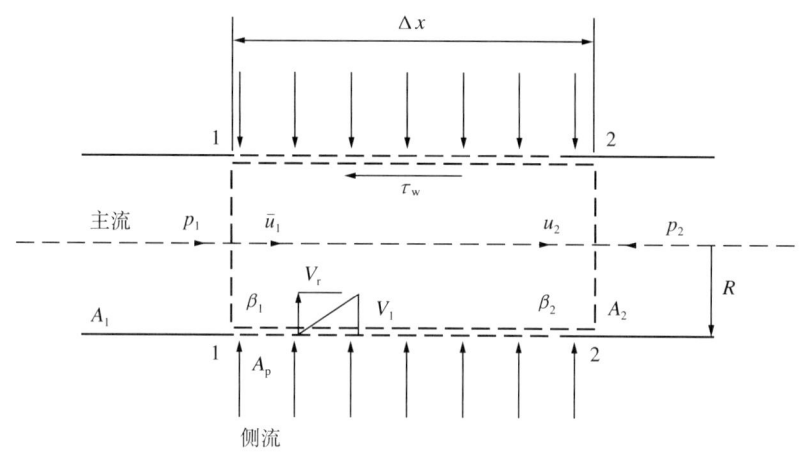

图 5.9　油井模型示意图（据 Yuan 等，1998）

我们在此讨论 Ouyang 和 Yuan 提出的关联公式。

用于计算压降的 Ouyang 井筒单向流动模型结合了摩擦压降、加速压降和重力压降，并且通过运用摩擦系数的经验公式说明了径向流入和射孔粗糙面造成的压降效应。对于每单位长度的均匀流入量为 q 的井筒段（图 5.8），压降为：

$$\Delta p = p_1 - p_2 = \frac{g}{g_c}\rho L_s \sin\theta + \frac{2f_f^* \rho u^2 L_s}{g_c d} + \frac{8\rho u q_1 L_s}{\pi g_c d^2} \quad (5.95)$$

井筒内层流摩擦系数 f_f^* 定义为：

$$f_f^* = \frac{16}{N_{Re}}\left[1 + 0.04304 N_{Re,w}^{0.6142}\right] \quad (5.96)$$

井筒内紊流摩擦系数 f_f^* 定义为：

$$f_f^* = f_f\left[1 - 0.0153 N_{Re,w}^{0.3978}\right] \quad (5.97)$$

式（5.103）和式（5.104）中的 $N_{Re,w}$ 为流入雷诺数，是每单位长度流量 q 的函数：

$$N_{Re,w} = \frac{q_1 \rho}{\pi \mu} \quad (5.98)$$

而 N_{Re} 为普通管流雷诺数：

$$N_{Re} = \frac{du\rho}{\mu} \quad (5.99)$$

这些方程式中的轴向流速 u 是该井段的平均流速，即

$$u = \frac{4\overline{q}}{\pi d^2} \tag{5.100}$$

式中，井段平均流量 $\overline{p}$ 定义为：

$$\overline{q} = q + \frac{L_s}{2}q_1 \tag{5.101}$$

注意，与流入相关的有效摩擦系数在层流情况下增加，而当流动为紊流时降低。f_f 是无流入时的管流摩擦系数，可用 Colebrook-White 摩擦系数方程隐式公式或者复制 Colebrook-White 结果的显式方程组进行计算。Chen 的方程式（1979）是其中一个简便精确的公式：

$$\frac{1}{\sqrt{f_f}} = -4\lg\left\{\frac{\varepsilon}{3.7065} - \frac{5.0452}{N_{Re}}\lg\left[\frac{\varepsilon^{1.1098}}{2.8257} + \left(\frac{7.149}{N_{Re}}\right)^{0.8981}\right]\right\} \tag{5.102}$$

Yuan 等（1998）根据多次割缝衬管和射孔套管实验结果，建立了一个摩擦系数经验关联公式。关联公式中结合加速度与混合效应，得到

$$\Delta p = p_1 - p_2 = \frac{g}{g_c}\rho L_s \sin\theta + \frac{2f_f^* \rho u^2 L_s}{g_c d} \tag{5.103}$$

式中，f_f^* 包括所有流入效应的经验摩擦系数，由下式计算：

$$f_f^* = aN_{Re}^b + \frac{2C_n d q_1}{\overline{q}} \tag{5.104}$$

表 5.1 总列出了经验常数 a、b 和 C_n 的值。

表 5.1 Yuan 的模型常数

割缝/射孔布置		a	b	C_n
隔缝衬管	18 缝/10ft，0° 相位	0.318	−0.251	2.2
	18 缝/10ft，180° 相位	0.317	−0.258	2.0
	36 缝/10ft，90° 相位	0.501	−0.3	2.3
已射孔	5 孔/ft，0° 相位	0.641	−0.312	2.2
	10 孔/ft，180° 相位	0.363	−0.266	2.2
	20 孔/ft，90° 相位	1.297	−0.421	2.2

例 5.4 分支井筒压降。长度为 1000ft 的水平分支井段。在井段起始点（朝分支井筒趾部），流量为 10000bbl/d，此井段上的流入流量为 4bbl/(d·ft)，所以在井段跟部的分支井段总流量为 14000bbl/d。流体为单相油流，原油密度为 58 lbm/ft³、黏度为 1cP。假设恒定平均流量为 12000bbl/d，不考虑分支井段的流入效应，运用 Ouyang 和 Yuan 的关联公式，计算当井筒内径分别为 4in、5in、6in 时的水平井筒压力剖面。Yuan 等模型假设油井采用射孔尾管完井，射孔密度为 20 孔/ft、射孔相位 90°。

假设整个水平井段流量恒定等于平均值 12000bbl/d，那么整个水平井段的压力梯度也将是恒定的，运用式（5.92）简单计算。如图 5.10 所示，内径分别为 4in、5in、6in 的分支井段压力剖面在沿井方向呈直线。对于 6in 内径的分支井筒，1000ft 井段长度上总压降仅为 3psi，对于 4in 内径的分支井筒，总压降 Δp 为 23psi。

为了应用 Ouyang 和 Yuan 的关联公式，将 1000ft 长井段分成若干更短的井段，然后计算各小井段的压降，Ouyang 模型使用式（5.95）到式（5.102）、Yuan 等模型使用式（5.103）和式（5.104）计算。结果表明（图 5.10），这些关联式计算确定的压力剖面略有不同，靠近井段跟部压力梯度增加。

分支井筒压降的相对重要性。在例 5.4 中看到，对于单相油流，当流量为 12000bbl/d 时，在 6in 内径衬管中 1000ft 井段压降仅为 3psi，而 4in 内径衬管中的流动压降为 23psi。分支井筒内压降是否重要取决于分支井筒压降相对于油藏压降（压力降落）的值。为了简单地确定在估测水平分支井流入动态时是否需要考虑分支井筒压降，可以通过简单的方程式进行计算并将分支井筒压降与油藏压降相对比。例如，运用 Furui 的稳态流入方程式，假设分支井筒绝对水平，则分支井筒压降与油藏压降的比例为：

$$\frac{\Delta p_\mathrm{f}}{\Delta p_\mathrm{r}} = \frac{\dfrac{2 f_\mathrm{f} \rho u^2 L}{d}}{\dfrac{q\mu}{2\pi KL}\left\{\ln\left[\dfrac{hI_\mathrm{ani}}{r_\mathrm{w}(I_\mathrm{ani}+1)}\right]+\dfrac{\pi y_\mathrm{b}}{hI_\mathrm{ani}}-1.224+s\right\}} \quad (5.105)$$

可以用体积流量替换井筒流速 u：

$$u = \frac{4q}{\pi d^2} \quad (5.106)$$

平均井筒流量是井筒总流量的一半，因为井筒趾部流量为零，跟部流量为总流量 q。摩擦压降项使用井筒流量 $q/2$，油藏的几何因子定义式为：

$$F_\mathrm{g} = \ln\left[\frac{hI_\mathrm{ani}}{r_\mathrm{w}(I_\mathrm{ani}+1)}\right]+\frac{\pi y_\mathrm{b}}{hI_\mathrm{ani}}-1.224+s \quad (5.107)$$

压降比值为

$$\frac{\Delta p_\mathrm{f}}{\Delta p_\mathrm{r}} = \frac{\dfrac{8 f_\mathrm{f} \rho q^2 L}{d}}{\dfrac{q\mu F_\mathrm{g}}{2\pi KL}} \quad (5.108)$$

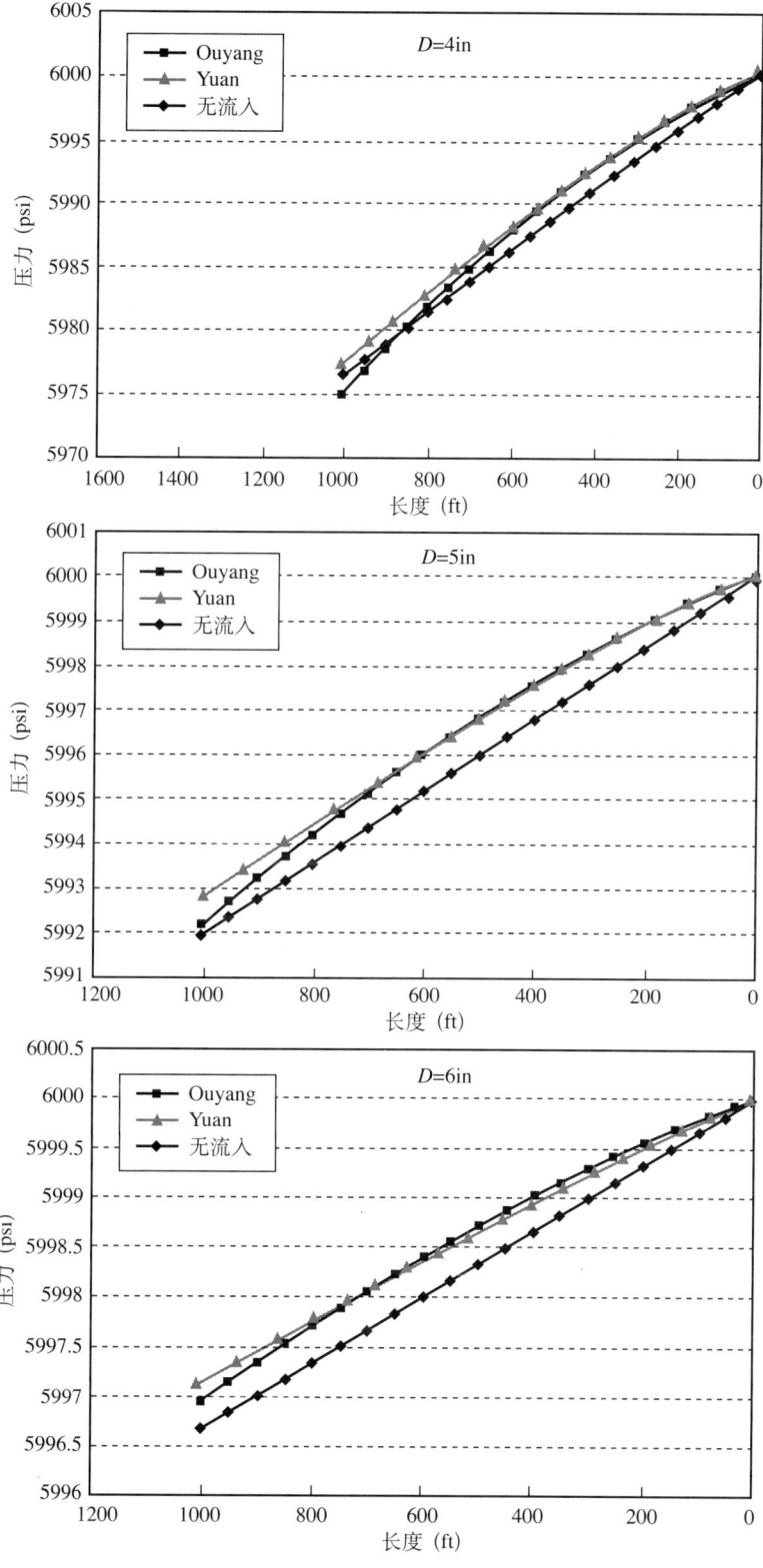

图 5.10 井筒压力计算模型对比

上式可整理为

$$\frac{\Delta p_{\mathrm{f}}}{\Delta p_{\mathrm{r}}} = 4 f_{\mathrm{f}} \left(\frac{4q\rho}{\pi d \mu} \right) \left(\frac{KL^2}{d^4 F_{\mathrm{g}}} \right)$$ (5.109)

该表达式含有两个无量纲数群。第一组圆括号内是管流的雷诺数 N_{Rc},第二组圆括号内是描述水平井流入的无量纲数 N_{H},井筒压降与油藏压降的比例为:

$$\frac{\Delta p_{\mathrm{f}}}{\Delta p_{\mathrm{r}}} = 4 f_{\mathrm{f}} N_{\mathrm{Re}} N_{\mathrm{H}}$$ (5.110)

当比值小时,分支井筒压降效应可以忽略。

例 5.5 相对压降。当井筒流量高(高雷诺数 N_{Rc})且油藏压降低(高无量纲数 N_{H})时,水平分支井筒内的摩擦压降。这种情况通常发生在高渗透率油藏较长的小直径水平井中。为了说明井筒压降效应何时重要,以长度为 4000ft、直径为 4in 的水平分支井筒为例进行计算,原油黏度为 1cP、密度为 60 lbm/ft³,地层体积系数为 1.1。到垂直井轴(y_{b})方向上泄油边界的距离为 2000ft,油藏厚度为 50ft,衬管表面的相对粗糙度为 0.001。假设表皮系数为 0,且水平渗透率与垂直渗透率比值为 10。外泄油边界压力为 4000psi。使用一个水平渗透率和油藏压降范围,求井筒压降大于油藏压降 10% 的条件。

对于各井筒压力(压降)和水平渗透率组合,首先用方程式(5.31)计算油藏可提供的流量。然后运用方程式(5.110)求得井筒压降与油藏压降的比值。表 5.2 列出了不同渗透率—压降组合的计算结果。

结果表明,对于给定长度的油井,当渗透率等于或小于 100mD 时,井筒压降效应低;当水平渗透率等于 100mD 且油藏压降为 1000psi 时,井筒压降为油藏压降的 8%。

表 5.2 井筒压降与油藏压降比值

K_x	Δp_{r}	q	Δp
50	500	4633	0.01
50	1000	9266	0.02
100	500	9266	0.04
100	1000	18533	0.08
1000	50	9266	0.41
1000	100	18533	0.78
500	50	4633	0.11
500	100	9266	0.21
500	200	18533	0.39

较低渗透率或较低油藏压降任意组合的结果都是较小的井筒压降 Δp 与油藏压降比值。但是在高渗透率油藏中,井筒压降有重要影响。当水平渗透率等于 500mD 且油藏压降仅为

50psi 时，井筒压降与油藏压降比值为 11%。在水平渗透率为 1000mD、压降为 100psi 的油藏中，井筒压降为油藏压降的 78%。这一井筒压降值是此类油井产能的非必要限制因素。井筒直径较大和长度较小的水平井能够更高效地开发此类油藏。

本部分介绍的井筒压降相对重要性的估测方法为大致方法，因为采用的是单一井筒流量的平均值和简单的稳态流入模型。此方法仅用于确认是否需要进行更精确的井筒流动效应计算。

5.3.2 造斜段和主井筒的压力剖面

常规水平井与多分支井的流动特性关键区别在于，当多分支井通过主井筒合采时，各分支井筒的流动条件与所有分支井筒的产油性能相互耦合。因此，为了评价多分支井产能，必须精确地预测分支井筒造斜段和主井筒的压力剖面。与任何管流问题一样，主要根据井中并存的流体相态来考虑不同复杂程度的情形。复杂程度不断增加的三种方法是：

（1）假设井筒流体的恒定密度等于油藏流体的恒定密度，而且没有显著的摩擦效应或动能效应。一些线源法（Ouyang 和 Aziz，2001）对此进行了假设，使得井筒压力能够用油藏压力势替换。如果井筒流体静压力梯度与地层流体的静压力梯度相同，则可以从压力势角度进行所有计算，而不需要明确考虑流体静压效应。如果井筒流体为单相流，这可能不是一个合理的假设。

（2）计算造斜段的压力剖面，假设井筒流体为单相液体流或气体流。对于油井，如果整个造斜段的压力高于泡点压力而且不产水，那么该假设成立；对于气井则不考虑产水和凝结相。当假设成立时，可以运用式（5.92）或式（5.93）计算造斜段的压力剖面。

（3）造斜段一般存在两相流或三相流，因此必须运用多相流关联公式来计算压力剖面。压力剖面计算有很多通用的计算关联式，但大多数公式针对垂直流动或水平流动。在造斜段内，管道倾角在本质上不可能是垂直方向或水平方向，而通常是在这两种极端方向之间变化。适用这一条件的关联公式包括 Beggs 和 Brill（1973）关联式和 Gomez 等（2000）关联式。

造斜段单相流。如果假设流体为可压缩液体，则造斜段压降可简单地计算如下：使用入斜点和出斜点之间的总长度（两点之间的测深差）计算摩擦压降；使用高度差（实际垂深差）计算势能压降。

$$\Delta p = p_1 - p_2 = \Delta p_f + \Delta p_{PE} \tag{5.111}$$

$$\Delta p_f = \frac{2 f_f \rho u^2 L_m}{g_c d} \tag{5.112}$$

其中

$$\Delta p_{PE} = \frac{g}{g_c} \rho L_v \tag{5.113}$$

在这些方程中，Δp_f 为摩擦压降，Δp_{PE} 为势能（流体静压）压降，L_m 为造斜段两个位置点的测深之差，而 L_v 等于下游位置（位置 2）的垂深减去上游位置（位置 1）的垂深。

在单相流气井中，由于气体密度依赖于压力，所以造斜段必须分解为增量分段。对于倾角恒定的分段，该井段进口端压力和出口端压力之间的关系（Economides 等 1994）为：

$$p_2^2 = e^s p_1^2 + 2.685 \times 10^{-3} \frac{f_f (\overline{ZT}q)^2}{\sin\theta d^5}(e^s - 1) \tag{5.114}$$

其中

$$s = \frac{-0.0375\gamma_g L \sin\theta}{\overline{ZT}} \tag{5.115}$$

f_f 为范宁摩擦系数，Z 和 T 分别表示平均压缩系数和绝对温度，°R；q 为体积流量，$10^3 ft^3/d$；θ 为水平倾角，L 为井段长度，ft；D 为管内径，in；γ_g 为气体重度；压力单位为 psi。

例 5.6 造斜段压力剖面—单相流。图 5.11 所示双分支井通过两条分支井筒采用 3ft 内径油管采油，油流在接口处混合，原油 API 为 20°，气油比（GOR）为 150ft³/bbl，下部分支井筒（分支井筒 1）产量为 2000bbl/d，上部分支井筒（分支井筒 2）产量为 3000bbl/d。

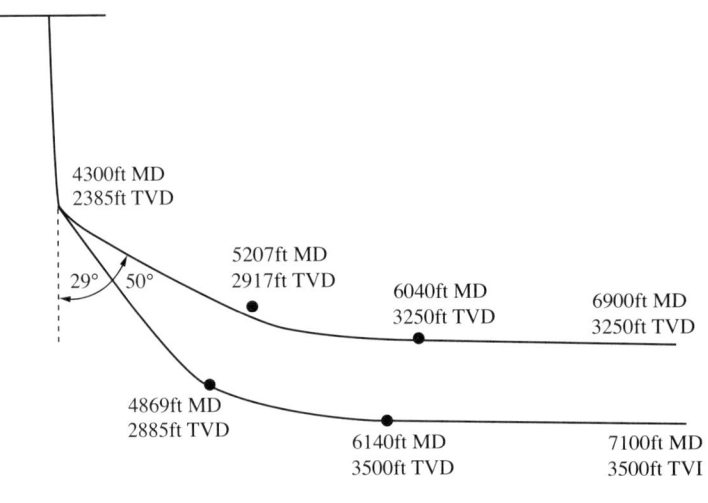

图 5.11　例 5.7 油井示意图

油管表面的相对粗糙度为 0.0006，井底温度为 120°F，原油密度为 58.8 lbm/ft³、黏度为 5cP，泡点压力为 1241psi。如果分支井筒 1 井底流动压力为 1800psi，求接口处压力和分支井筒 2 的井底流压。确认单相液流的相关计算适合此油井的造斜段。

假设整个造斜段流体性质不变，那么势能和摩擦压降可以运用式（5.112）和式（5.113）直接计算。从分支井筒 1 开始，测得造斜段井筒跟部到接口处的总距离为 1840ft；从方程（5.136）计算得到摩擦压降为 10.1psi。该造斜段高度变化是分支井筒 1 跟部与井筒接口处的实际垂深之差，为 1112ft。运用方程（5.113），求得势能压降为 454psi。结果相加得到分支井筒的总压降为 464psi，造斜段 1 井底流压 1800psi 将去分支井筒总压降，得到接口处压力为 1336psi。

同样计算，得到造斜段 2 的摩擦压降和势能压降分别为 19.5psi 和 352psi。将这两项压降值与接口处压力相加，得到分支井筒 2 的井底平衡流压为 1708psi。注意，在合采的多分支井中，分支井筒流动压力的关系受到接口处常压的影响。每一分支井筒的流动条件均取决于其他分支井筒的流动特性。

最后求出该系统最低压力为接口处压力，等于1336psi。因为此压力高于泡点压力，所以单向液流的假设是有效的。

例 5.7 造斜段压力剖面—多相流。按以下假设条件，重复例5.6中的计算：原油的API度为30，伴生气的重力为0.71，溶解气油比为500ft^3/bbl。当井底温度为150°F时，该流体系统的泡点压力为2651psi。流量单位为bbl/d。

因为多相流的气含率特性严重依赖于管道倾斜角，而造斜段倾角是变化的，所以造斜段应该分解为若干相对较短的增量段，以便假设倾角为恒定角度。从分支井筒1开始，将水平造斜角为29°、从4869ft延伸至6140ft垂直测深的分支井段，分解为三个增量段，每段长420ft。为了考虑流体性质变化，将各增量段进一步划分为长度为20ft的下级增量分段，然后运用Beggs和Brill关联公式计算各增量段的总压降。各分支井筒的计算结果见表5.3。

表 5.3 例 5.7 压力剖面计算结果

分支井筒 1 的压力剖面		
MD (ft)	TVD (ft)	压力 (psi)
4300	2388	1454
4880	2888	1601
5300	3213	1702
5720	3426	1773
6140	3500	1800
分支井筒 2 的压力剖面		
MD (ft)	TVD (ft)	压力 (psi)
4300	2388	1454
5210	2970	1641
5625	3178	1710
6040	3250	1739

5.4 多分支井产能分析模型

油井产能反映了地面压力与流量的关系。对于多分支井，这种关系也包含各分支井筒的流量分布，分支井筒流量分布是地面压力的函数（各分支井筒之间的流量分布）。预测多分支井产能必须同时求解油藏流入模型和井筒流动模型。5.2部分讨论了几个油藏流入模型，5.3部分中也提出了井筒流动模型。在本部分中，将油藏模型与井筒模型相互耦合，应用集成模型来预测多分支井的产能。

因为多分支井中的水平分支井筒可能是高流量的长井筒，所以在水平分支井筒中有时可能出现明显压降。要计算水平分支井筒压降，需要知道从油藏流入分支井筒的流体流量，相反，为了得到用于计算井筒压力的油藏流入流量，需要知道井筒流动压力，而井筒流压则来自于分支井筒压降计算。求解耦合方程需要使用迭代方法。解决该问题的动态方法是将分支井筒划分为若干小井段，然后迭代计算分支井筒各小井段的流入流量与压降。注意，分支井筒内任意一点的压降均使用流经该点的流量进行计算。

5.4.1 半解析模型

预测多分支井产能一个简便快捷的方法是应用解析模型和关联公式。本部分使用的所有方程式都曾在前文中提到。本部分将使用 Babu 和 Odeh 的流入模型以及 Ouyang 和 Aziz 的井筒模型来说明预测多分支井产能的半解析方法。

图 5.12 显示了半解析方法使用的多分支井系统。该多分支井可以有任意数目的分支井筒，而且各分支井筒可以有生产段和造斜段（没有流入的井段）。系统中可以有多处接口，但在最顶部接口以上只有一套主井筒油管。对于有 n 口多分支井筒的多分支井，从最底部分支井筒开始计算。虽然从任意分支井筒或者地面开始计算也可求解，但是从最底部的分支井筒开始计算是求得该问题收敛解的最快方法。

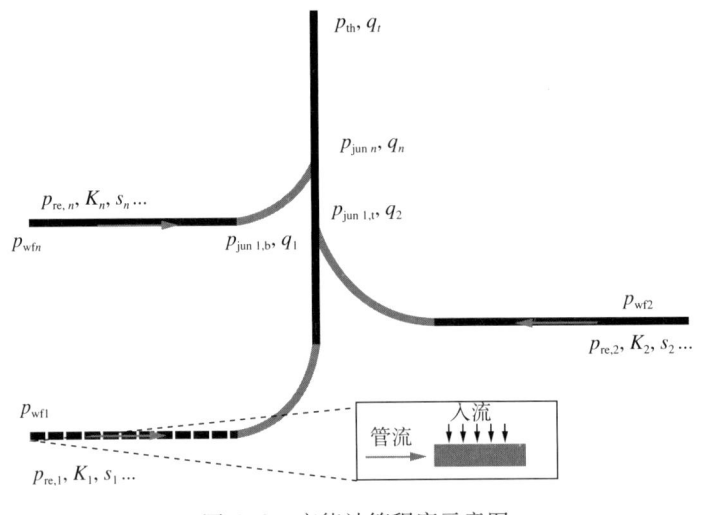

图 5.12 产能计算程序示意图

首先将最底部分支井筒划分为若干小井段，然后预测计算井筒内的压力与流量。

假设分支井筒 1 趾部分段（分段 1）的压降（油藏压力与井筒流动压力之差）为 $\Delta p_{1,1}$，流量 $q_{1,1}$ 可用 Babu 和 Odeh 的模型公式计算：

$$q_{1,1} = \frac{7.08 \times 10^{-3} b \sqrt{K_x K_z} (\Delta p_{1,1})}{\mu B_o \left[\ln \left(\frac{A^{0.5}}{r_w} \right) + \ln C_H - 0.75 + S_R \right]} \quad (5.116)$$

式中，C_H 和 S_R 在方程式（5.36）、式（5.37）、式（5.39）到式（5.44）以及方程式（5.56）到式（5.48）中定义。使用这个流量值，井筒分段的压降 $\Delta p_{1,1}$ 可以运用 Ouyang 的公式（方程式（5.95）到（5.102））计算，然后代入下式，计算下一分段 – 分段 2,1 – 的压降：

$$(\bar{p}-p_{wf})_{2,1}=(\bar{p}-p_{wf})_{1,1}-\Delta p_{1,1} \tag{5.117}$$

然后以相同方法计算第二井筒分段的流量 $q_{2,1}$ 和压降。注意：用于计算井筒压降的流量为 $q_{1,1}$ 与 $q_{2,1}$ 之和。用作计算井筒分段 i，j 压降的流量可运用以下通用公式计算：

$$q_{i,j}=\sum_{k=1}^{i}q_{k,j} \tag{5.118}$$

压力与流量的计算程序从最底部分支井筒开始，各分支井筒从趾部到跟部开始，直到完成整个分支井筒的相关计算。计算完毕将得到分支井筒 1 的流量与压力分布结果。井筒端部分段（趾部分段与跟部分段）与中间分段（趾部分段与跟部分段之外的所有分段）流量计算的不同之处在于，井筒中间分段的假设条件是油藏中沿 x 方向无流动。在这种情况下，方程式（5.35）中的部分穿透表皮系数将等于零。

生产段最后一个分段与接口之间是造斜段，造斜段内无流体流入。从分支井筒最后一段到接口处流量将不变，压力分布可以通过 5.3.2 部分提出的方法进行计算。计算完毕得到从最底部分支井筒（图 5.12 分支井筒 1）计算的接口处压力 $p_{jun1,b}$（下标中 jun1 表示接口 1，b 表示接口压力从最底部分支井筒计算）。

下一步是计算分支井筒 2 的流量与压力分布。重复分支井筒 1 计算程序；假设分支井筒 2 趾部分段（分段 1）的压降，运用油藏流入模型公式计算流量，然后利用井筒模型计算所得的流量值来计算井筒压降。分支井筒各分段采用相同程序计算，直到达到造斜段，然后应用管流压降模型（单相流模型或两相流关联模型，取决于流动条件），计算造斜段的压降。通过以上计算，得到从分支井筒 2 计算的接口 1 压力 $p_{jun1,t}$（下标中 jun1 表示接口 1，t 表示接口处压力从顶部分支井筒计算）。

到此，从分支井筒 1 和分支井筒 2 计算的接口处压力值 $p_{jun1,b}$ 和 $p_{jun1,t}$ 必须相等，各分支井筒才能在定义的条件下采油。如果两次计算的接口处压力不一致，我们需要对分支井筒 2 的趾部压降值进行重新假设，然后重新计算分支井筒 2 的压力与流量。重复直到从分支井筒 2 计算得出的接口压力等于从分支井筒 1 计算的接口压力。使两条分支井筒在相同的接口压力条件下采油的条件称为平衡条件。在一些假设的分支井筒 1 趾部压力条件下，平衡条件并不存在。在这种情况下，通过一种计算程序得到的接口处压力始终高于通过另一种程序计算得到的接口处压力值。这表明流体可能从压力较高的分支井筒向压力较低的分支井筒回流。这一现象定义为窜流。窜流条件将在本章后半部分讨论。

求得平衡条件下的接口压力之后，分支井筒 1 和分支井筒 2 的计算结束。从接口 1 到接口 2 之间的压降可以通过管内压降模型进行简单计算，通过计算将得出接口 2 处的压力 $p_{jun2,b}$。将接口 2 压力值 $p_{jun2,b}$ 与从分支井筒 3 计算的接口处压力 $p_{jun2,t}$ 对比，接口压力 $p_{jun2,t}$ 的计算程序为：假设分支井筒 3 的趾部压降，计算分支井筒 3 的流量与压力分布，然后计算分支井筒 3 造斜段的压降。多分支井的每一分支井筒通过相同的程序进行计算，得到最上部接口的压降与流量。然后可以从单相或两相管流计算中得到主井筒油管（从最顶部接口处到地面）内的压降和所有分支井筒的总流量，最后算出总流量对应的地面压力。

通过前面说明的计算程序，得到了各分支井筒和各接口处的流量与压力分布，以及地面总流量与压力。计算程序总结如下：

（1）从最底部分支井筒（分支井筒1）开始，假设一个分支井筒1趾部压力 $p_{wf}(1,1)$ 以求得趾部井筒段的压降，应用油藏流入模型计算流入井筒段的流体流量，然后计算此流量下井筒段内的压降。

（2）计算下一井筒段的压降。运用油藏流入方程式计算流量，运用井筒流动方程式计算井筒段压降。沿分支井筒重复计算，直至完成整个分支井筒生产段的计算。

（3）应用管内流动模型，计算分支井筒1造斜段的压降，求得接口处压力 $p_{jun1,b}$。

（4）假设一个分支井筒2趾部压力 $p_{wf}(1,2)$ 以求得趾部井筒段的压降，然后对分支井筒2重复第1步到第3步计算，求得其流量、压力分布以及接口处压力 $p_{jun1,t}$。

（5）将 $p_{jun1,b}$ 与 $p_{jun1,t}$ 对比。如果两个压力值不一致，假设一个不同的 $p_{wf}(1,2)$ 值并重复第1步到第3步计算，直到 $p_{jun1,t}$ 结果等于 $p_{jun1,b}$。

（6）重复第2步和第3步计算，沿井向上计算其他分支井筒的生产流量。计算完毕后可以得到最上部接口处的总流量 q_t 与压力。

（7）应用管流模型，计算从最上部接口到地面井口的主井筒油管内压降和井口压力 p_{tf}。

（8）取一个新的 $p_{wf}(1,1)$ 值，重复全部计算过程，得到另一个 q_t 值及相应 p_{tf} 值。重复本程序若干次将得到产能关系，通常称为井口产能关系，用 q_t 和 p_{tf} 的关系曲线表示。

例 5.8 用半解析方法预测多分支井产能。本例将使用双分支井系统介绍多分支井产能的计算过程。双分支井结构见图 5.13。油藏分为两层，各层油藏特性列在表 5.4 中。油藏孔隙度为 0.2，总压缩率为 $1\times10^{-5}\text{psi}^{-1}$，地温梯度为 0.02°F/ft，表面温度为 80°F。每一储层中，$K_H/K_V=10$，泄油区面积等于 3000ft×1500ft。油藏流体的密度为 58 lbm/ft³，黏度为 5cP。

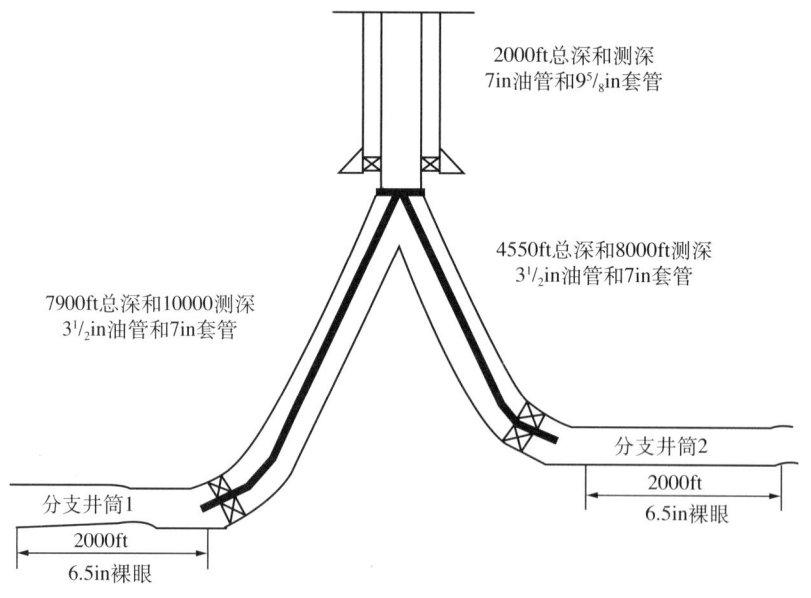

图 5.13 例 5.8 有井结构

按上面提出的计算过程，从油井的底部分支井筒（分支井筒1）开始计算。第一步是将分支井筒划分为若干小井筒段，本例中将分支井筒分为 5 段，每段长度为 400ft。用于计算 Babu 和 Odeh 模型中油藏流入的井筒段尺寸见表 5.5。

从分支井筒 1 的趾部分段开始，假设一个井筒段 1 的压降值（油藏压力与井筒流动压力之差），井筒段 1 流动压力为 2900psi。运用方程式 5.37，I_{ani}=3.16，形状因子为：

表 5.4 油藏/分支井特性

分支井筒	厚度(ft)	水平渗透率(mD)	垂直渗透率(mD)	伤害表皮系数	压力(psi)	分支井筒长度(ft)
气体重度 =0.71°API；原油重度 =32°API；气油比 =600ft³/bbl							
1	80	250	25	10	3400	2000
2	60	900	90	10	1900	2000

$$\ln C_H = 6.28 \frac{1500\text{ft}}{(3.16)(80\text{ft})} \left[\frac{1}{3} - \frac{750\text{ft}}{1500\text{ft}} + \left(\frac{750\text{ft}}{1500\text{ft}} \right)^2 \right] - \ln\left(\sin\frac{\pi(40\text{ft})}{80\text{ft}} \right)$$
$$- 0.5\ln\left[\left(\frac{1500}{(3.16)(80\text{ft})} \right) \right] - 1.088 \tag{5.119}$$
$$= 1.13$$

由于形状因子与 x 方向井筒段的位置无关，所以本例中所有 5 个井筒段的形状因子相同，但各井筒段的部分穿透表皮系数不同。井筒段 1 位于分支井趾部，因此使用部分穿透表皮系数来说明流体从井筒端部之外的地层流入效应。使用表 5.4 中所列数据验算部分穿透表皮系数的计算条件，符合情况 1。

表 5.5 例 5.8 中用于 Babu 和 Odeh 模型的参数

井筒段	a	b	h	L	y_0	z_0	x_{mid}
1 趾部井筒段	1500	900	80	400	750	40	700
2,3,4 中间井筒段	1500	400	80	400	750	40	200
5 跟部井筒段	1500	900	80	400	750	40	200

$$\frac{1500\text{ft}}{\sqrt{250\text{mD}}} \geq 0.75 \frac{900\text{ft}}{\sqrt{250\text{mD}}} > 0.75 \frac{80\text{ft}}{\sqrt{25\text{mD}}} \tag{5.120}$$

所以，运用方程式（5.39）到（5.44）计算部分穿透表皮系数。首先验算 $(4x_{mid}+L)/2b$ 的值：

$$\frac{4x_{mid} + L}{2b} = \frac{4 \times 200 + 400}{2 \times 900} = 1.78 > 1 \tag{5.121}$$

所以

$$P'_{xy} = \left(\frac{2 \times 900^2 \text{ft}^2}{400 \times 80 \text{ft}^2}\sqrt{\frac{25}{250}}\right)\left\{F\left(\frac{400\text{ft}}{2 \times 900\text{ft}}\right) + 0.5\left[F\left(\frac{4 \times 200 + 400\text{ft}}{2 \times 900\text{ft}}\right)\right.\right.$$
$$\left.\left. - F\left(\frac{4 \times 200 - 400\text{ft}}{2 \times 900\text{ft}}\right)\right]\right\} \quad (5.122)$$

运用

$$F\left(\frac{400\text{ft}}{2 \times 900\text{ft}}\right) = \frac{400\text{ft}}{2 \times 900\text{ft}}\left[0.145 + \ln\left(\frac{400\text{ft}}{2 \times 900\text{ft}}\right) - 0.137\left(\frac{400\text{ft}}{2 \times 900\text{ft}}\right)^2\right] = 0.304$$

$$2 - \frac{4x_{\text{mid}} + L}{2b} = 2 - \frac{4 \times 200 + 400\text{ft}}{2 \times 900\text{ft}} = 0.67$$

$$2 - \frac{4x_{\text{mid}} - L}{2b} = 2 - \frac{4 \times 200 - 400\text{ft}}{2 \times 900\text{ft}} = 0.22 \quad (5.123)$$

$$F\left(\frac{4 \times 200 + 400\text{ft}}{2 \times 900\text{ft}}\right) = -0.67\left[0.145 + \ln(0.22) - 0.137(0.22)^2\right] = 0.214$$

$$F\left(\frac{4 \times 200 - 400\text{ft}}{2 \times 900\text{ft}}\right) = -0.22\left[0.145 + \ln(0.67) - 0.137(0.67)^2\right] = 0.304$$

则

$$P'_{xy} = 4.14 \quad (5.124)$$

$$P_{xyz} = \left(\frac{900}{400} - 1\right)\left[\ln\frac{80}{0.27} + 0.25\ln\frac{250}{25} - \ln\left(\sin\frac{\pi 40}{80}\right) - 1.84\right] = 5.53 \quad (5.125)$$

运用方程式（5.39）

$$s_R = 5.53 + 4.14 = 9.67 \quad (5.126)$$

然后用方程式（5.35）计算给定条件下的流速：

$$q = \frac{\sqrt{250 \times 25}(900)(3400 - 2900)}{141.2(1.1)(5)\left[\ln\left(\frac{[(80)(1500)]^{0.5}}{0.27}\right) + 1.13 + 9.67 - 0.75 + 10\right]} = 1683\text{bbl/d} \quad (5.127)$$

使用上面流量值，通过 Ouyang 的模型公式计算井筒段的压降：

$$q_1 = \frac{q}{L} = \frac{1683}{400} = 4.21 \quad (5.128)$$

$$q_{\text{bar}} = q + q_1\frac{L}{2} = 0 + 4.21\frac{400}{2} = 842 \quad (5.129)$$

$$N_{\text{Re}} = \frac{1.48q\rho}{D\mu} = \frac{1.48 \times 842 \times 58}{6.5 \times 5} = 2230 \quad (5.130)$$

$$f_1 = 0.012 \quad (5.131)$$

$$N_{\text{Re,w}} = 0.096726 \frac{q\rho}{L\mu} = 0.096726 \frac{(4.21)(58)}{\pi(5)} = 1.50 \tag{5.132}$$

$$f_\text{f}=f_\text{o}(1+0.04304(N_{\text{Re,w}})^{0.6142})=0.012(1+0.0153(1.50)^{0.3978}) =0.012 \tag{5.133}$$

$$u = \frac{q}{A} = \frac{4q}{\pi D^2} = \frac{4 \times 5.615 \times 842}{\pi \times 86400 \times (6.5/12)^2} = 0.238 \tag{5.134}$$

$$\Delta p = \frac{2 f_\text{f} \rho u^2 L_\text{s}}{g_\text{c} D} + \frac{8\rho u q}{\pi g_\text{c} D^2} = \frac{2 \times 0.012 \times 58 \times 0.238^2 \times 400}{32.17 \times (6.5/12) \times 144}$$
$$+ \frac{8 \times 58 \times 0.238 \times 841 \times 5.615}{\pi \times 32.17 \times (6.5/12)^2 \times 144 \times 86400} = 0.0124 + 0.0029 = 0.0153 \tag{5.135}$$

使用这些参数,通过方程式(5.95)计算得到分支井筒1第一井筒段的压降为0.0153psi(压降较小),下一井筒段1,2内的流动压力也是2900psi。井筒段2、3、4没有部分穿透效应,因此 S_R 为零。井筒段2、3、4重复第一井筒段计算程序,所得压力与流量结果见表5.6。

如果将各井筒段的流量相加,得到分支井筒的总流量为6851bbl/d。利用该总流量值和入口压力2899psi(井筒段1,5压力 p_wf)以及管直径3.5in,运用Beggs和Brill的两相流关联公式计算分支井筒1造斜段的压降。分支井筒1造斜段的压降为2252psi,因此,按分支井筒1流动条件计算得到的接口处压力为647psi。此接口压力 $p_\text{j,t}$ 必须与分支井筒2的流量相匹配。换言之,分支井筒2的流量必须能够提供等于647psi的接口压力。我们从分支井筒2趾部开始,假设一个趾部井筒段压降。首先假定测压降为100psi,那么对应的井底流动压力为1800psi($p_\text{re,2}$,1900psi与分支井筒2趾部井筒段的压降之差)。

根据与分支井筒1相同的程序,应用Babu和Odeh模型进行流入计算,应用Ouyang的模型计算各井筒段的井筒压降,得到分支井筒2的流量与压力分布,结果见表5.7。

从表5.7中可以看到,分支井筒2的总流速为4685bbl/d,分支井筒2的跟部压力为1800psi。分支井筒2接口处压力为913psi。运用Beggs和Brill关联公式计算两相流压降,实现647psi接口处压力需要的分支井筒2造斜段压降为1153psi。分支井筒2趾部井筒段压降增加,其造斜段的压降随之增加。

表5.6 分支井筒1压力与流量表

井筒段	1	2	3	4	5
p_wt(psi)	2900	2900	2900	2900	2899
流量(bbl/d)	1683	1161	1161	1161	1685

表5.7 分支井筒2压力与流量表(油藏压降100psi)

井筒段	1	2	3	4	5
p_wt(psi)	1800	1799.99	1799.95	1799.88	1799.75
流量(bbl/d)	1138	802	802	803	1141

设分支井筒 2 趾部井筒段的压降为 149psi，再次计算得到的结果见表 5.8。

表 5.8 分支井筒 2 的压力与流速分布（油藏压降 125 psi）

井筒段	1	2	3	4	5
p_{wt}(psi)	1751	1750.98	1750.91	1750.76	1750.50
流量（bbl/d）	1695	1195	1195	1197	1701

计算得到分支井筒 2 的总流量为 6983bbl/d，跟部压力为 1750psi。根据分支井筒 2 造斜段的压降计算，按分支井筒 2 流动条件计算的接口处压力为 647psi，等于从分支井筒 1 计算所得的接口压力。

油井产能计算的最后一步是计算从接口处到地面的压降，得到油管头压力与井底流动条件的关系。当流量为 13834bbl/d，接口处压力为 647psi，油管直径为 7in 时，运用修正的 Hagedorn 和 Brown 关联公式计算得到地面压力为 322psi。

为了生成该油井的产能曲线，假设多个底部分支井筒趾部井筒段压降值并进行重复计算。对应计算结果的产能曲线见图 5.14。

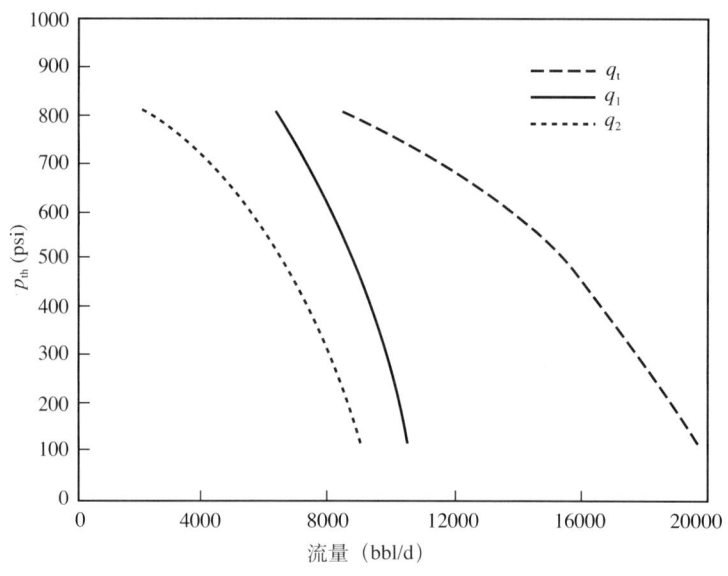

图 5.14 多分支井产能示例

此外，可以通过线源法进行类似计算，用 5.2.2 部分介绍的线源解法替换 Babu 和 Odeh 的流入动态模型。与半解析方法相比，线源法可以处理灵活的分支井眼轨迹，但是当流动条件复杂时，如油藏或井筒中存在两相流时，线源法的灵活性较低。

5.4.2 点源法

点源法是一种计算多分支井产能的方法（Economides 等，1996；Ouyang 和 Aziz，2001）。点源法可以处理单相流问题，也适用于有任意数量分支井筒及任意分支井眼轨迹的单个或多个多分支井。油藏流入模型与井筒流动模型相互耦合。油藏流入模型已在 5.2.2 部分中介绍，井筒流动压降可以采用 5.3.1 部分提出的模型之一进行计算。根据 Ouyang 和

Aziz（2001）的成果来介绍点源法。

为了求解，首先将各分支井筒划分为若干小的井筒段。如果有 N_W 口多分支井，每口井有 $N_L(i)$ 条分支井筒 $N_S(i, j)$ $(i=1, \cdots, L)$，则多分支井系统中（图 5.15）井筒段的总数为：

$$N_{TS} = \sum_{i=1}^{N_W} \sum_{j=1}^{N_L} N_S(i, j) \tag{5.136}$$

图 5.15 显示了有三条分支井筒的单个多分支井的各点标记。要计算各井筒段的流量与井筒压力，面临 $2N_{TS}$ 个未知数（各井筒段的压力与流量），所以需要通过 $2N_{TS}$ 个方程式来求解。如果假设各井筒段内的流量均匀，则每一井筒段都对应一个描述油藏压降与流入量关系的油藏压力计算公式。在各井筒段中点，无量纲油藏压降应用叠加原理，可以得到：

$$p_D(i, j, k) = \sum_{i=1}^{N_W} \sum_{j=1}^{N_L} \sum_{k=1}^{N_S} q_{ID}(i, j, k) p_{D,mid}(i, j, k) \tag{5.137}$$

式中，$q_{ID}(i, j, k)$ 为井筒段 i, j, k 的无量纲均匀流量，$p_{D,mid}(i, j, k)$ 为井筒段 i, j, k 中点的无量纲压力。无量纲变量的定义式如下：

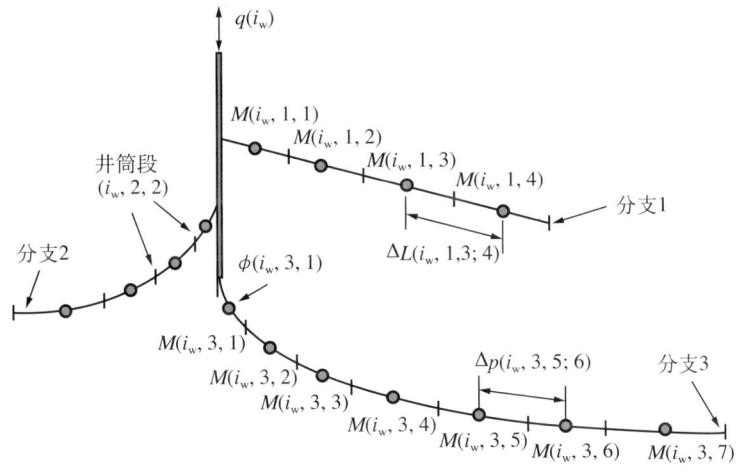

图 5.15 点源法系统示意图（据 Ouyang 和 Aziz，1998）

$$p_D = \frac{p_i - p}{p_i}$$
$$q_D = \frac{qB\mu}{Kbp_i} \tag{5.138}$$

式中，$p_i - p$ 可运用式（5.89）计算。油藏流动有 N_{TS} 个方程式。同时，每对相邻井筒段的中点之间，有对应的计算井筒压降的方程式。用压降项重写式（5.95），得到：

$$\Delta p_{i,j,k+1} = p_{i,j,k+1} - p_{i,j,k} = \Delta p_{PE,i,j,k} + \Delta p_{f,i,j,k} + \Delta p_{acc,i,j,k} \tag{5.139}$$

式中，Δp_{PE} 为流体静压头压降，Δp_f 为摩擦压降，Δp_{acc} 为加速压降。如果井筒流体与油藏流体均为单相流，以上方程式都可用压力势表达，流体静压系数项将不再出现。井筒流体有 $N_{TS}-N_W$ 个计算方程式。最后，由物质平衡得到每口井的产量：

$$q_D(i) = \sum_{j=1}^{N_L} \sum_{k=1}^{N_S} q_{ID}(i,j,k) \tag{5.140}$$

这又新增了 N_W 个方程式。通过这套 $2N_{TS}$ 个方程式，可以算出各井筒段的压力与流量。本方程系统采用数值结算。

5.4.3 油藏模拟

与常规直井相比，多分支井的井身结构和采油策略优化显得尤为重要。今天，许多多分支井已经装载了或可以装载智能系统来实现连续井下测量和控制。应用智能系统的目的是探测和预防生产问题，如高含水或高含气。多分支井产能控制与优化的最敏感参数之一是系统中的压力分布。已经从油藏流体的单相流入模型开始，计算了系统中的压力分布。单相流入解析模型提供了方便的计算，但当井筒压力下降至泡点压力以下时，该模型不能正确地预测油井产能。对于这种情形，油藏模拟器可以提供更精确的流量与压力计算方法。

一些商用油藏模拟器具有模拟多分支井产能的能力。为了准确地计算井筒流体力学对油藏流体流动的影响，必须同时解决油藏流动和井筒流动问题，这一点与前文介绍的半解析方法和点源法相同。

利用油藏模拟器对多分支井进行模拟时，分支井筒压力/流量特性与油藏特性之间关系密切。因此获得一致的油藏模型和油井模型压力与流量剖面需要采用迭代方法。为了实现上述特性耦合，根据油藏模型网格将井筒沿生产段进行离散。对于每一井筒段，通过油藏模型计算得到的油藏流量将用作一个边界条件，而井筒内的流量与压降应用油井模型计算。油井模型计算得到的压力分布必须与油藏模型中的油藏压降 Δp 和井筒网格块流量相一致。为了在井筒边界处求出一致的油藏和井筒压力与流量，需要迭代或同时求解油藏流动和井筒流动方程式。

当多条分支井筒从不同油藏区域合采时，该问题的复杂程度将大大增加。求解的关键步骤是求得所有分支井筒在相同条件下采油的接口平衡压力。计算接口平衡压力需要在油藏层次上进行迭代计算。对于所有分支井筒，接口处平衡压力并非总是存在。油藏压力较低或内部压降较高的分支井筒，可能被压力较高的分支井筒流体阻塞。油藏模拟器应当确定不能合采的条件。解决问题主要涉及两个层次上的迭代，即分支井筒和井筒分段的迭代计算。井筒分段迭代计算将生成压力与流量剖面，满足各分支井筒压降与井筒内的压力分布一致。分支井筒迭代计算将得到所有合采分支井筒在相同接口压力条件下采油的接口处平衡压力。

5.5 多分支井井筒窜流

井筒流体力学从两方面影响多分支井产能，水平分支井井筒内压降可以改变沿分支井筒的流量分布；同时，接口压力作为回压，影响分支井筒之间的流量分布。有时井筒压力对多分支井产能十分重要。本部分将一条分支井筒到另一条分支井筒的窜流作为示例进行讨论，说明井筒流体力学对多分支井产能的影响。

5.5.1 从下部分支井筒到上部分支井筒的窜流

多分支井窜流是一条分支井筒产出的流体回流进入其他分支井筒的现象。如果某分支井筒的接口处压力过高，会造成分支井筒不能产出并引起流体流入分支井筒（即窜流）。这是多分支井生产中常见的现象。发生窜流时可造成潜在地面产量损失。由于引起窜流的条件复杂，而且窜流可造成严重减产，所以一些地区制定法规来禁止在未建立井下控制系统的前提下进行合采。这严重限制了多分支井的效益。

如果油井的地面工作压力过高，由于地层静压力梯度和井筒流动压力梯度不同，油井可能发生从较低油层到较高油层的窜流。在常压地层中，地层压力梯度约为 0.4～0.45psi/ft，而油管或套管内两相流（气液）压力梯度一般为等于或小于 0.25psi/ft。这一压力梯度差可造成流体从下部分支井筒向上部分支井筒窜流（图 5.16）（Zhu 等，2002）。在图示曲线中，实线为地层压力剖面，假设条件是正常压力梯度，虚线为分支井筒 1 与分支井筒 2 造斜段的压力剖面。

分支井筒 1 的井底流动压力 p_{wf1} 小于该深度的油藏压力 p_{R1}，所以油藏流体会流入分支井筒 1。由于分支井筒 1 造斜段内的两相流压力梯度低，接口处压力高于分支井筒深度的油藏压力。

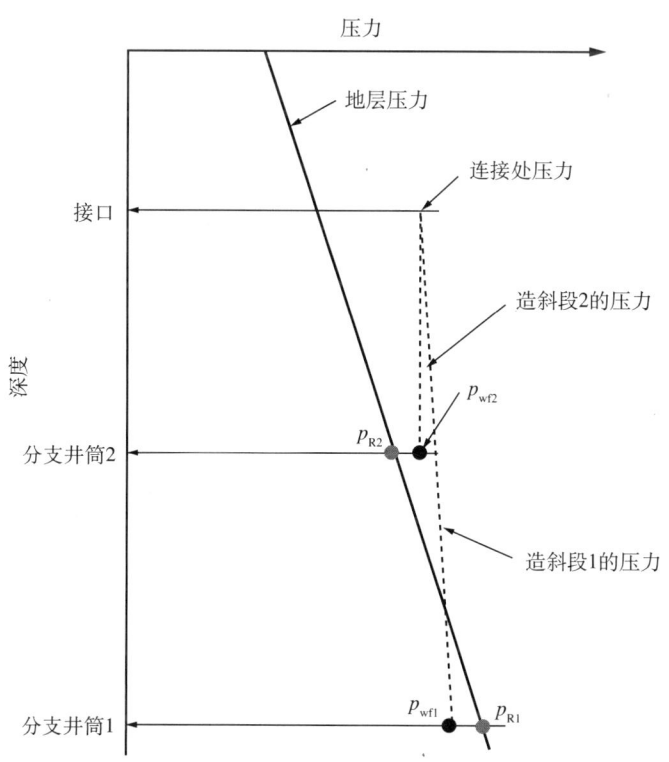

图 5.16 窜流情况下的压力剖面

分支井筒 2 造斜段出现稳定的下降流。分支井筒 2 的井底压力 p_{wf2} 高于分支井筒 2 油藏压力，所以从分支井筒 1 产出的液体被注入分支井筒 2，即发生窜流。

有两种方法来解决这种多分支井窜流。第一种方法是降低最底部分支井筒的井底压力来充分降低其接口处压力，从而允许流体从分支井筒 2 中流出；第二种方法是井下关闭分支井筒 2，直到下部油藏的压力下降到足够低。这需要通过"智能油井"设备实现井下流动控制。

由于两相管流的特性，在一些多分支井中可能发生更加复杂的情况。在稳态条件下，管流下降流的压力梯度通常低于上升流的压力梯度。这可能造成矛盾的稳态条件，如图 5.17 所示。由于较下部分支井筒的生产，接口处压力相对较高。假设井中流体为稳态上升流，计算分支井筒 2 造斜段的流动条件，结果显示 p_{wf2} 大于 p_{R2}，表明发生窜流。但是，如果假设流体为窜流中常出现的两相下降流，重新计算后，所得井底压力低于油藏压力，就不会发生窜流。在这种情况下，分支井筒 2 将被分支井筒 1 产出的液体阻塞。在承受分支井筒 1 产生的接口压力的同时，分支井筒 2 内将充斥足量流体来平衡油藏压力。

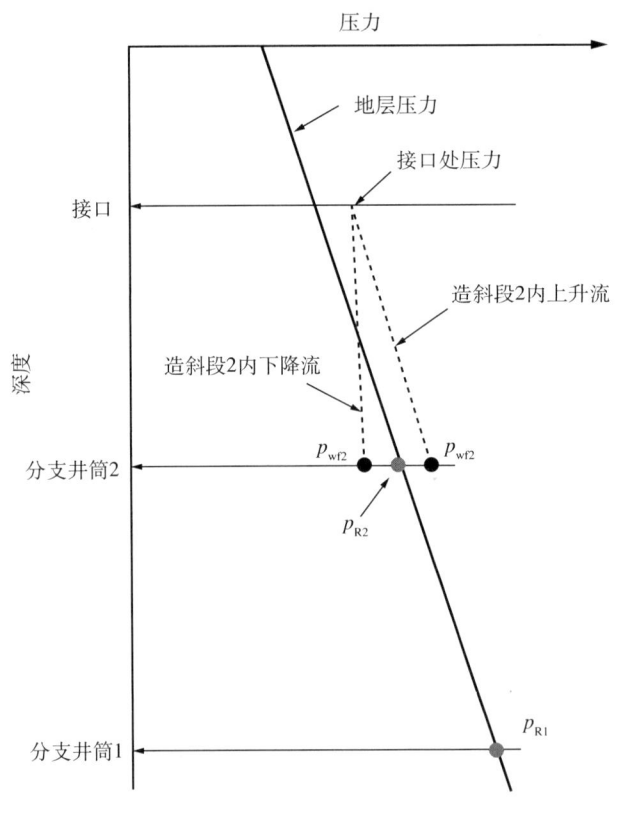

图 5.17 多分支井自然阻塞情况下的压力剖面

窜流条件可以通过以下产能模型确定。除了最底部分支井筒，假设其他井筒趾部的压降很小，计算各分支井筒和造斜段的压力剖面。计算得到分支井筒连接处的压力值 p_J，与较下部分支井筒计算得到的接口处压力 p_J' 相对比。如果 p_J 小于 p_J'，则较下部分支井筒流体将向当前分支井筒窜流或者较上部分支井筒将被自然阻塞。

同样，窜流可能发生在完井深度基本相同的分支井筒之间，例如，在反向双分支井中，如果两条分支井筒接触的地层压力不同，可能发生窜流。

5.5.2 较上部分支井筒向较下部分支井筒窜流

有时当较上部分支井筒的油藏压力相对较高时，流体可能从该分支井筒向下部分支井筒窜流。当较下部分支井筒在衰竭油藏中完井或者上部分支井筒在超高压油藏（无论是自然超高压，还是前期注水造成的超高压）中完井时，油井也可能发生窜流。最后，如果过度采油造成较下部地层的压力下降较快，在油井寿命后期，流体也可能从上部分支井筒向较下部分支井筒窜流。

附录 A

$$K_{eq} = \sqrt[3]{K_x K_y K_z} \tag{A1}$$

$$x_{eq} = \sqrt{\frac{K_{eq}}{K_x}} x \tag{A2}$$

$$y_{eq} = \sqrt{\frac{K_{eq}}{K_y}} y \tag{A3}$$

$$z_{eq} = \sqrt{\frac{K_{eq}}{K_z}} z \tag{A4}$$

$$x_{weq} = \sqrt{\frac{K_{eq}}{K_x}} x_w \tag{A5}$$

$$y_{weq} = \sqrt{\frac{K_{eq}}{K_y}} y_w \tag{A6}$$

$$z_{weq} = \sqrt{\frac{K_{eq}}{K_z}} z_w \tag{A7}$$

$$a_{eq} = \sqrt{\frac{K_{eq}}{K_x}} a \tag{A8}$$

$$b_{eq} = \sqrt{\frac{K_{eq}}{K_y}} b \tag{A9}$$

$$h_{eq} = \sqrt{\frac{K_{eq}}{K_z}} h \tag{A10}$$

$$L_{eq} = \sqrt{\frac{K_{eq}}{K_y}} L \tag{A11}$$

$$r_{weq} = \frac{1}{2} r_w \left(\sqrt[4]{\frac{K_x}{K_z}} + \sqrt[4]{\frac{K_z}{K_x}} \right) \tag{A12}$$

$$A_{eq} = a_{eq} h_{eq} \tag{A13}$$

附录 B 扩散方程的无量纲变换公式推导

各向异性渗透场（$K_x \neq K_y \neq K_z$）的一般扩散方程为：

$$K_x \frac{\partial^2 p}{\partial x^2} + K_y \frac{\partial^2 p}{\partial y^2} + K_z \frac{\partial^2 p}{\partial z^2} = \phi \mu c_t \frac{\partial p}{\partial t} \tag{B1}$$

该扩散方程可以引入下列变量转换为无量纲形式：

$$x' = x\frac{\sqrt{K_y K_z}}{\bar{K}}, \quad \frac{\partial x'}{\partial x} = \frac{\sqrt{K_y K_z}}{\bar{K}} \tag{B2}$$

$$y' = y\frac{\sqrt{K_x K_z}}{\bar{K}}, \quad \frac{\partial y'}{\partial y} = \frac{\sqrt{K_x K_z}}{\bar{K}} \tag{B3}$$

$$z' = z\frac{\sqrt{K_x K_y}}{\bar{K}}, \quad \frac{\partial z'}{\partial z} = \frac{\sqrt{K_x K_y}}{\bar{K}} \tag{B4}$$

以及

$$\bar{K} = \sqrt[3]{K_x K_y K_z} \tag{B5}$$

结合这些转换变量，方程式（B1）中的导数项变为：

$$\frac{\partial p}{\partial x} = \frac{\partial p}{\partial x'} \frac{\partial x'}{\partial x} = \frac{\sqrt{K_y K_z}}{\bar{K}} \frac{\partial p}{\partial x'} \tag{B6}$$

$$\frac{\partial^2 p}{\partial x^2} = \frac{\partial}{\partial x'}\left(\frac{\partial p}{\partial x}\right)\frac{\partial x'}{\partial x} = \frac{\partial}{\partial x'}\left(\frac{\sqrt{K_y K_z}}{\bar{K}} \frac{\partial p}{\partial x'}\right)\frac{\sqrt{K_y K_z}}{\bar{K}} = \frac{K_y K_z}{\bar{K}^2} \frac{\partial^2 p}{\partial x'^2} \tag{B7}$$

$$\frac{\partial p}{\partial y} = \frac{\partial p}{\partial y'} \frac{\partial y'}{\partial y} = \frac{\sqrt{K_x K_z}}{\bar{K}} \frac{\partial p}{\partial y'} \tag{B8}$$

$$\frac{\partial^2 p}{\partial y^2} = \frac{\partial}{\partial y'}\left(\frac{\partial p}{\partial y}\right)\frac{\partial y'}{\partial y} = \frac{\partial}{\partial y'}\left(\frac{\sqrt{K_x K_z}}{\bar{K}} \frac{\partial p}{\partial y'}\right)\frac{\sqrt{K_x K_z}}{\bar{K}} = \frac{K_x K_z}{\bar{K}^2} \frac{\partial^2 p}{\partial y'^2} \tag{B9}$$

$$\frac{\partial p}{\partial z} = \frac{\partial p}{\partial z'} \frac{\partial z'}{\partial z} = \frac{\sqrt{K_x K_y}}{\bar{K}} \frac{\partial p}{\partial z'} \tag{B10}$$

$$\frac{\partial^2 p}{\partial z^2} = \frac{\partial}{\partial z'}\left(\frac{\partial p}{\partial z}\right)\frac{\partial z'}{\partial z} = \frac{\partial}{\partial z'}\left(\frac{\sqrt{K_x K_y}}{\bar{K}} \frac{\partial p}{\partial z'}\right)\frac{\sqrt{K_x K_y}}{\bar{K}} = \frac{K_x K_y}{\bar{K}^2} \frac{\partial^2 p}{\partial z'^2} \tag{B11}$$

$$\frac{\partial p}{\partial t} = \frac{\partial p}{\partial t'} \frac{\partial t'}{\partial t} = \frac{\bar{K}}{\phi \mu c_t} \frac{\partial p}{\partial t'} \tag{B12}$$

将导数项代入方程式（B1），得到

$$\frac{K_x K_y K_z}{\bar{K}^2}\frac{\partial^2 p}{\partial x'^2}+\frac{K_x K_y K_z}{\bar{K}^2}\frac{\partial^2 p}{\partial y'^2}+\frac{K_x K_y K_z}{\bar{K}^2}\frac{\partial^2 p}{\partial z'^2}=\phi\mu c_t\frac{\partial p}{\partial t} \tag{B13}$$

或

$$\frac{\partial^2 p}{\partial x'^2}+\frac{\partial^2 p}{\partial y'^2}+\frac{\partial^2 p}{\partial z'^2}=\frac{\phi\mu c_t}{\bar{K}}\frac{\partial p}{\partial t} \tag{B14}$$

为了将方程转换为无量纲形式，引入一系列无量纲变量：

$$x_D = \frac{x}{x_e}$$

$$y_D = \frac{y}{x_e}$$

$$z_D = \frac{z}{x_e} \tag{B15}$$

和

$$t_D = \frac{\bar{K}}{\phi\mu c_t x_e^2}t \tag{B16}$$

则方程式（B14）导数项为：

$$\frac{\partial p}{\partial x'}=\frac{\partial p}{\partial x_D}\frac{\partial x_D}{\partial x'}=\frac{1}{x_e}\frac{\partial p}{\partial x_D} \tag{B17}$$

$$\frac{\partial^2 p}{\partial x'^2}=\frac{\partial}{\partial x_D}\left(\frac{\partial p}{\partial x'}\right)\frac{\partial x_D}{\partial x'}=\frac{\partial}{\partial x_D}\left(\frac{1}{x_e}\frac{\partial p}{\partial x_D}\right)\frac{1}{x_e}=\frac{1}{x_e^2}\frac{\partial^2 p}{\partial x_D^2} \tag{B18}$$

同样

$$\frac{\partial p}{\partial y'}=\frac{1}{x_e}\frac{\partial p}{\partial y_D} \tag{B19}$$

$$\frac{\partial^2 p}{\partial y'^2}=\frac{1}{x_e^2}\frac{\partial^2 p}{\partial y_D^2} \tag{B20}$$

$$\frac{\partial p}{\partial z'}=\frac{1}{x_e}\frac{\partial p}{\partial z_D} \tag{B21}$$

$$\frac{\partial^2 p}{\partial z'^2}=\frac{1}{x_e^2}\frac{\partial^2 p}{\partial z_D^2} \tag{B22}$$

和

$$\frac{\partial p}{\partial t'} = \frac{\bar{K}}{\phi\mu c_t x_e^2}\frac{\partial p}{\partial t_D} \tag{B23}$$

变量转换后的无量纲方程式为：

$$\frac{\partial^2 p}{\partial x_D^2} + \frac{\partial^2 p}{\partial y_D^2} + \frac{\partial^2 p}{\partial z_D^2} = \frac{\partial p}{\partial t_D} \tag{B24}$$

附录 C 点源法 / 平面源法

本附录推到了针对 Babu 和 Odeh（1989）以及 Ouyang 和 Aziz（1998）提出的多分支井产能模型的点源法。微可压缩液体的三维扩散方程

$$\frac{\partial^2 p}{\partial x^2} + \frac{\partial^2 p}{\partial y^2} + \frac{\partial^2 p}{\partial z^2} = \frac{\phi\mu c_t}{\bar{K}}\frac{\partial p}{\partial t} \tag{C1}$$

可以用点源法 / 平面源法解算。该方法从一维瞬时点源方程式开始计算，具体步骤如下：

(1) 解算一维瞬时点源方程式。
(2) 应用镜像法和叠加原理，强加平行六面体油藏的边界条件。
(3) 用 Neumann 乘积法求得三维瞬时点源解。
(4) 对时间变量积分，求得连续点源解。
(5) 在恒定压力或恒定流量为边界条件下，同时沿井眼轨迹对连续点源解积分。

一维瞬时点源解。首先，考虑一维瞬时点源问题：

$$\frac{\partial^2 p}{\partial x^2} = \alpha\frac{\partial p}{\partial t} \tag{C2}$$

其中

$$\alpha = \frac{\phi\mu c_t}{K_x} \tag{C3}$$

引入新变量 η

$$\eta = \alpha\frac{x^2}{t} \tag{C4}$$

那么

$$\frac{\partial \eta}{\partial x} = 2\alpha\frac{x}{t} \tag{C5}$$

而

$$\frac{\partial \eta}{\partial t} = -\alpha\frac{x^2}{t^2} \tag{C6}$$

使用新变量 η，得到：

$$\frac{1}{\eta}\frac{\partial}{\partial \eta}\left(\frac{\partial p}{\partial \eta}\frac{\partial \eta}{\partial x}\right)\frac{\partial \eta}{\partial x} = \alpha \frac{\partial p}{\partial \eta}\frac{\partial \eta}{\partial t} \tag{C7}$$

将方程式（C4）到（C6）代入方程式（C2）中，得到，

$$\frac{\partial}{\partial \eta}\left(2\alpha \frac{x}{t}\frac{\partial p}{\partial \eta}\right)2\alpha \frac{x}{t} = -\alpha \frac{x^2}{t^2}\frac{\partial p}{\partial \eta} \tag{C8}$$

或

$$\frac{\partial^2 p}{\partial \eta^2} = -\frac{1}{4}\frac{\partial p}{\partial \eta} \tag{C9}$$

上方程式可通过变量分离求解。设

$$p' = \frac{\mathrm{d}p}{\mathrm{d}\eta} \tag{C10}$$

那么，方程式（C9）变为：

$$\frac{\mathrm{d}p'}{\mathrm{d}\eta} = -\frac{1}{4}\eta \tag{C11}$$

因此

$$p' = \mathrm{e}^{\left(-\frac{\eta}{4}\right)} + C_1 \tag{C12}$$

或

$$p = C_2 \mathrm{e}^{\left(-\frac{\eta}{4}\right)} + C_1 \tag{C13}$$

对于恒定流量条件，得到，

$$p = \frac{q\mu}{2\pi K_x a} \quad x=0 \tag{C14}$$

则 C_1 等于零，而

$$C_2 = \frac{q\mu}{2\pi K_x a} \tag{C15}$$

一维瞬时点源解为：

$$p = \frac{q\mu}{2\pi K_x a}\mathrm{e}^{\left(-\frac{\eta}{4}\right)} \tag{C16}$$

或

$$p = \frac{q\mu}{2\pi K_x a}\mathrm{e}^{\left(-\frac{\phi\mu c_t x^2}{4K_x t}\right)} \tag{C17}$$

如果点 S 位于 x' 而不是 $x=0$，则方程式（C17）变为：

$$p = \frac{q\mu}{2\pi K_x a} e^{\left(-\frac{\phi\mu c_t (x-x')^2}{4K_x t}\right)} \tag{C18}$$

无流动边界镜像法。对于边界在 $x=0$ 和 $x=a$ 之间的有限域，$x=0$ 和 $x=a$ 处的无流动边界可以通过在 $x'+2na$ 和 $-x'+2na$ 放置一系列点源形成，$n=-\infty,\cdots,-2,-1,0,1,2,\cdots\infty$。为了简化问题，考虑 $x=x'$ 的单位强度点源。应用叠加原理，单位强度点源函数可以表达为：

$$s_x = \frac{1}{2\sqrt{\pi K_x \tau}} \left\{ \sum_{n=-\infty}^{\infty} e^{-\frac{(x-x'-2na)^2}{4K_x \tau}} + \sum_{n=-\infty}^{\infty} e^{-\frac{(x+x'-2na)^2}{4K_x \tau}} \right\} \tag{C19}$$

上式中

$$\tau = \frac{t}{\phi\mu c_t} \tag{C20}$$

运用傅里叶级数

$$\sum_{n=-\infty}^{\infty} e^{-\frac{(x-x'+2na)^2}{4K_x \tau}} = \frac{\sqrt{\pi K_x \tau}}{a} \left[1 + 2\sum_{n=1}^{\infty} \cos\frac{n\pi(x-x')}{a} e^{-\frac{K_x \pi^2 n^2 \tau}{a^2}} \right] \tag{C21}$$

而

$$\sum_{n=-\infty}^{\infty} e^{-\frac{(x+x'+2na)^2}{4K_x \tau}} = \frac{\sqrt{\pi K_x \tau}}{a} \left[1 + 2\sum_{n=1}^{\infty} \cos\frac{n\pi(x+x')}{a} e^{-\frac{K_x \pi^2 n^2 \tau}{a^2}} \right] \tag{C22}$$

将方程式（C20）到（C22）代入方程式（C19）

$$s_x = \frac{1}{2a} \left\{ 2 + 2\sum_{n=1}^{\infty} e^{-\frac{K_x \pi^2 n^2 \tau}{a^2}} \left[\cos\left(\frac{n\pi(x-x')}{a}\right) + \cos\left(\frac{n\pi(x+x')}{a}\right) \right] \right\} \tag{C23}$$

使用恒等式 $\cos(a+b)+\cos(a-b)=2\cos a\cos b$，则方程式（C23）变为：

$$s_x = \frac{1}{a} \left\{ 1 + 2\sum_{n=1}^{\infty} e^{-\frac{K_x \pi^2 n^2 \tau}{a^2}} \left[\cos\left(\frac{n\pi x}{a}\right)\cos\left(\frac{n\pi x'}{a}\right) \right] \right\} \tag{C24}$$

同样

$$s_y = \frac{1}{b} \left\{ 1 + 2\sum_{n=1}^{\infty} e^{-\frac{K_y \pi^2 n^2 \tau}{b^2}} \left[\cos\left(\frac{n\pi y}{b}\right)\cos\left(\frac{n\pi y'}{b}\right) \right] \right\} \tag{C25}$$

而

$$s_z = \frac{1}{h}\left\{1 + 2\sum_{n=1}^{\infty} e^{-\frac{K_z \pi^2 n^2 \tau}{h^2}}\left[\cos\left(\frac{n\pi z}{h}\right)\cos\left(\frac{n\pi z'}{h}\right)\right]\right\} \tag{C26}$$

Neumann 的三维点源解法。x 方向尺寸为 a、y 方向尺寸为 b、z 方向尺寸为 c 的平行六面体油藏的三维瞬时点源解可以从三个一维瞬时点源解的乘积得到。

结合方程式（C24）到（C26），(x', y', z') 点的三维点源为：

$$\begin{aligned}
s &= s_x s_y s_z \\
&= \frac{1}{abh}\left\{1 + 2\sum_{n=1}^{\infty} e^{-\frac{K_x \pi^2 n^2 \tau}{a^2}}\left[\cos\left(\frac{n\pi x}{a}\right)\cos\left(\frac{n\pi x'}{a}\right)\right]\right\} \\
&\quad \left\{1 + 2\sum_{n=1}^{\infty} e^{-\frac{K_y \pi^2 n^2 \tau}{b^2}}\left[\cos\left(\frac{n\pi y}{b}\right)\cos\left(\frac{n\pi y'}{b}\right)\right]\right\} \\
&\quad \left\{1 + 2\sum_{n=1}^{\infty} e^{-\frac{K_z \pi^2 n^2 \tau}{h^2}}\left[\cos\left(\frac{n\pi z}{h}\right)\cos\left(\frac{n\pi z'}{h}\right)\right]\right\} \\
&= \int_0^\tau \frac{1}{abh}\left\{1 + 2\sum_{n=1}^{\infty} e^{-\frac{K_x \pi^2 n^2 \tau}{a^2}}\left[\cos\left(\frac{n\pi x}{a}\right)\cos\left(\frac{n\pi x'}{a}\right)\right]\right. \\
&\quad + 2\sum_{n=1}^{\infty} e^{-\frac{K_y \pi^2 n^2 \tau}{b^2}}\left[\cos\left(\frac{n\pi y}{b}\right)\cos\left(\frac{n\pi y'}{b}\right)\right] + 2\sum_{n=1}^{\infty} e^{-\frac{K_z \pi^2 n^2 \tau}{h^2}}\left[\cos\left(\frac{n\pi z}{h}\right)\cos\left(\frac{n\pi z'}{h}\right)\right] \\
&\quad + 4\sum_{n=1}^{\infty} e^{-\frac{K_x \pi^2 n^2 \tau}{a^2}}\left[\cos\left(\frac{n\pi x}{a}\right)\cos\left(\frac{n\pi x'}{a}\right)\right]\sum_{n=1}^{\infty} e^{-\frac{K_y \pi^2 n^2 \tau}{b^2}}\left[\cos\left(\frac{n\pi y}{b}\right)\cos\left(\frac{n\pi y'}{b}\right)\right] \\
&\quad + 4\sum_{n=1}^{\infty} e^{-\frac{K_y \pi^2 n^2 \tau}{b^2}}\left[\cos\left(\frac{n\pi y}{b}\right)\cos\left(\frac{n\pi y'}{b}\right)\right]\sum_{n=1}^{\infty} e^{-\frac{K_z \pi^2 n^2 \tau}{h^2}}\left[\cos\left(\frac{n\pi z}{h}\right)\cos\left(\frac{n\pi z'}{h}\right)\right] \\
&\quad + 4\sum_{n=1}^{\infty} e^{-\frac{K_x \pi^2 n^2 \tau}{a^2}}\left[\cos\left(\frac{n\pi x}{a}\right)\cos\left(\frac{n\pi x'}{a}\right)\right]\sum_{n=1}^{\infty} e^{-\frac{K_z \pi^2 n^2 \tau}{h^2}}\left[\cos\left(\frac{n\pi z}{h}\right)\cos\left(\frac{n\pi z'}{h}\right)\right] \\
&\quad + 8\sum_{n=1}^{\infty} e^{-\frac{K_x \pi^2 n^2 \tau}{a^2}}\left[\cos\left(\frac{n\pi x}{a}\right)\cos\left(\frac{n\pi x'}{a}\right)\right]\sum_{n=1}^{\infty} e^{-\frac{K_y \pi^2 n^2 \tau}{b^2}}\left[\cos\left(\frac{n\pi y}{b}\right)\cos\left(\frac{n\pi y'}{b}\right)\right]f \\
&\quad \left.\sum_{n=1}^{\infty} e^{-\frac{K_z \pi^2 n^2 \tau}{b^2}}\left[\cos\left(\frac{n\pi z}{h}\right)\cos\left(\frac{n\pi z'}{h}\right)\right]\right\}d\tau
\end{aligned} \tag{C27}$$

方程式（C27）对时空变量 x 积分，得到了连续点源解。很明显，这一点的解析解法将变得冗长，因此需要计算机辅助解算。Babu 和 Odeh（1989）提出了一种特殊情况，即如果水平井为平行于油藏边界的直线，那么可以对 x 方向（沿井方向）的时空变量积分。在这种情况下，用油田单位表达的方程式（C1）解析解为

$$p_i - p = \frac{887Bq\mu}{abh\alpha}\left\{ t + \frac{2\alpha a^2}{\pi^2 K_x}\sum_{n=1}^{\infty}\frac{\cos\frac{n\pi x}{a}\cos\frac{n\pi x'}{a}}{n^2}\left[1 - e^{-\frac{n^2\pi^2 K_x t}{\alpha a^2}}\right]\right.$$

$$+ \frac{2\alpha b^3}{\pi^3 K_y (y_2 - y_1)}\sum_{n=1}^{\infty}\frac{\cos\frac{n\pi y}{b}\left(\sin\frac{n\pi y_2}{b} - \sin\frac{n\pi y_1}{b}\right)b}{n^3}\left[1 - e^{-\frac{n^2\pi^2 K_y t}{\alpha b^2}}\right] \quad \text{(C28)}$$

$$+ \frac{2\alpha h^2}{\pi^2 K_z}\sum_{n=1}^{\infty}\frac{\cos\frac{n\pi z}{h}\cos\frac{n\pi z'}{h}}{n^2}\left[1 - e^{-\frac{n^2\pi^2 K_z t}{\alpha h^2}}\right]$$

$$\left.+ \frac{4\alpha b}{\pi^3 K_y (y_2 - y_1)}\sum_{m,n}\frac{\cos\frac{n\pi y}{b}\left(\sin\frac{n\pi y_2}{b} - \sin\frac{n\pi y_1}{b}\right)b}{n^3}\left[1 - e^{-\frac{n^2\pi^2 K_y t}{\alpha b^2}}\right]\right\}$$

对于灵活的多分支井眼轨迹，通常对方程式（C27）进行数值积分。

第6章 多分支井产能案例分析

6.1 简介

事实证明,多分支井是具有经济性的油藏开发方法,其应用范围非常广泛。在本章中,我们将通过一些成功案例来说明多分支井的应用情况。这些案例重点讲述如何通过多分支井动用新增储量,开采稠油油藏,改进水驱波及效率,以及如何最大化利用天然裂缝性油藏中的裂缝交叉。

6.2 应用多分支井以低成本动用储量

多分支井的一项显著应用是在高钻井成本地区,从现有井眼侧钻或者从一个主井眼进入多个目标油藏,以大量节省钻井成本。此类地区包括北极地区,如阿拉斯加北坡和海上油田,特别是北海。目前,已有大量文献记载了多分支井在这些地区的应用。本章介绍了各地区多分支井的应用案例。

6.2.1 Prudhoe Bay 油田多分支井开发实例

多分支井被广泛应用于阿拉斯加北坡老油田的新增储量开发。由于该油田已有大量完钻井眼,且钻台钻井空间有限,因此从现有井眼侧钻出新井眼成为具体选择。在原有井眼保持生产的条件下,钻出新分支井眼形成多分支井。目前已有油井通过侧钻新钻成多口分支井眼。

Aubert(1998)介绍了在 Prodhoe Bay 油田钻出的两种常用多分支井,分别代表了用于开发大型老油田的不同多分支井类型。该油田所钻多分支井进入 Sadlerochit 组和上覆凹陷

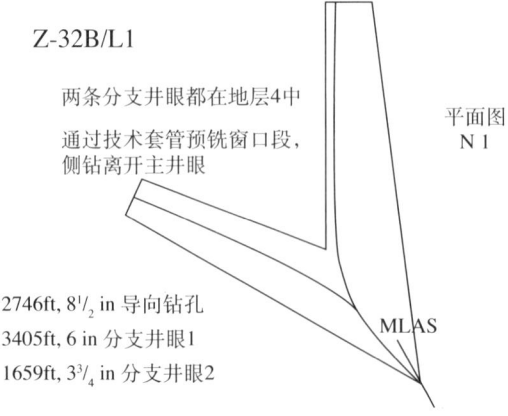

图 6.1 以分离断块为靶心的双分支井

河组（Sag River Fm.）的目标地层。这些地层坚硬致密，可采用 2 级连接完井。图 6.1 所示为以断层两侧 Sadlerochit 地层为目的层的双分支井典型井眼轨迹。该双分支井从现有井眼开始侧钻，主分支井眼水平延伸长度为 3405ft，采用 $4\frac{1}{2}$in 衬管完井并注水泥固井。衬管柱包含一个多分支井进入短节，即一个长度为 20ft、可用常规钻头轻易钻穿的组合接头。第二口分支井眼利用可回收式造斜器，钻穿进入短节形成。第二个分支井眼水平长度为 1659ft，采用 $2\frac{7}{8}$in 割缝衬管完井。

图 6.2 为 Prudhoe Bay 油田 Sadlerochit 地层与凹陷河组的典型双分支井，而图 6.3 为其中一口井的实际井眼轨迹。穿过目的层钻出导向钻孔并下 7in 套管后，通过套管预铣开窗钻出直径为 6in 的主（下部）分支井眼，主分支井眼采用 $4\frac{1}{2}$in 衬管完井并注水泥固井，最后进行射孔作业。6in 直径的上部分支井眼利用造斜器侧钻，钻完后下 $4\frac{1}{2}$in 割缝衬管完井。

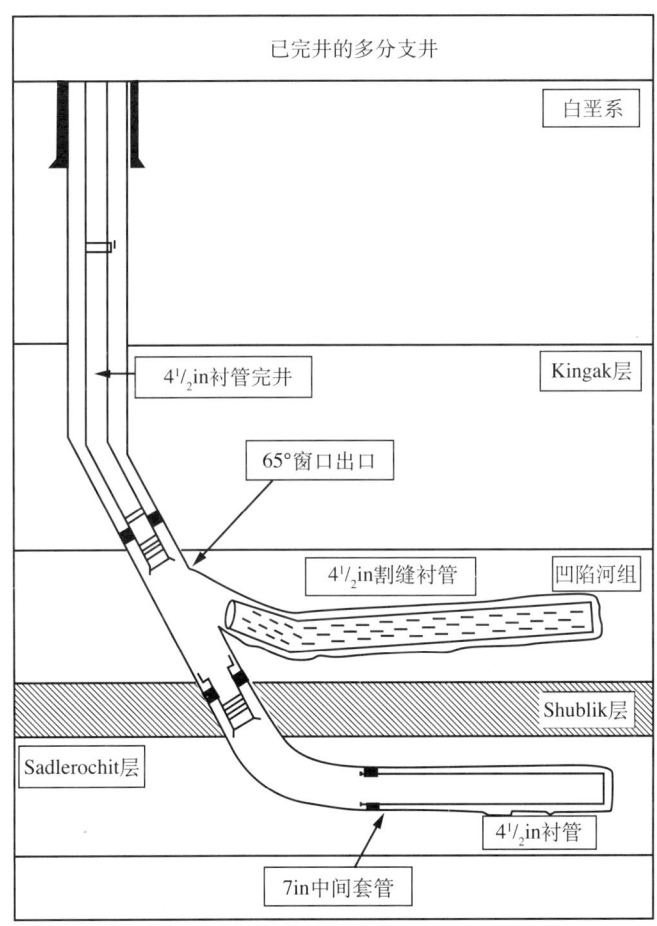

图 6.2 以不同地层为靶心的双分支井

此类多分支井的应用经济优势非常明显。根据 Aubert 报告，第二口分支井眼的钻完井总成本为 50 万～70 万美元；动用原油储量为 $50 \times 10^4 \sim 100 \times 10^4$bbl。大约每桶一美元的开发成本轻松地规避了此类油井所涉及的其他风险。

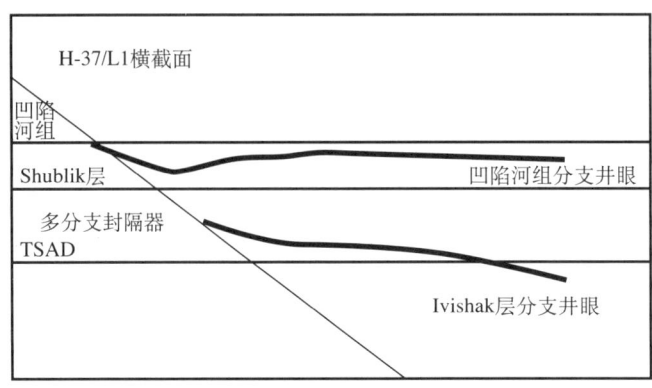

图 6.3 以不同地层为靶心的双分支井井眼轨迹

6.2.2 北海泰恩油田多分支井开发实例

在早期应用多分支井的另一个地区是北海。北海与北极地区一样，钻井成本较高且钻井受到限制。Roberts 和 Tolstyko（1997）回顾了在英格兰北海泰恩油田应用的第一批多分支井。图 6.4 和图 6.5 为在北海地区常见的典型复杂高圈闭油藏。多分支井在此类油藏较为适用。

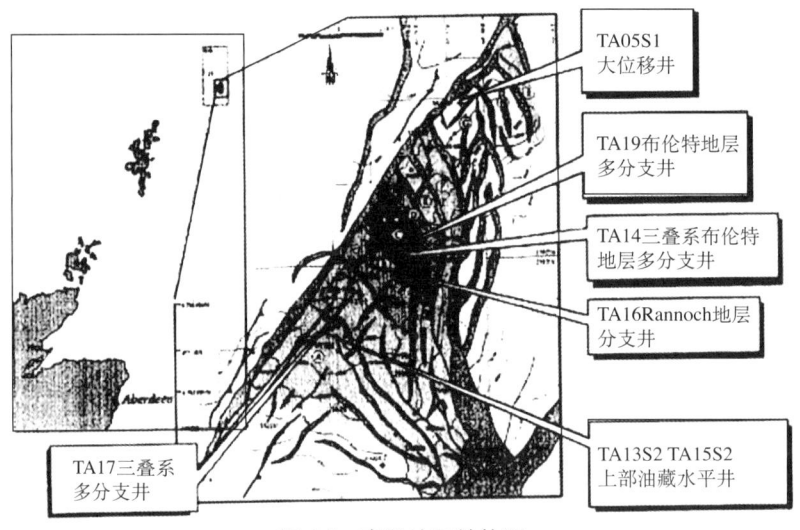

图 6.4 泰恩油田结构图

在泰恩油田，多分支井主要用于开发品质差、单井采油不经济的油藏，其钻井方式是从现有生产井侧钻进入新储层的分支井眼，并通过精确的地质导向进入滞油区。图 6.6 为该油田常见多分支井的示意图。

泰恩油田成功地应用多分支井对最初开发时被忽略的下部产层进行开采。其中，钻出的第一口多分支井 TA14 井（图 6.7）较为典型。其首先将主井眼作为勘探井，对深层三叠系目的层进行测试。地层评估结束后，侧钻两口分支井眼分别进入 Rannoch 地层和上部 Ness 地层；与泰恩油田高产的布伦特 Etive 地层相比，这两组地层相对较薄、物性较差。双分支井产能是常规油井的三倍，两口分支井的总流速约为 1500m^3/d（约 9400bbl/d），与在 Etive 地层中完井的油井产量相近。该双分支井证明了多分支井在开发高成本、物性较差油藏的商业价值。

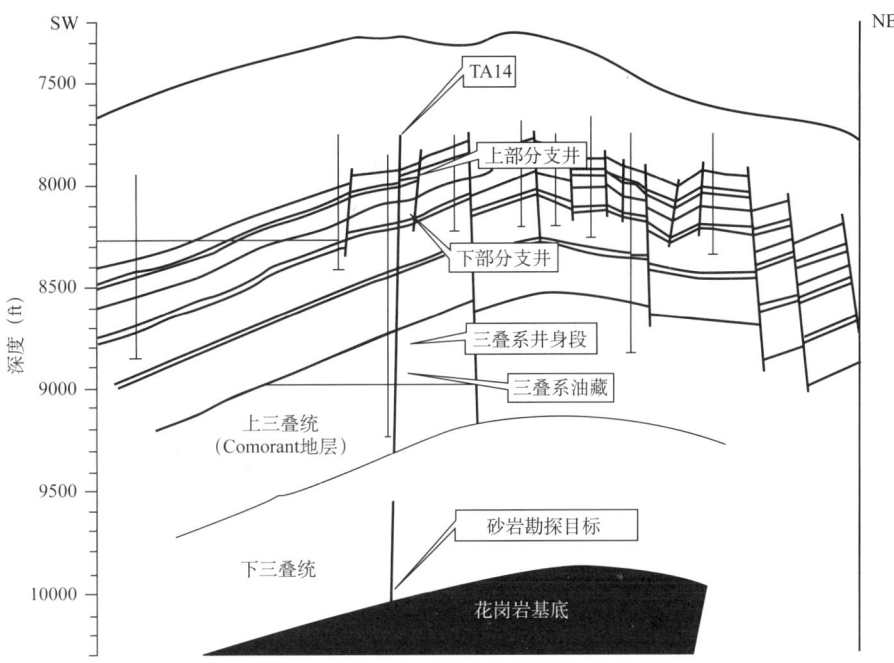

图 6.5 泰恩油田横截面

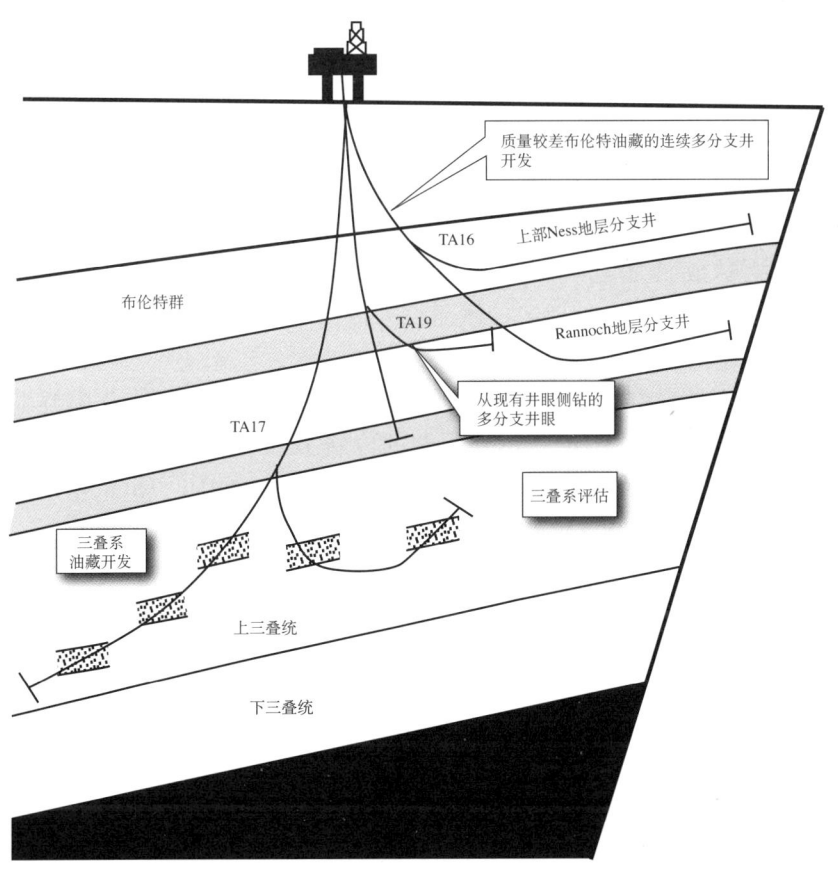

图 6.6 泰恩油田多分支井应用

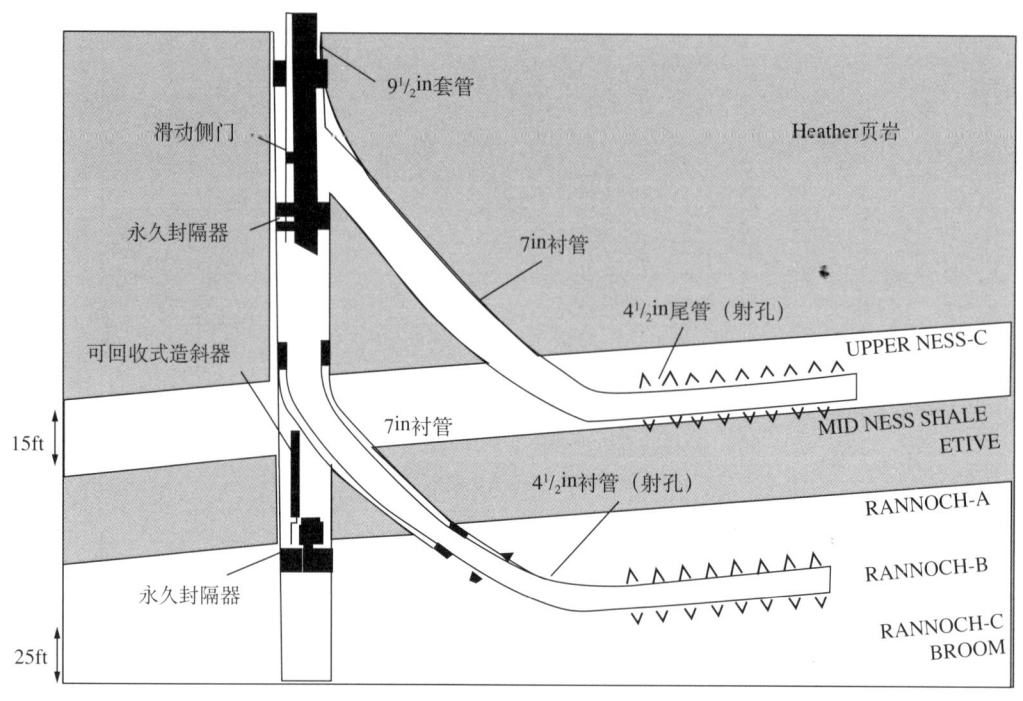

图 6.7 在泰恩油田下部产层中完井的双分支井

6.3 应用多分支井开采稠油

对稠油生产井来说单位井筒长度的产量较低，原因是即便在渗透率相对较高的油藏中，原油的高黏度仍会造成原油流度较低。因此，在许多稠油藏开发中，如果不对油藏进行加热降黏，则刚需要增加井眼与储层的接触面积来提高商业产量。本部分举例说明了典型的利用多分支井开采稠油的案例。

多分支井最引人注目的应用之一是在委内瑞拉 Zuata 油田。在最初的开发方案中，利用水平井开发单井产量过低，难以达到预期的经济效益，因此，后来 Zuata 油田钻出了复杂程度不断增加的多分支井来提高油井产量。Robles（2001）、Summers 等（2001）和 Stalder 等（2001）对该油田开发情况进行了详细描述。

Zuata 油田的油藏结构复杂，含有多种河流相沉积层序，造成油藏的高圈闭特性。油藏的渗透率高达 700～14000mD，API 度为 8°～10°，原油黏度较高，在 108～120°F 油藏温度范围内，原油黏度为 1200～3000cP。油藏深度间于 1700～2400ft，油藏压力为 570～870psi。

Zuata 油田采用了一系列的复杂结构井，见图 6.8。如图所示，典型的井身结构包括叠加式鱼骨形多分支井。在主井眼中下 $9^{5}/_{8}$in 套管，然后钻出水平分支井眼和鱼骨形分支井眼，各口主分支井眼下 7in 割缝衬管完井；鱼骨形分支井眼保持裸眼。

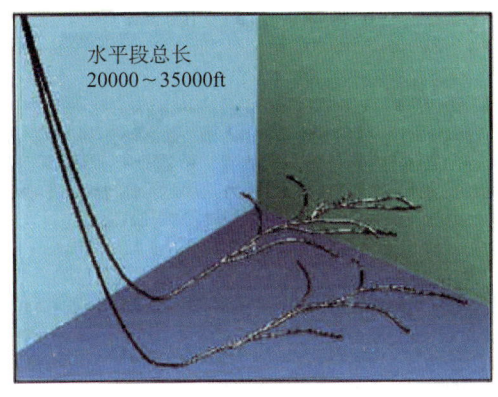
叠加式鱼骨形多分支井

"鸦爪"形三分支井

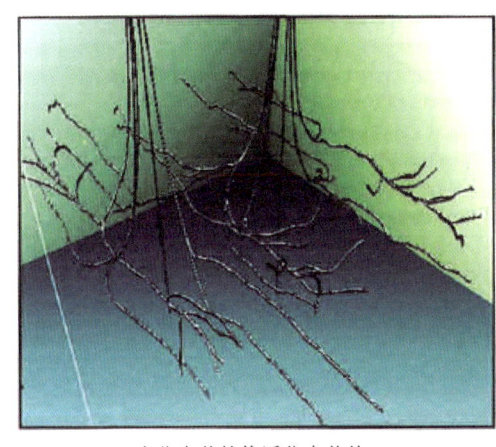
多分支井的临近分支井丛

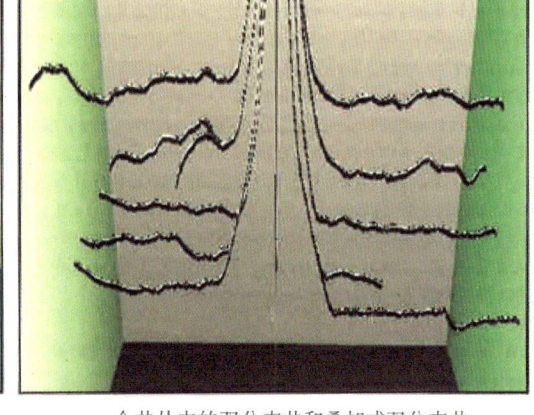
一个井丛中的双分支井和叠加式双分支井

图 6.8　Zuata 油田多分支井井眼轨迹示例（据 Robles，2001）

6.4　应用多分支井提高波及效率

多分支井可以经济高效地提高水驱油藏的注水波及效率。多分支井比直井五点法井网更为高效，可以进行行列排状井网布置。

同时，使用多分支井进行水驱更有利于向底水层中注水。阿曼 Sail Rawl 油田（Bigno 等，2001）和犹他州 Erath 油田案例可以说明多分支井水驱的效果。

6.4.1　阿曼 Sail Rawl 油田多分支井水驱

阿曼 Sail Rawl 油田主力油层为 Shuaiba 石灰岩层，储层的渗透率为 1～10mD、厚度为 15～30m。产量过低（<50m³/d，300bbl/d），且早期出现油层底水锥进影响，最初尝试采用常规直井开采没有达到预期经济效果。随着 20 世纪 90 年代多分支井钻井技术的出现，才开始真正意义上现场开发。此后该油田一直采用多分支生产井和注水井开发，每口井最多可有七个分支。在排状密井网（图 6.9）中，分支井生产总长 166km，分支注水井总长 107km。2001 年产量约为 60000bbl/d（图 6.10），以更小的井距钻完多口加密井后，产量得

到稳步提高。

  Sail Rawl 油田典型生产井（图 6.11）的主井眼采用 7in 套管完井，并注水泥固井（Senger 等，2001）。从主井眼钻出六条或七条长度为 1500m、直径为 $6\frac{1}{8}$in 的裸眼分支井（每口井的裸眼井段总长约为 10km）。通过地质导向将分支井钻在油层中距顶部 1m 的范围内。生产井采用大型电潜泵（ESPs）生产，生产压差约 5MPa（725psi），并保持井底压力略高于泡点压力。

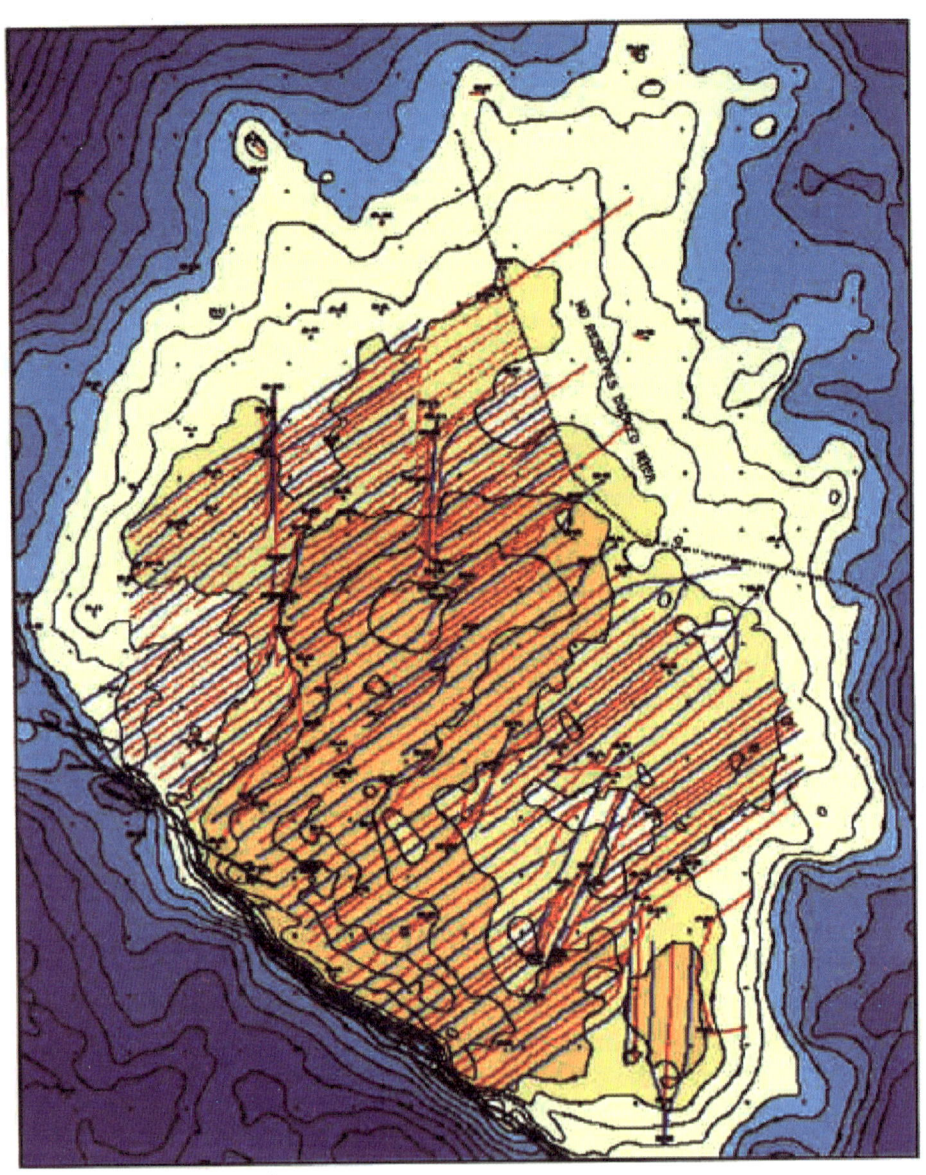

图 6.9　Saih Rawl 油田多分支注水井和生产井的行列排状注采井网
2000 年底，油藏钻井井位布置。水平井和多分支井的裸眼井段总长度达到 270km

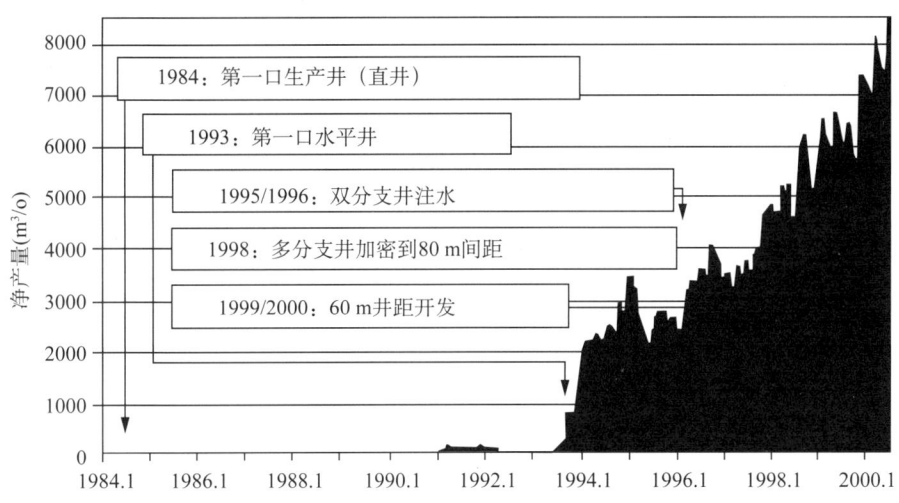

图 6.10 Sail Rawl 油田开发动态

Sail Rawl Shuaiba 地层的历史产油量和主要开发里程碑。1971 年发现该油田，但 20 世纪 90 年代初期才开始经济开发

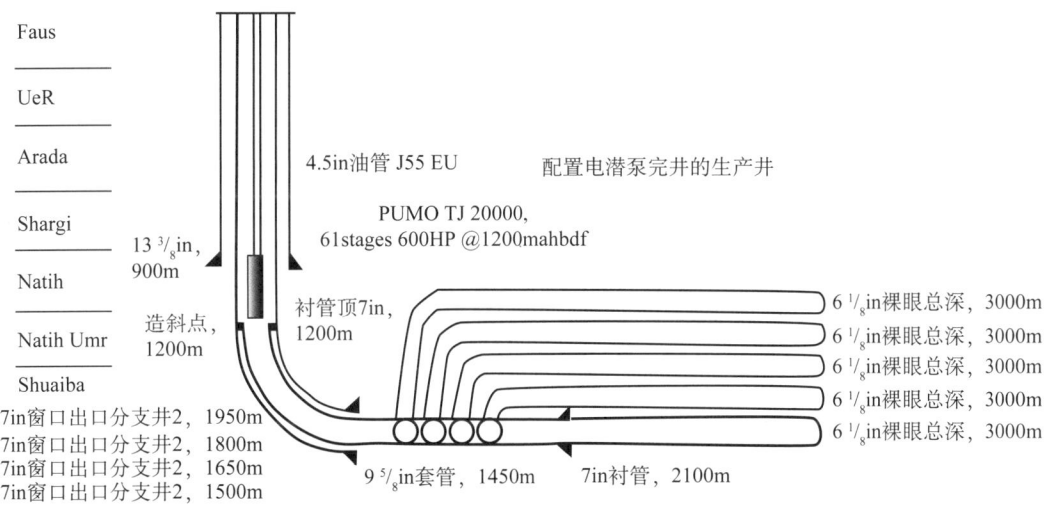

图 6.11 典型的 Sail Rawl 生产井设计

其中一口典型生产井的产量超过 2000m³/d（12500bbl/d），平均含水率 75%。

注水井与生产井井身结构相似，只是注水井钻至油水界面以下。这保证了稳定的能量供给，保证了重力稳定注水驱油。利用油藏模拟研究驱替方式，并用于指导加密注水井和生产井布井，提高波及采出程度。开发方案采取行列排状井网布置，分支井间距最小为 40m，预计采收率超过 50%（图 6.12）。如图 6.13 所示，根据不同油藏厚度，开发成本在 1～5 美元/bbl 之间。

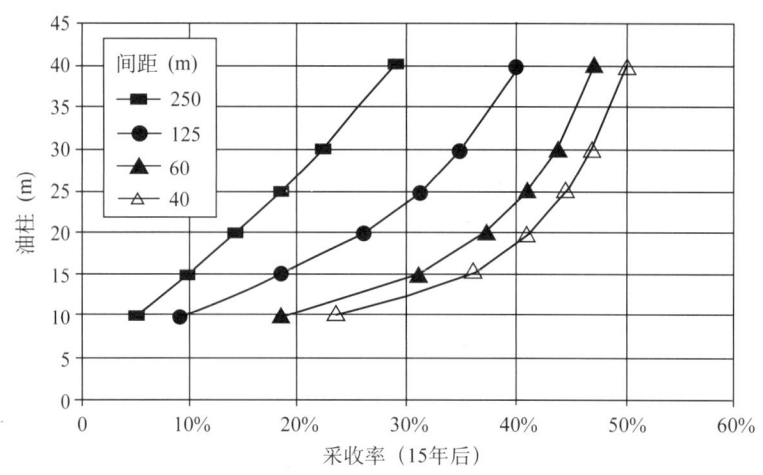

图 6.12 Saih Rawl 油田水驱采收率

原油采收率是油柱高度和井距（生产井和注水井的分支井腿间距）的函数，通过分析
二维分段模型的模拟敏感性获得

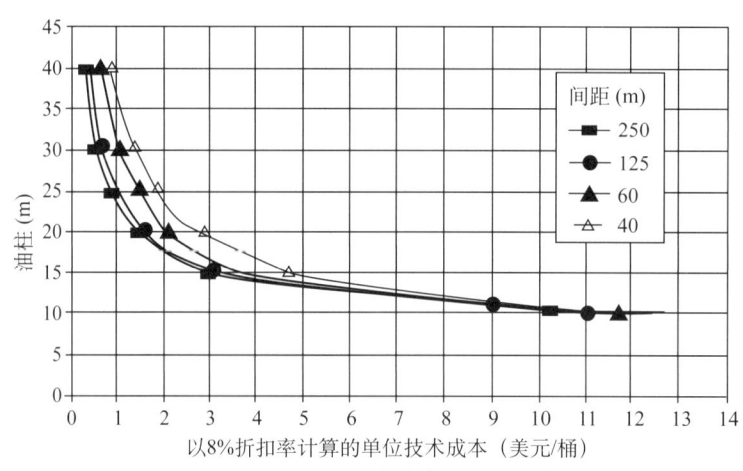

图 6.13 Saih Rawl 多分支井水驱开发成本

典型单位技术成本（UTC）是油柱高度和井距（生产井和注水井的分支井间距）的函数，
通过分析二维分段模型的模拟敏感性获得

6.4.2 犹他州 Aneth 油田多分支井行列排状注采井网

多分支井可以进入被常规直井井网注水未波及的含油区，以提高老油田水驱的波及效率。这项技术已成功应用于犹他州 Aneth 油田（Hall，1998），该油田从 1962 年开始一直采用直井五点法井网进行水驱开发。开始钻水平井之前，油田的标定采收率约为 30%；应用多分支井后，最终采收率预计接近 50%。

Aneth 油田从 Desert Creek 油层中采油，该油层为多层碳酸盐岩，分两个不同区带。I 区为相对均质的低渗透率（平均渗透率 1mD）储层，含有 Aneth 地区大部分剩余储量。II 区为非均质高渗透率区带，其产量相对较高，但含水率也较高。多年注水开发后，该油田开始应用多分支井开发 I 区剩余储量。

图 6.14 显示了如何通过从现有直井井眼钻水平分支井眼，以将 Aneth 油田的面积井网

模式从传统五点法井网转变为行列排状井网。钻单口分支井转变井网模式后，又很快钻出反向双分支井眼，将每口井的覆盖范围加倍。

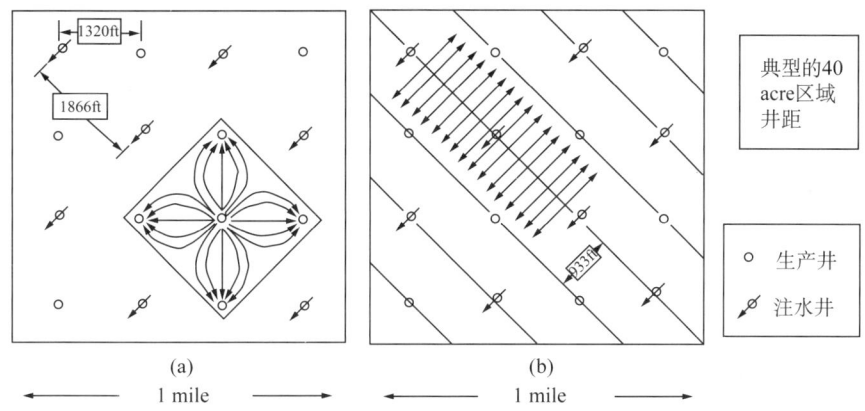

图 6.14　从五点法向双分支井注水波及转变

(a) 80acre 五点法井网（旧法）；(b) 从五点法井眼水平钻出的行列排状井网。直线驱井网可以将水平井开发的采收率提高 15%。注意，只有每隔一行才钻水平井

多分支井除了改变面积井网模式，还提高了垂向注水波及效率。如图 6.15 横截面图所示，Ⅰ区主要包括三个产层。为了最大程度增加该油藏注水波及面积，在Ⅰ区每一产层钻出反向双分支井眼，从而形成行列排状井网。采用多分支行列排状井网重新开发油田Ⅰ区，预计采收率将从传统五点法井网开发的 28% 提高到多分支井开发的 44%。

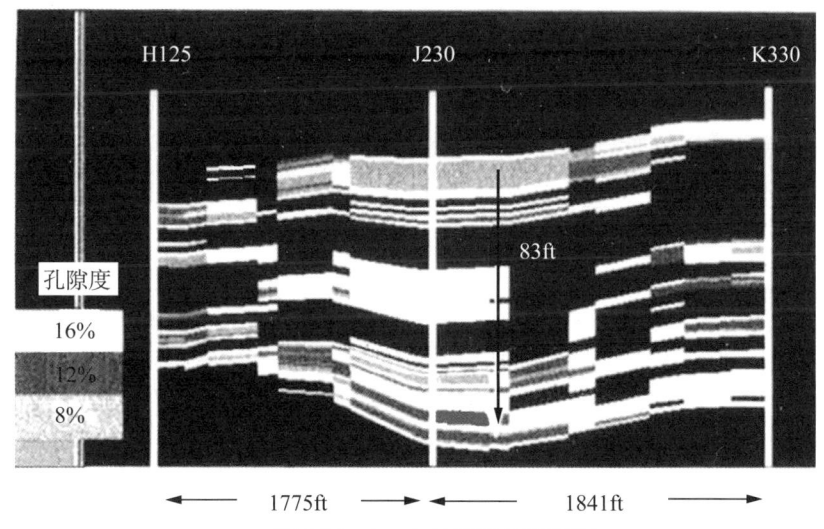

图 6.15　Aneth 油田油层剖面图

Aneth 油田 J230 的截面图，显示了Ⅰ区中三个产层。该截面图的截距为 H125 到 K330

6.5　应用多分支井以低成本动用储量

多分支井可以降低钻井成本，增加油藏接触面积，所以对于必须低成本开发的低产区，多分支井也是经济的常规井替代井型。低成本条件下，常见的多分支井应用包括开发致密的天然裂缝性储层，例如得克萨斯奥斯汀白垩地层区带以及美国北部的 Bakken 页岩层。

Cooney 等（1993）和 McCann 等（1993）给出了早期利用多分支井开发奥斯汀天然裂缝性白垩地层的应用情况。奥斯汀白垩地层是一个天然裂缝性碳酸盐岩地层，从墨西哥穿越得克萨斯州延伸进入路易斯安那地区（图 6.16）。

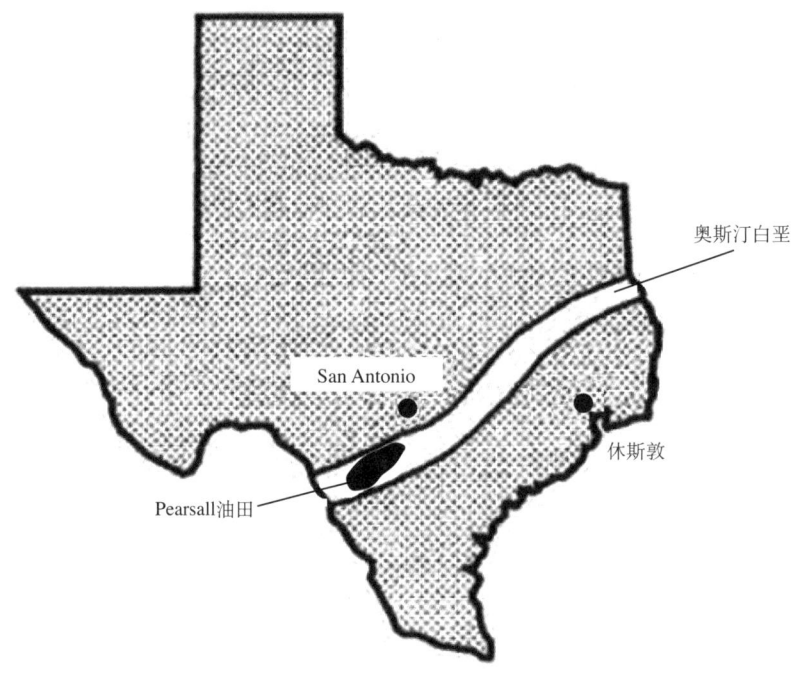

图 6.16　得克萨斯奥斯汀白垩区带

Cooney 等介绍了南得克萨斯 Pearsall 油田第一批多分支井的钻完井情况。奥斯汀白垩地层大量应用水平井进行开发，主要原因是该地层为大范围的天然裂缝性地层，地层中高密度裂缝带呈分散状分布且预测难度大。因此，在该油田应用多分支井是实现低成本钻、完井的必然选择。

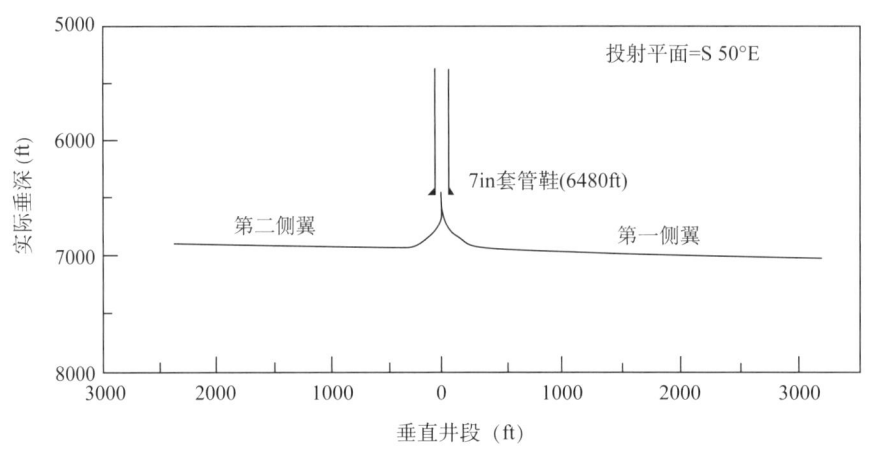

图 6.17　奥斯汀白垩地层双分支井井眼轨迹

Cooney 等介绍的双分支井井眼轨迹见图 6.17。该井首先钻主井眼进入奥斯汀白垩地层的上覆层－Taylor 泥灰岩层，钻井完毕后采用 7in 套管完井，套管鞋位于目的层以上约

470ft 处（垂深）。这样可以钻出分支井的中半径造斜段，包括一段 45°恒定角度的井段。

这口井和其他奥斯汀白垩地层多分支井的一个共同特征是：保持欠平衡钻井钻穿生产层，从而避免了钻进时钻井液侵入地层，破坏天然裂缝网络。钻穿奥斯汀白垩地层的同时，该井出现自喷，其累计产油 8712bbl。

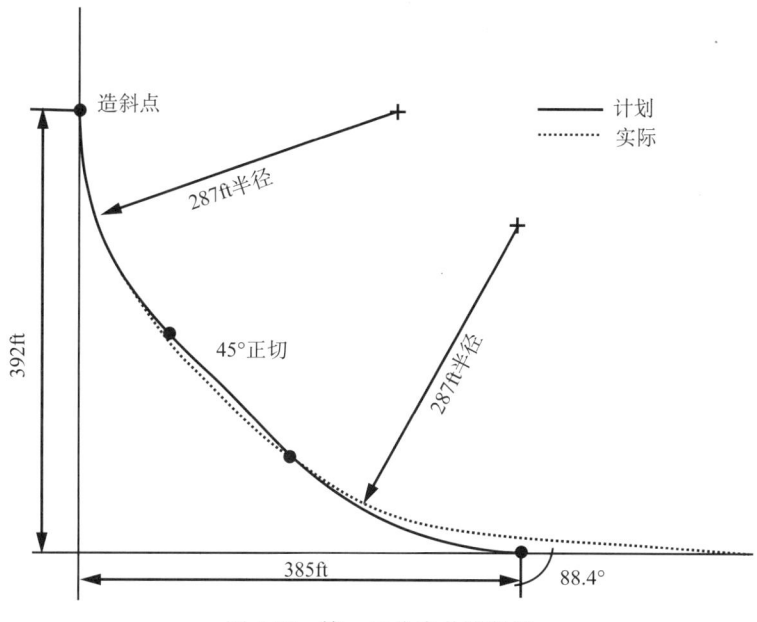

图 6.18　第一口分支井造斜段

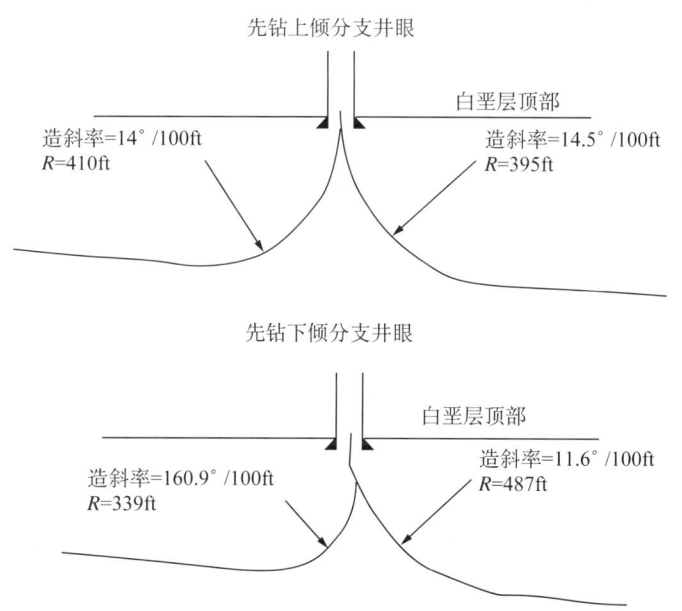

图 6.19　奥斯汀白垩地层 Brookeland 油田双分支井

两口分支井眼在目的层中的生产段总长度达到 5469ft。油井投产时初始产油量为 2291bbl/d，产气量为 $1.65 \times 10^6 ft^3/d$，五个月内累计产油量达到 148242bbl。生产层钻、完井成本为 USD 183/ft，而 Pearsall 油田此前 24 口水平井单井的平均成本为 USD 227/ft。

McCann 等（1993）介绍了在得克萨斯东部 Brookeland 油田利用双分支井开发另一个奥斯汀白垩层案例。在该地层共钻了 8 口双分支井，各井的分支井眼总长度在 5770～9703ft 之间。完钻后，在井眼中下套管到奥斯汀白垩地层的顶部，防止其上部的 Taylor 页岩层出现井壁稳定问题，最后在白垩层中裸眼完井。

井眼轨迹见图 6.19 所示。

与 Pearsall 油田一样，该地区的双分支井采用欠平衡钻井技术钻入生产层。这些双分支井的钻、完井成本在 50 万～70 万美元。8 口双分支井的平均产油量达到 3000bbl/d，平均产气量为 $25 \times 10^6 \text{ft}^3/\text{d}$。

第7章 多分支井增产

7.1 概述

与常规井相比，多分支井在不需要进行增产作业的条件下也可以提高油藏产能。但是，一些多分支井也可采取增产措施提高产量；特别是在低渗油藏中，多分支井也和常规井一样需要通过水力压裂提高油井经济效益。本章主要研究了多分支井的产能诊断方法和增产措施。此外，针对多分支井增产或修井作业与常规井增产修井的重要区别，即向各分支井井眼中注液的方法，本章也进行了讨论。

7.2 多分支井产能分析

对于任何类型的井，获取的油井产能信息越多，越能够更好地规划其增产或修井作业措施。对于多分支井，各分支井眼的产能信息与全井产能信息同样重要。多分支井产能信息主要包括以下方面：

(1) 全井产能与表皮系数；
(2) 各分支井的产能与表皮系数；
(3) 分支井的产量分布；
(4) 各分支井的油、气、水产量；
(5) 各分支井的油、气、水产量分布。

获取上列信息的诊断测量方法包括压力恢复测试，生产录井，以及通过永久安装在井下的传感器测量温度、压力与流量。然而，在很多多分支井中，由于测试仪器不能分别进入每一口分支井眼，因此不可能获得上述列出的所有信息。

7.2.1 多分支井试井

传统的压力恢复测试可测量油井生产条件受干扰后的井底压力和时间，该测试方法也可用于多分支井。通过多分支井一个位置进行单点压力测量，可以获得全井综合测试。一些研究（Yildiz，2003；Karakas等，1991，Raghavan和Ambastha，1995；Ozkan等，1998；Larsen，2000）已经证明了一口分支井的生产条件变化如何影响整口多分支井的测量结果。在最理想情况下，如果所有分支井眼接触的油藏性质相似，则可将各口分支井眼视作长度等于所有分支生产段总长的一口分支井眼，然后对试井结果进行分析（Yildiz，2003；Karakas等，1991）。当不同分支井眼接触的地层渗透率差别较大时，渗透率最高的地层将主导压力瞬变响应（Karakas等，1991）。使用标准试井分析方法分析合采多分支井的单点压力测试结果，需要假设所有分支井眼的井底压力相同（或井底流压与油藏压力平衡）。

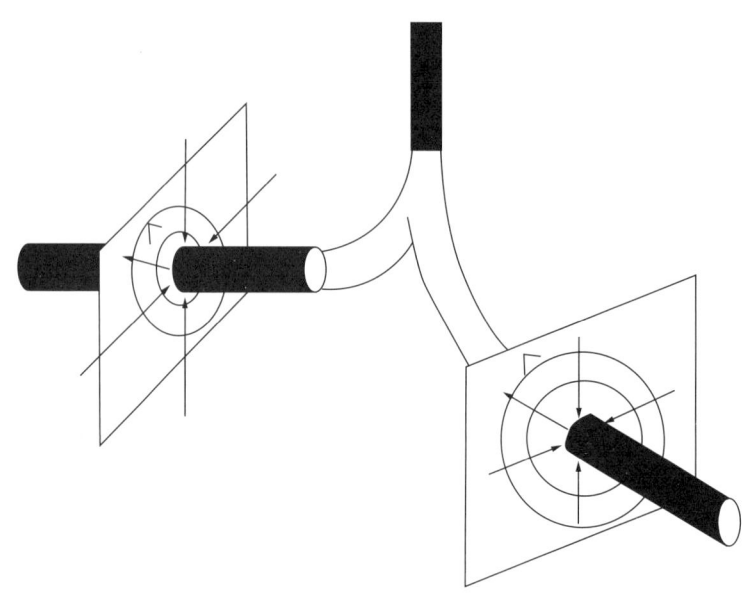

图 7.1 早期径向流

当该假设不成立时,井筒效应可完全掩盖储层物性对压力瞬变响应的影响。

如果能够对各分支井眼进行单独测试,则可以获取更多的多分支井信息。单口分支井试井在高级完井中是可行的,例如井中装配了控制各分支流量的流动控制装置的智能井。分支井试井结束后,可应用标准的水平井试井解释程序来分析试井结果。压力瞬变测试的可提取信息量取决于测试期间可以识别的流态,包括早期径向流、中期线性流、中期拟径向流和晚期拟径向流(Ozkan 等,1998)。对于各种流态,主导压力响应的油藏流动条件可参考图 7.1 到图 7.4(Ozkan 等,1998)。从图中可以看出,对于多数水平井,中期线性流是可以最清楚识别的流态,而早期径向流通常被井筒储存效应掩盖,而且试井通常时间过短,不足以测到拟径向流流态。

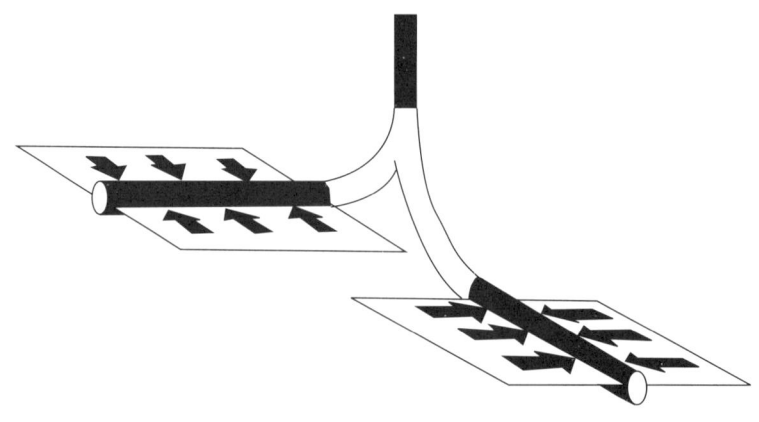

图 7.2 中期线性流

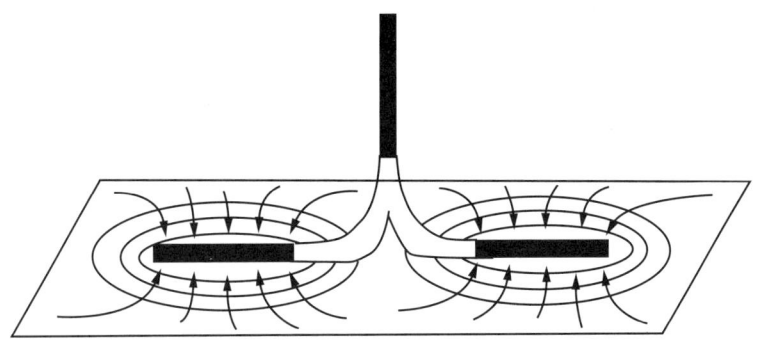

图 7.3 中期拟径向流

分析径向流阶段,可以得到分支井的有效长度和水平渗透率。

将单口分支井测试结果综合,可获得更多关于油藏和油井条件的信息。Munoz 等(1998)提出了结合任意方位(但必须为不同方位)三口水平井试井结果的方法。试井结果综合分析后得到了水平主渗透率及其方向。这种方法增加了从多分支井中的单分支井眼测试中获取的信息量。

7.2.2 生产录井

进行多分支井生产录井时需要确保将录井工具管柱送入目标分支井眼。录井工具一般须用连续油管下入井中,因此面临着与多分支井其他连续油管作业相同的难题,即如何使连续油管进入所有目标分支井眼。

从定义上讲,由于井筒中可能出现相态离析,水平分支井的录井需要采用特殊的生产录井方法。Kessler 和 Frisch(1995),Roscoe 等(1997),Chace 等(1999,2000)和 VuHoang 等(2004)提出了针对此问题而开发的一些新工具和测量技术。

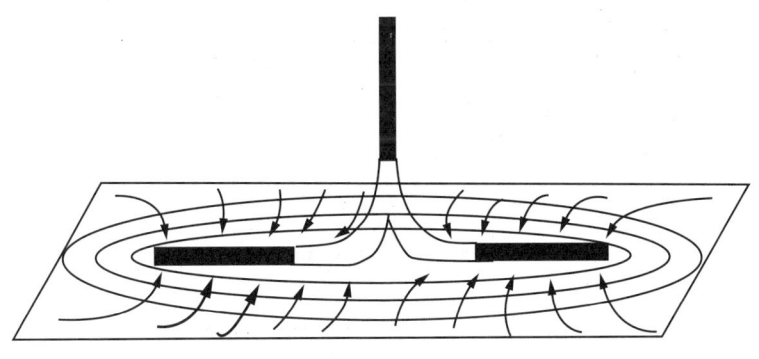

图 7.4 晚期拟径向流

7.3 多分支井增产措施

常用油井增产措施主要包括水力压裂、基质酸化解堵或其他助剂吞吐增产。一般在多分支井钻、完井作业期间并不考虑后期增产措施;但是,在多分支井完井后以及在整个寿命期内要考虑增产需求。单口分支井的增产方法与以常规方式完井的单井增产方式并无不同，但在多分支井中，向目标分支井眼注入处理液时需要特别小心，此外在进行水力压时需考虑措施分支井眼与其他分支井眼之间的相互影响。由于多分支井中多数分支井井眼是长度较大的近水平井眼，因此，对长分支井眼进行增产作业需要遵守特定程序。

7.3.1 多分支井水力压裂

多分支井中单口分支井眼可以进行水力压裂，并已在很多条件下得到应用。在某些情况下，尤其是在双分支井中，可同时对各口分支井眼进行处理，即通过一次性集中处理在多口分支井眼中形成水力裂缝。但更常见的情况是对各口分支井眼进行单独处理，每次选择向一口分支井中注入压裂液。另外，由于大多数分支井是长度较大的水平井眼，对各分支井眼依次进行水力压裂，从而形成地层裂缝。

一般生产层位的应力场作用将使水力裂缝垂直于最小水平应力方向。因此，当压裂一口水平分支井时，将形成一条或多条垂直裂缝。裂缝与分支井眼的夹角取决于井眼相对于应力场的方位。水平分支井压裂面临两方面限定条件：

(1) 井眼平行于预期裂缝轨迹方向（即垂直于最低水平应力方向），则为纵向裂缝。

(2) 井眼垂直于预期裂缝轨迹方向（即平行于最低水平应力方向），形成横向裂缝。

在以上任何一种情况下，水力压裂时都有可能沿着分支井眼形成多条裂缝。图7.5为水平井眼中压裂形成的纵向裂缝和横向裂缝（Fisher等，2004）。下文将首先讨论水平分支井中多裂缝的形成，而后研究多口分支井眼中压裂成缝技术。

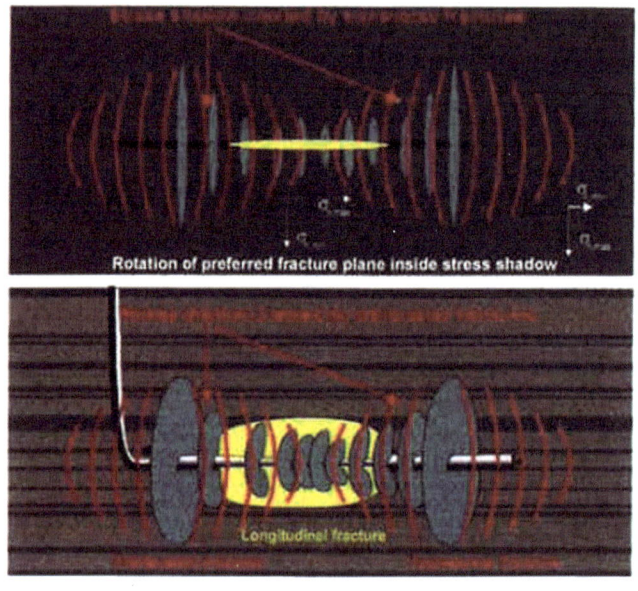

图7.5 从水平分支井眼压裂形成的横向或纵向裂缝

7.3.1.1 水平分支井压裂

水平分支井的压裂一般形成多条裂缝，因此，压裂施工设计中需考虑的首要因素是形成的裂缝数量。第二个考虑因素是选择裂缝方向，即纵向裂缝或横向裂缝。如果压裂形成纵向多裂缝，则井中最终裂缝的形态将类似于长度等于所有纵向裂缝长度之和的垂直井水力裂缝，只是多条纵向裂缝形成的有效裂缝长度远远大于直井中单条裂缝的有效长度。另一方面，横向多裂缝的作用更像一系列的独立径向裂缝。横向压裂水平井的产能预测以各条裂缝接触的油藏泄油面为基础。

7.3.1.2 纵向裂缝

为了形成纵向裂缝需要沿最大水平应力方向（即垂直于最小水平应力方向）钻分支井眼。沿此方向钻分支井眼，优势裂缝方位与井眼方向重合。理论分析（Yew，1997）和现场结果（Ellis 等 2000）证明，如果分支井的井眼轨迹优势裂缝方位夹角为 10°~20°，最终形成的裂缝将为纵向裂缝。方位角增大时，即使裂缝最初与井眼平行，最后裂缝也可能偏离井眼而变成横向裂缝。

纵向裂缝形成了与井筒连通良好的裂缝延伸区，纵向裂缝要求的地层破裂压力小于横向裂缝的破裂压力。水平分支井纵向裂缝广泛地应用在北海地区的白垩地层（Wesnaes 等，2002；Cipolla 等，2000a，2000b）和其他水平井地区，包括阿拉斯加北坡（Pearson 等，1996）和西得克萨斯（Ellis 等，2000）。Cipolla 等（2000）对在北海 South Arne 油田白垩地层中实施横向压裂和纵向压裂进行了对比。

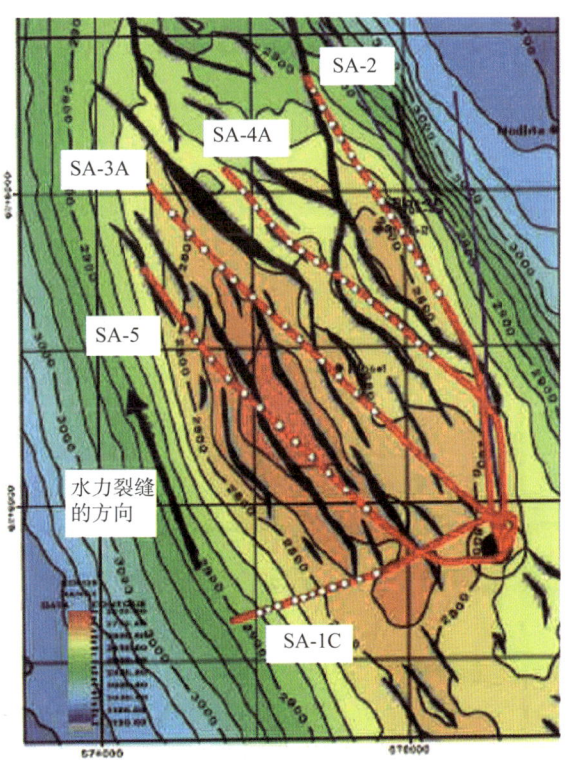

图 7.6 北海丹尼斯 South Arne 油田有多条水力裂缝的水平井眼轨迹

图 7.6 给出了水平井眼轨迹以及沿井形成的多条水力裂缝位置，井眼轨迹上的白点表示每一条裂缝的起始位置。在此天然裂缝性软地层中，水力裂缝长度由于受压裂液向天然裂缝网络大量渗漏的影响而受到限制。这些油井通过井眼压裂形成的 14 条独立裂缝实现高产量。每条裂缝长度约为 100m 或小于 100m，但是各条裂缝作用结合后，该压裂分支井在

油藏渗透率只有 1mD 的条件下初始产量超过 10000bbl/d。

横向裂缝。虽然纵向裂缝有时在水平井中具有优势，但受主应力方向的不确定性和形成纵向裂缝需要的井眼方向精确控制影响，在实践过程中，从水平分支井眼中压裂多形成横向裂缝。在许多油藏类型中，特别是在天然裂缝性油藏，横向裂缝往往是较好的选择。

流体在与水平分支井眼相交的横向裂缝中流动有时会产生一个较大的附加压降（图 7.7）。假设水平井眼位于厚度为 h 的油藏中部，到油藏边界的环形横向裂缝半径为 h/2。从油藏流入裂缝中的流体呈线性流；裂缝内流动为径向收敛流。与厚度为 h 的油藏中的压裂直井相比较，上述流态组合形成了一个附加压降。裂缝内径向流收敛产生的附加压降 Δp 可以用一个表皮系数表示，该表皮系数可表示为 s_{ch}（Mukherjee 和 Economides，1991），计算公式如下：

$$s_{ch} = \frac{Kh}{K_f w}\left[\ln\left(\frac{h}{2r_w}\right) - \frac{\pi}{2}\right] \tag{7.1}$$

式中，K 为地层渗透率，h 为地层厚度，K_f 为支撑剂充填层的渗透率，r_w 为井半径，w 为支撑裂缝的宽度。

在式（7.1）的推导中，有一个关于水力压裂井流动的重要假设，即假设流体先从油藏流入裂缝，然后从裂缝流入井筒中；油井其他部分的流量（无论是否射孔）可忽略不计。换言之，假设产出流体只通过裂缝进入井筒。

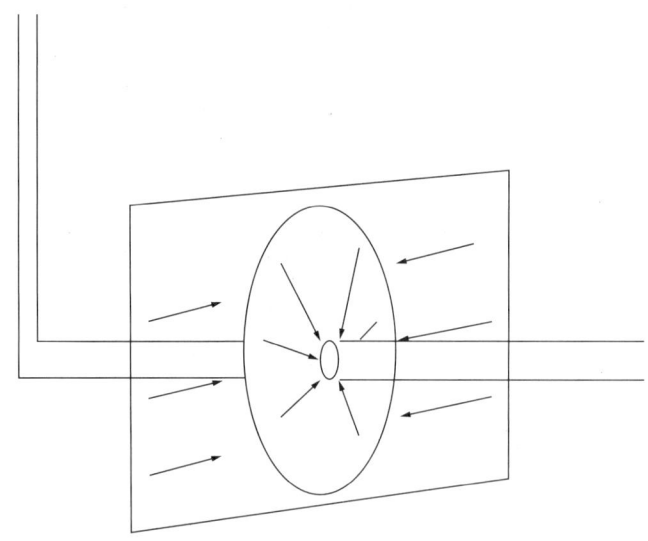

图 7.7 与水平井交叉的横向裂缝

使用式（7.1）计算所得 S_{ch}，则可得到一条与水平井相交的横向裂缝的无量纲产能指数 J_{DTH} 如下：

$$J_{DTH} = \frac{1}{\left(\dfrac{1}{J_{DV}}\right) + s_{ch}} \tag{7.2}$$

式中，J_{DV} 为压裂直井的无量纲产能指数。

多分支井横向裂缝常见于天然裂缝性地层，压裂形成的横向裂缝可以与地层中的原始天然裂缝网络相交。Barnett 页岩地层是应用裂缝组合的例子，在该地层中通过大体积裂缝处理实现了分支井的增产。裂缝传播的微地震测绘图像（Fisher 等，2004，2005；Warpinski 等，2005；Coutler 等，2004）显示，页岩地层的压裂工艺非常复杂。Fisher 等.（2005）描述了在天然裂缝性地层（图 7.8）中可能出现的三种破裂模式，很明显在 Barnett 页岩地层中出现了非常复杂的破裂模式。裂缝形成时的微震活动图（图 7.9）所示，地层中形成了多裂缝群或航道状多裂缝。如图 7.10 所示，复杂裂缝群形成之后，往往易形成横向裂缝"通道"。

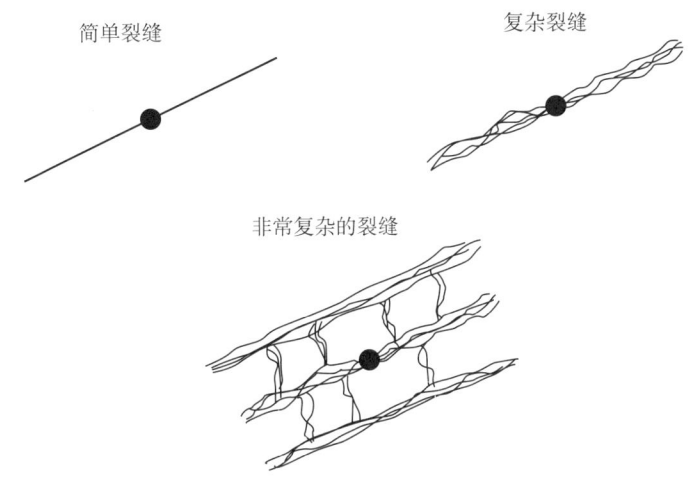

图 7.8 天然裂缝性页岩地层中的裂缝模式

应用水平分支井横向多裂缝的另一个较翔实的案例是在北海 Valhall 油田的白垩地层（Norris 等，2001；Olson 等，2003，2005）。在该油田中，水平井和多分支井的分支井眼钻深可达到 2000m。横向多裂缝通常为沿分支井眼形成的单独支撑裂缝，典型的压裂裂缝设计见图 7.11（Olson 等，2003）。第一条裂缝在分支井眼的趾部形成，向井眼中注入段塞堵剂，形成支撑剂段塞，实现端部井眼封隔，然后继续泵入压裂液。重复该程序，直到完成所有裂缝压裂。到 2003 年，在 Valhall 油田 21 口分支井眼中共压裂形成超过 150 条支撑裂缝。

在水平分支井中，可以封隔各分支井段并通过一系列单裂缝处理工艺形成多条水力裂缝；也可以采用压开单裂缝方法施工，然后依靠裂缝力学和井筒水力学特性以及完井结构来形成多裂缝。很明显，选择性隔离各分支井段后进行单独裂缝处理，是最终形成多裂缝的最优方法，但该方法与单裂缝处理相比成本较高。

多分支井压裂。在多分支井中，可以隔离分支井眼并向各分支井眼中单独泵入处理液（或多次向分支井眼中泵入处理液），或者以大排量向主井眼整体注入处理液，形成水力裂缝。

很明显，选择性隔离可以更好地控制注入压力，但是要求较高级的完井连接方式和更先进的修井设备。

压裂液通常以大排量注入位于致密裂缝性地层中的双分支井,如奥斯汀白垩地层得克萨斯 Barnett 页岩地层中的双分支井。当排量达到 200bbl/min 时,压裂液可以沿分支井眼分布的有限射孔孔道群中通过,压破地层,形成多裂缝。

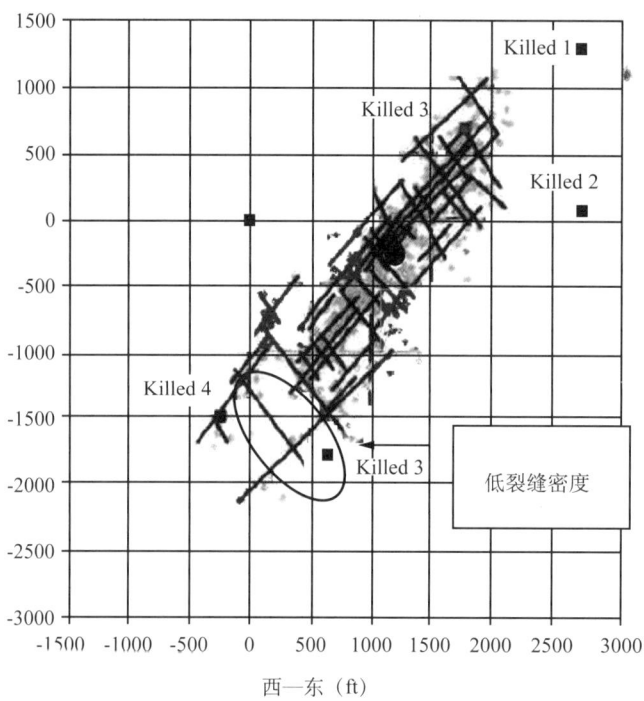

图 7.9　Barnett 页岩压裂工艺微震活动平面图

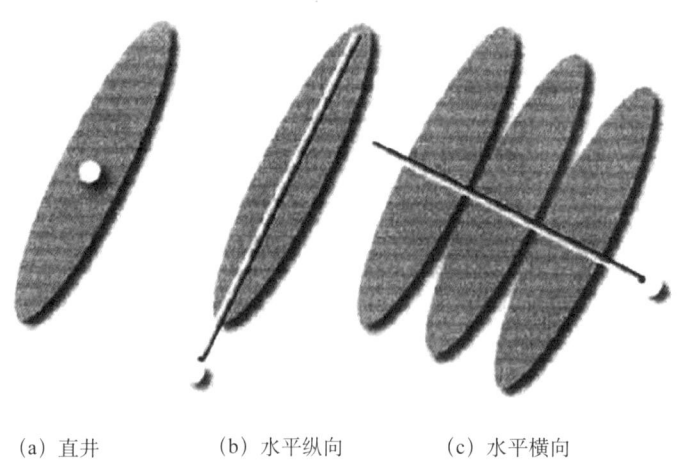

(a) 直井　　(b) 水平纵向　　(c) 水平横向

图 7.10　Barnett 页岩地层中不同井眼方向的预计裂缝方位

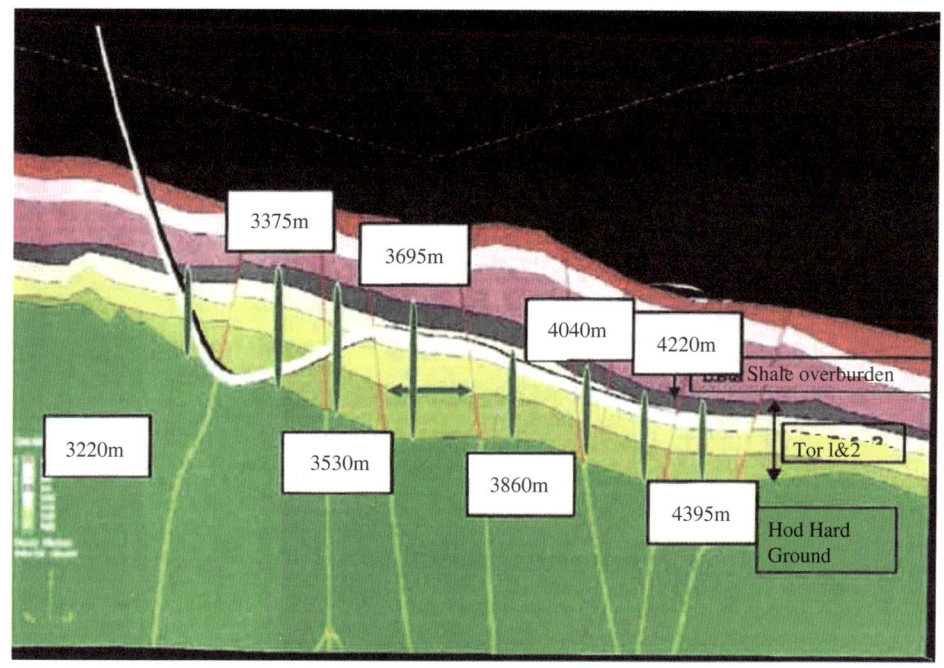

图 7.11　Valhall 油田中沿水平分支井眼分布的横向裂缝

该地层中一般为双分支井，分支井眼分别在相同区带或不同区带内完井。因此，其压裂工艺类似于向水平井单井中挤入压裂液，整个双分支井压裂液消耗量将为水平井单井的两倍。

选择性压裂单口分支井眼的最佳方法是采用特种完井设备，引导压裂处理管柱进入目标分支井眼，实现被压裂分支井眼的压力隔离。Steele 和 Edholm（2000）介绍了一个应用于 Ekofisk 油田酸化压裂的类似系统。上部分支井眼和主井眼接口处装有一个浅层造斜器，用于引导压裂管柱进入上部分支井眼（图 7.12）。油管柱端部的可回收式封隔器将要施工的分支井眼与油井其他分支隔离。首先对上部分支井眼实施射孔和增产作业，然后穿过分支井眼接口处坐放滑套，这样可以在主井眼射孔增产作业时将上部分支井眼隔离。可以按照与水平井单井大致相同的程序使用此类系统，对多分支井的各口分支井眼单独进行增产作业。

Owodunni 等（2003）报道了对西得克萨斯气藏进行支撑压裂处理的类似工艺。图 7.13 显示了双分支井的完井结构以及对两口分支井眼进行连续压裂施工工序。

在水平井中，水力裂缝通常以理想间距从各组射孔孔道开始形成。射孔段长度常为 1~6ft。另一项压裂方法是利用携带研磨料（砂粒）的水射流压裂地层，形成裂缝，称为"水力喷射压裂"工艺。此工艺沿分支井眼向特定点喷射注入支撑剂携带液，从而沿各点形成压裂裂缝。许多地区（Surjaatmadja 等，2003；McDaniel 等，2002；East 等，2004）已成功应用此方法压裂成缝。

水力压裂多分支井的产能。经过水平压裂形成多裂缝的分支井产能可用第 5 章提出的方法，选用适合于压裂分支井的产能公式进行计算。当沿分支井眼存在多条水力裂缝时，可将分支井眼分段，然后根据一条裂缝的流量使用公式计算分支井眼各分段的流入流量；也可以使用油藏模拟器预测油井产能动态，但是需要注意合理划分网格，以反映裂缝对流量的影响。

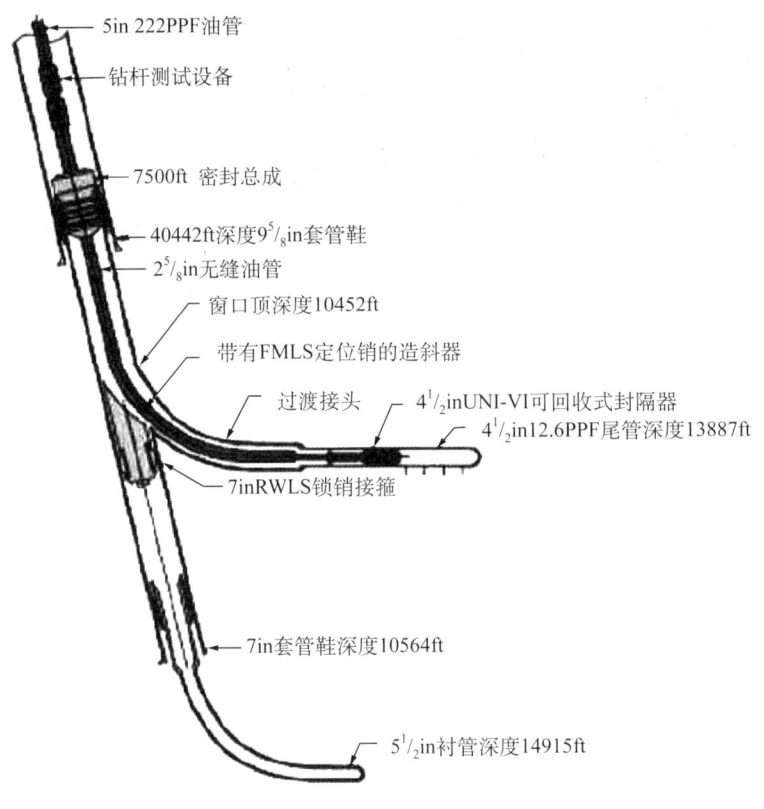

图 7.12 选择性酸化压裂分支井眼使用的井下设备

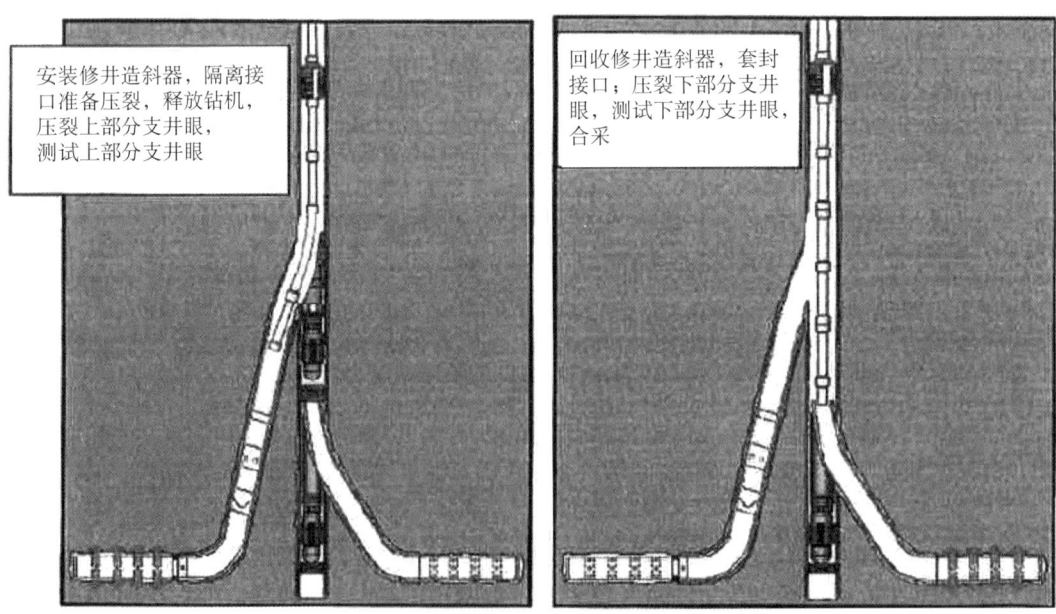

图 7.13 对西得克萨斯双分支气井进行独立支撑压裂的完井结构

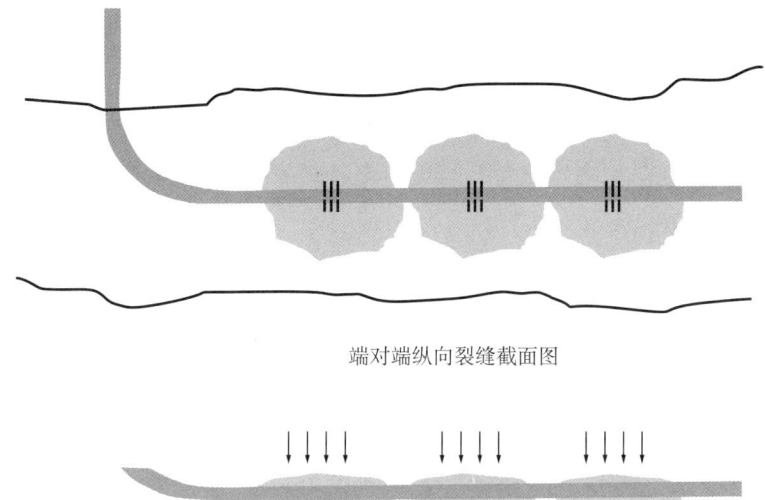

端对端纵向裂缝截面图

油藏流体流入一系列纵向裂缝平面图

图 7.14　有"端对端"纵向裂缝的水平分支井

考虑一个水平井段有一系列的"端对端"的纵向裂缝的情况（图 7.14）。如果独立裂缝之间间隔较小，从油藏到裂缝的流动接近线性流，并且垂直于井眼轨迹。此外，如果裂缝的导流能力较强，裂缝内压降相对小于地层压降，那么一系列裂缝可以表示为长度等于所有裂缝长度之和的一条长裂缝（图 7.15）。

在这种情况下，可以应用压裂直井产能模型来预测压裂分支井的产能。相关文献（Economides 等，1994；Gidley 等，1998；Economides 和 Nolte，2000）也多次介绍了垂直压裂井的产能模型。

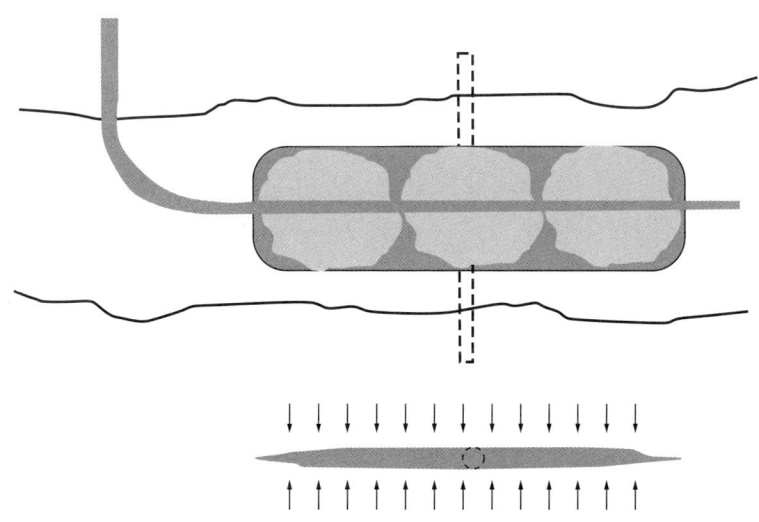

图 7.15　用一条长裂缝表示一系列端对端的纵向裂缝

此类模型基于稳态或拟稳态径向流建立，用一个表皮系数表示裂缝对流动的影响作用。对于油流，产能公式为：

$$q = \frac{Kh(p_e - p_{wf})}{141.2B_o\mu\left(\ln\left(\dfrac{r_e}{r_w}\right) + s_f\right)} \tag{7.3}$$

水力裂缝对流动的所有影响都包含在裂缝表皮系数 S_f 中，该表皮系数一般为 $-4\sim-6$。裂缝越长，裂缝表皮系数越趋向较大负数值，分支井眼的产量也就越高。

如果不用一条长裂缝表示多条裂缝，也可以将分支井眼划分为若干井段，然后应用压裂井流入模型，结合各条裂缝的量纲和导流能力，计算各井段的流入流量。这种方法也可以按照第 5 章说明使用，分段计算整个分支井的压降。

对于有一系列横向裂缝的分支井（图 7.16），可将分支井眼分段，模拟各井段的流入动态，产能预测方法与纵向压裂的分支井产能预测方法相同。对于此类分支井段，其流入特性可用式（7.2）或式（7.1）组合式（7.3）表示，稳态流条件下井段的产油量可以写为下式：

$$q = \frac{Kh(p_e - p_{wf})}{141.2B_o\mu\left(\ln\left(\dfrac{r_e}{r_w}\right) + s_f + s_{ch}\right)} \tag{7.4}$$

表皮系数 s_{ch} 表示从裂缝进入井筒的径向流汇聚引起的表皮效应，是流动的限制条件。在产气井中，裂缝中的近井筒紊流可在很大程度上阻碍流动，降低产量（Wei, 2005）。

当使用油藏数值模拟器建立水力压裂多分支井的产能模型时，采用特殊网格划分技术来呈现裂缝形态。例如，图 7.17 是一口水平分支井模型网格的平面视图，该水平分支井内多条横向裂缝以一定角度与井眼相交（Conlin 等，1990）。

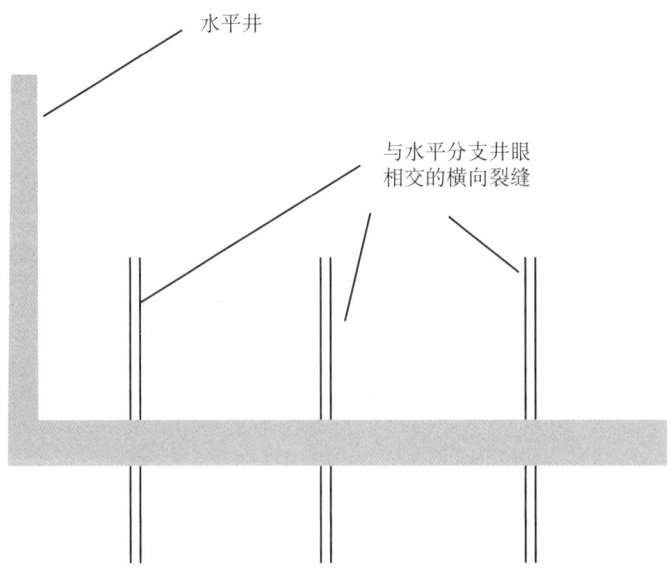

图 7.16　与水平分支井眼相交的多条横向裂缝

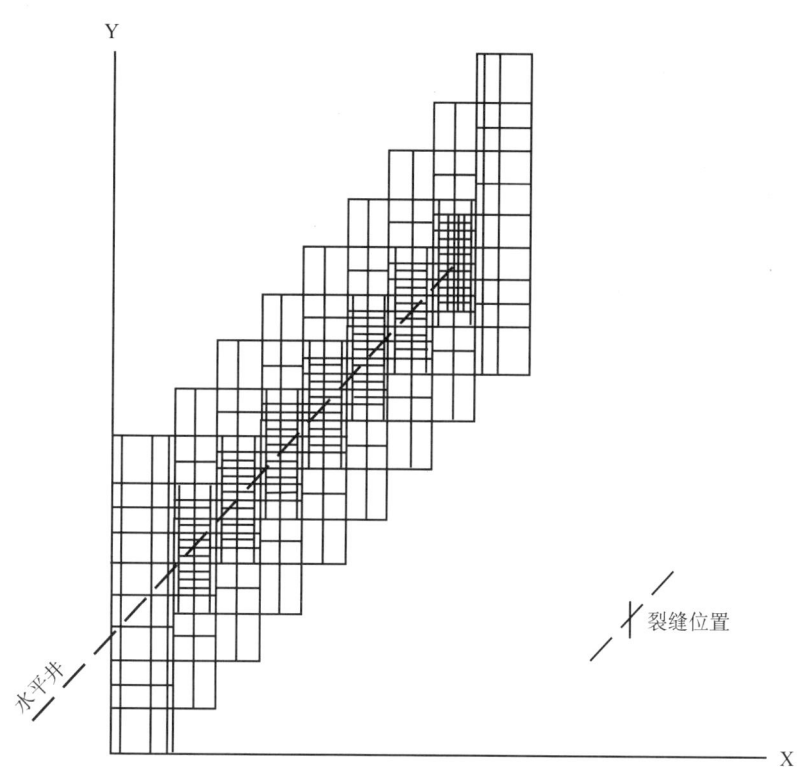

图 7.17 用于模拟不对称横向裂缝的数值模拟网格 –Dan 油田

7.3.2 多分支井基质增产

可以通过注入助剂提高油井产量,助剂一般为酸性溶液,注入井中后可以溶解近井地带的堵塞物质从而增大地层渗透率。当钻、完井液侵入地层、微粒运移、滤液析出或其他钻、完井措施造成近井地带渗透率下降时,可以对油井进行助剂处理。多分支井与常规井一样容易遭到此类地层伤害,因此,基质增产改造可提高多分支井产量。在本部分中,着重介绍多分支井特有的基质增产工艺,特别是处理液在长分支井内的分布以及向不同分支井眼注入处理液的方法。

Schechtler(1992),Williams 等(1979)和 Economides 等(1994)对基质增产工艺做出了更多说明。由于大多数基质增产处理采用酸化液,因此将基质酸化处理作为增产方法示例进行说明。

水平分支井布酸技术。进行有效的酸化处理时,需要保证活性酸化液从沿井分布的任意一点位置足够深地穿透地层,进入油藏,恢复受损害储层的渗透率,并将足量酸化液注入所有沿井伤害区(良好布酸)。水平井接触的油藏范围较大,所以将每单位长度井眼的酸化液耗用量降到最低也是一个关键问题。布酸作业经验显现了直井布酸和酸化液分流存在的一些问题(Hill 和 Galloway,1984;Hill 和 Rossen,1994;Paccaloni,1995)。Jones 和 Davies(1996)证明了这些问题在水平井酸化处理的设计中更为突出。

酸处理程序通常包括几个注入不同处理液阶段和分流阶段,处理液包括各种类型的酸液,有机助剂以及惰性隔离液。对于水平井,酸化液一般通过连续油管或钻杆注入井中,处理过程中可以移动连续油管或钻杆。同时，水平井的井眼方向并非绝对水平，可能有数个向上或向下的倾斜段。井眼倾斜造成注入井中的液体可能超覆地层流体或者被地层流体超覆。这种重力作用将促使重质酸化液优先进入水平井中垂深较低的位置。因此，预测各阶段酸液分布的地层位置时必须考虑以上因素。本部分将根据 Eckerfield 等（2000）和 Zhu 等（2000）的方法，提出水平井布酸的一般预测方法。

基质酸化处理过程中的酸液覆盖范围可按以下方法模拟：跟踪井筒中酸液与被驱替完井液的界面移动轨迹，并以此确定酸化液到达井眼所有位置需要的时间；然后将结果与沿井各点的预测注入速率相结合，确定任意位置点的酸液注入量。任意点的注入速率随该点酸液注入量的变化而改变。利用酸化增产模型，根据各点的注入所需时间，可以预测各点的变化注入速率。酸化增产模型与井筒流体驱替模型相耦合，可以预测酸化液分布及其作用。最后，得到的模型也考虑了地层注酸造成的瞬变效应。

对于碳酸盐岩油藏中的水平分支井，其酸化增产过程中的关键问题见图 7.18 所示。针对碳酸盐岩油藏的一项重要影响因素是受伤害地层中形成的虫孔可造成沿井注入速率的快速变化。模拟虫孔形成过程必须与酸化增产模型耦合，才能反映存在虫孔时油藏中的流动动态变化情况。

酸化模型以井筒中的酸化液物质平衡为基础（图 7.19）。借助一个具体的产油指数 J_S 来描述油藏流动。假设所有油藏流体沿垂直于井眼的方向流动，设产油指数是沿分支井眼方向（x 坐标）的位置与注入时间 t 的函数，油藏流出流量 q_{sR} 应当等于井筒流量减少量：

$$\frac{\partial q_w(x,t)}{\partial x} = -q_{sR}(x,t) \tag{7.5}$$

从井筒流入油藏的流量用一个具体的产油指数 $J_x(x,t)$ 表达为：

$$q_{sR}(x,t) = -J_x(x,t)\Delta p(x,t) = -J_x(x,t)\left[p_w(x,t) - p_i\right] \tag{7.6}$$

式中，p_i 为原始油藏压力。产油指数取决于油藏渗透率、流体黏度、局部表皮系数以及注入时间。从方程式（7.5）和式（7.6）中可以得到以下微分方程：

$$\frac{\partial q_w(x,t)}{\partial x} = J_x(x,t)\left[p_i - p_w(x,t)\right] \tag{7.7}$$

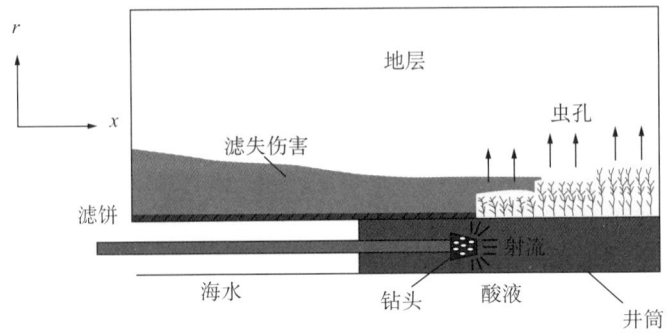

图 7.18　碳酸盐岩油藏的酸化处理

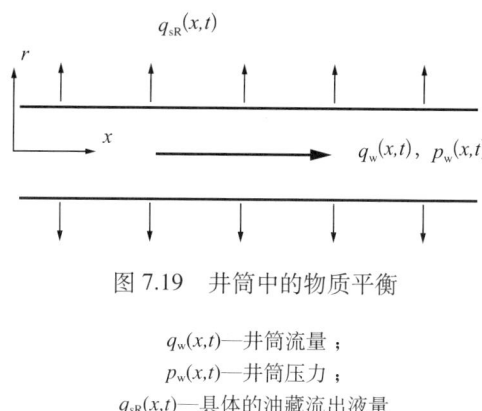

图 7.19 井筒中的物质平衡

$q_w(x,t)$——井筒流量；
$p_w(x,t)$——井筒压力；
$q_{sR}(x,t)$——具体的油藏流出液量

如果沿非水平分支井眼存在显著的摩擦压降或深度变化，除了物质平衡方程，还需要得到沿井压力变化关系。可以使用 5.3.1 部分提出的方法确定注酸期间的沿井压力剖面。使用微分形式，方程式可以写为：

$$\frac{\partial p_w(x,t)}{\partial x} = -\frac{g}{g_c}\rho\sin\theta - \frac{2f_f\rho v^2}{d_{ci}}\text{sgn}(v) \tag{7.8}$$

式中，f_f 为范宁摩擦系数，缩写 sgn (x) 为变量 x 符号，ρ 为流体密度，θ 为分支井眼的水平偏角（对于上升流 θ 为正）。

对于环空流，如套管井中连续油管或钻杆与套管之间的环形空间内产生的流动，式(7.8) 变为：

$$\frac{\partial p_w(x,t)}{\partial x} = -\frac{g}{g_c}\rho\sin\theta - \frac{2f_f\rho v^2}{d_{ci}-d_{to}}\text{sgn}(v) \tag{7.9}$$

酸化工艺模型将 $J_x(x,t)$ 作为酸液注入量的函数进行预测，该模型与上式结合，从式(7.7) 和式（7.8）或（7.9），可得酸液分布，并确定酸液分布对水平分支井产能的影响。

Eckerfield 等（2002）应用类似模型，提出了沿水平分支井的酸化液分布情况。酸化液分布主要受地层注入速率分布控制（除非采用特殊的酸化液分流方法）。例如，图 7.20 所示为从连续油管以 25gal/ft 注入速率向均匀地层中注入酸化液之后的酸液分布情况，连续油管端部位于 1000ft 长分支井眼的中间。在连续油管尾部位置注入的酸化液量最大，但是酸化液沿整个分支井眼的分布相当均匀。如果靠近分支井眼跟部地层的注入速率比其他位置的注入速率高很多时，大量酸液将进入漏失段（图 7.21）。

多分支井内的酸化液分布。如果沿主井眼将酸化液整体挤入多分支井中，各口分支井眼之间的酸化液分布可对整体处理效果产生重要影响。在这种情况下，有许多因素可能影响酸化处理液的分布，这些因素包括各口分支井眼的处理液相对注入速率、不同深度，各口分支井眼周围的不同地层压力，井筒内摩擦压降以及驱替液和地层流体之间的重力超覆。下文以双分支井为例，简要说明上述因素的影响。

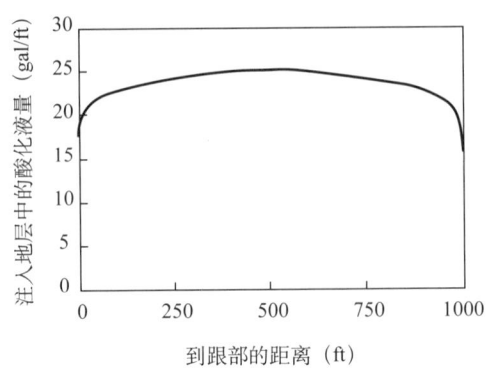

图 7.20　沿均匀地层中长度为 1000ft 的水平分支井眼的酸化液分布

图 7.22 所示为有两口水平分支井眼的双分支井。根据一个简单的稳态油藏流入方程（在这种情况下为流出），估算注入每口分支井眼的酸化液量：

$$J = \frac{KL}{B\mu(F_g + s)} \tag{7.10}$$

流入任意分支井眼 i 的酸化液流量为：

$$q_i = J_i(p_{wi} - p_{Ri}) \tag{7.11}$$

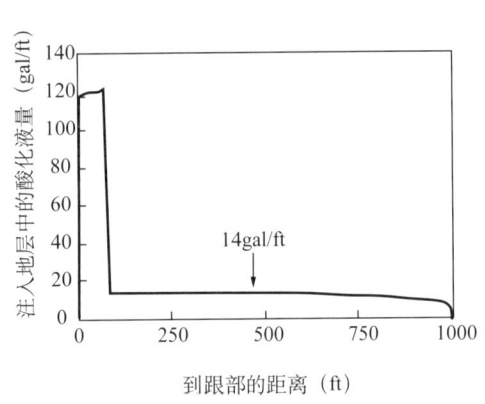

图 7.21　沿长度为 1000ft、跟部有漏失带的水平分支井眼的酸化液分布

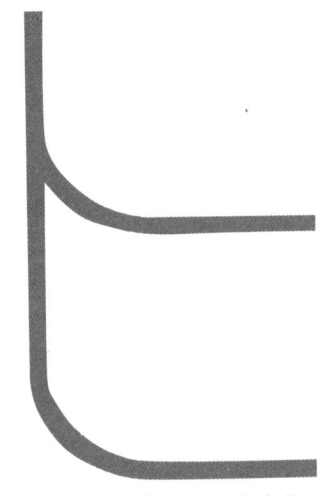

图 7.22　叠加式双分支井

在式（7.11）中，p_{wi} 为分支井眼 i 的注入压力，而 p_{Ri} 为地层压力。分支井眼压力与接口处压力的关系式为：

$$p_{wi} = p_j + \frac{g}{g_c}\rho_n\Delta h_i - \Delta p_j \tag{7.12}$$

如果造斜段的摩擦压降可忽略不计，对于双分支井，式（7.11）和式（7.12）可以联立，计算两口分支井眼的流量：

$$q_1 = J_i\left(p_j + \frac{g}{g_c}\rho_a\Delta h_i - p_{R1}\right) \tag{7.13}$$

和

$$q_2 = J_2\left(p_j + \frac{g}{g_c}\rho_a\Delta h_2 - p_{R2}\right) \tag{7.14}$$

从这些方程式中消去接口处压力 p_j,发现总流量 q_T 为 q_1 和 q_2 之和,整理后方程式变为:

$$q_2 = \frac{J_1 J_2}{J_1 + J_2}\left(\frac{q_T}{J_2} + \frac{g}{g_c}\rho_a(\Delta h_1 - \Delta h_2) + p_{R2} - p_{R1}\right) \tag{7.15}$$

和

$$q_2 = q_T - q_1 \tag{7.16}$$

分支井眼的流入流量分式可以从式 (7.15) 中得到:

$$\frac{q_1}{q_T} = \frac{J_1}{J_1 + J_2} + \frac{J_1 J_2}{(J_1 + J_2)q_T}\left(\frac{g}{g_c}\rho_a(\Delta h_1 - \Delta h_2) + p_{R2} - p_{R1}\right) \tag{7.17}$$

式 (7.17) 右边第一项表示两口分支井眼的注入速率之差,其余项与井筒和油藏的流体静压力梯度之差相关。

这些方程式可用于估计两口分支井眼的酸化液分布,也可用于多口分支井眼的酸化液分布预测。随着基质酸化增产的进行,各分支井的产能指数可能发生变化,因此酸化液的相对分布也将改变。

例 双分支井内的酸化液分布。在如图 7.22 所示的叠加式双分支井中,两口分支井眼的垂直距离为 500ft。开始注入酸化液时,上部分支井眼(分支井眼 1)的采油指数为 10bbl/(d·psi),分支井眼 2 的采油指数为 5bbl/(d·psi)。两口分支井眼接触的油藏处于流体静压平衡状态,流体静压力梯度为 0.35psi/ft。酸化液相对密度为 1.070。酸化液以 5bbl/min 的总注入速率从主井眼整体注入井中。确定各分支井眼的总注入量分式,然后与分支井眼标高相同将出现的酸化液分布对比。

运用式 (7.17)。由于井眼中的流体静压力梯度大于油藏流体静压力梯度,井眼越深静压力越高,所以,如果只考虑相对注入速率,下部分支井眼的实际酸化液注入量将高于预计量。

从油藏流体静压力梯度计算油藏压力差:

$$p_{R2} - p_{R1} = (0.35\text{psi/ft})(500\text{ft}) = 175\text{psi}$$

同样,两口分支井眼的井筒压力之差为:

$$\frac{g}{g_c}\rho_a(\Delta h_1 - \Delta h_2) = (1.07)(0.433\text{psi/ft})(500\text{ft} - 1000\text{ft}) = -232\text{psi}$$

代入方程式（7.17），得到

$$\frac{q_1}{q_T} = \frac{10\text{bbl}/(\text{d}\cdot\text{psi})}{10\text{bbl}/(\text{d}\cdot\text{psi}) + 5\text{bbl}/(\text{d}\cdot\text{psi})}$$

$$+ \frac{\left(10\text{bbl}/(\text{d}\cdot\text{psi})\right)\left(5\text{bbl}/(\text{d}\cdot\text{psi})\right)}{\left(10\text{bbl}/(\text{d}\cdot\text{psi}) + 5\text{bbl}/(\text{d}\cdot\text{psi})\right)(5\text{bbl}/\text{min})(1440\,\text{min}/\text{d})}(-232\text{psi} + 175\text{psi})$$

$$\frac{q_1}{q_T} = 0.667 - 0.026 = 0.64$$

分支井眼 1 的酸化液量占总注入量的 64%，或者注入速率为 3.2bbl/min。如果分支井眼深度相同且油藏压力相等，则方程式（7.17）右边第二项将等于零，上部分支井眼注入量为总注入量的 2/3，注入速率为 3.33bbl/min。

多分支井中的重力超覆现象。影响多分支井中处理液分布的另一个因素是流体密度不同导致一种流体被另一种流体超覆。例如，高密度酸溶液被整体注入含油分支井的造斜段，在倾斜向下流动过程中，酸溶液可能沉入油流之下并沿井筒低处流动，而不是驱替在酸化液前面的油流。在水平井中，高密度处理液将趋向穿过高点在低点积聚（图 7.23 和图 7.24），正符合 Zhu 等（2000）的实验与理论证明。

通过连续油管向多分支井中注入处理液。控制处理液（例如多口分支井眼中的酸化液）分布的一般方法是通过连续油管选择性地向分支井眼中泵入处理液。目前，常规的办法是在多分支井的主分支井眼中（例如，鱼骨型多分支井有一口主分支井眼和若干鱼骨形细分支井眼）下连续油管。

图 7.23　沿分支井眼低点积聚的高密度酸溶液

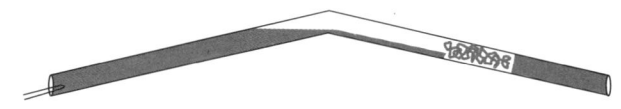

图 7.24　从分支井眼高点溢流的高密度酸溶液

但是，引导连续油管进入特定分支井眼的机械方法仍面临较多问题，目前尚处在大力研发阶段。一般来说，接口处的 TAML 完井等级越高，将连续油管选择性地导入分支井眼中的可靠性越大。7.3.1 部分介绍了造斜器加封隔器组合的应用，其中封隔器用作将特定分支井眼与其他部分隔离，造斜器将油管柱导入该分支井眼中；多分支井各口分支井眼的矩阵式酸化处理也可使用相同的方法。

第 8 章 智能完井

8.1 概述

智能完井，通常称为智能井，是油气井开发的前沿技术。该完井技术在井下部署测量流动参数的永久传感器和调节流量的井下流动控制装置。智能完井的主要目标是当遇到生产问题时减少修井，并在最低程度中断生产或注入作业的前提下优化油气井产能。对于多分支井，井下流动控制装置可以调控某个分支的产能动态，优化整井产能。当多分支井的某些分支井遇到问题时，例如早期水突进或过量产气，可以在地面操作井下流动控制装置，在不影响其他分支井生产的情况下，封闭存在问题的分支井眼。井下监控系统也可以发现井下窜流现象，并通过调节接口处压力来预防窜流。从智能完井系统获取的信息可以用于油藏管理，以及验证和更新模拟模型中的油藏特性。许多学者（Tubel 和 Hopmann，1996；Kluth 等，2000；Clancy 等，2002；Kragas 等，2003；Redlinger 等，2003；Paino 等，2004；Sandøy 等，2005；Al-Bimani 等，2006；McIntyre 等，2006）介绍了智能完井技术的成功应用。井下监控系统可以独立使用或与其他系统联合使用。智能完井技术的最终应用是将监测信息用于指导油气井产能的实时控制（Zhu 和 Furui，2006）。

8.2 智能完井设备

智能完井设备主要分为两类：用来监测井下情况（压力、温度、流量和其他油藏/流体特性）的传感器和用来控制流动的井下节流装置或流入控制装置。图 8.1 为典型智能完井的示意图（Tubel 和 Hopmann，1996）。

8.2.1 井下监测设备

智能完井的井下监测设备包括测量压力、温度、流量以及其他油藏/流动参数的永久传感器。传感器采用井下仪器或光缆方式下入。对于多分支井，如果监测设备能够安装在接口处以下的分支井眼中，其作用将大大增强，但是由于多分支井接口结构的复杂性和空间有限，监测仪器通常安装于接口以上位置。光缆可以用电缆夹具固定在完井油管柱上，以便灵活地送入接口以下位置。

井下压力计见图 8.2 所示。井下压力计自 20 世纪 60 年代就已经在石油工业中应用。井下压力计包括高精度石英压力计以及成本与精确度较低的应变式压力计。随着仪表技术的不断发展，目前出现了在高压/高温环境下成功应用的高分辨率、永久式井下石英压力传感器。在最基本系统中，永久性井下仪器可以测量单点压力和温度，而更复杂的系统可以测量多点压力/温度及其他流动特性参数。

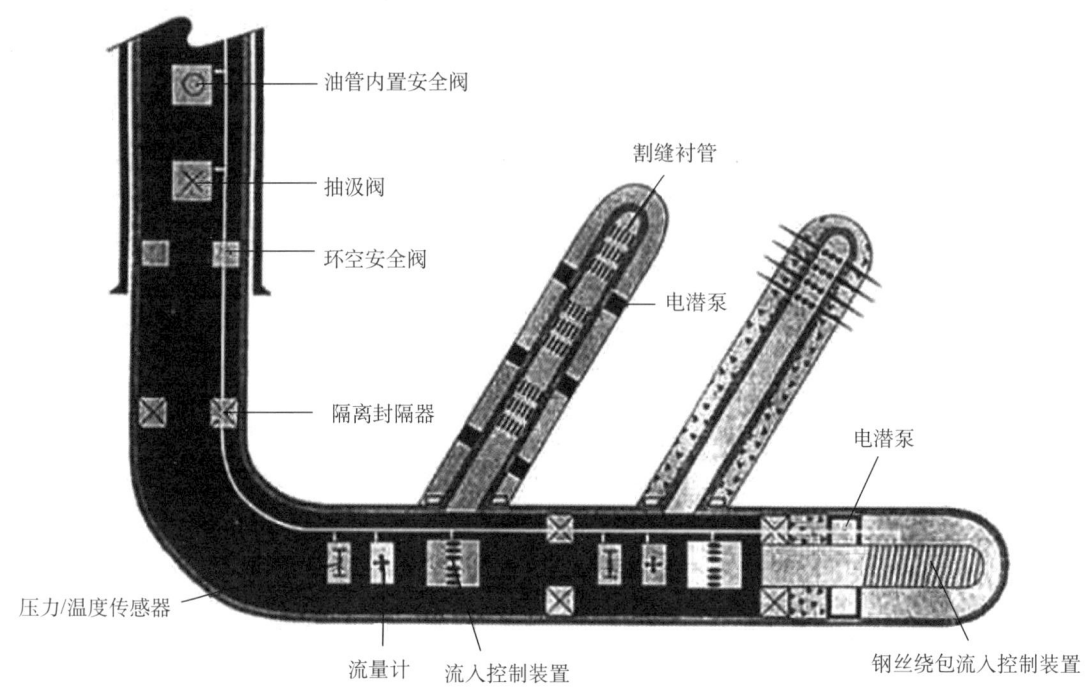

图 8.1 智能完井示意图（据 Tubel 和 Hopmann，1996）

智能完井使用的仪器与标准井下压力测量所用的仪器相同。

将光缆用于永久传感器来测量温度与压力是石油工业中相对新颖的做法，本部分我们将简要说明光纤传感系统的工作原理（Grattan 和 Sun，2000；Carnahan 等，1999；Laurence 和 Brown，2000；Brown 和 Hartog，2002；Brown 等，2003；Goiffon 和 Gualtieri，2006）。

8.2.2 光纤传感系统

光纤是一束纤细的玻璃纤维，由 3 个同心层组成：纤芯、包层和缓冲层，如图 8.3a 所示。光纤缓冲层的作用是提供对纤维的机械和化学保护。纤芯和包层的折射率略微不同，包层的折射率较低（介质的折射率是光在真空中的速度与光在介质中的速度之比率）。当光波被射入纤维中时，纤芯和包层的不同折射率使光信号能够在纤芯与包层的界面之间反射弹跳，因此多数光波被局限在纤芯内并沿纤芯远距离前进传播。

图 8.2 井下压力计

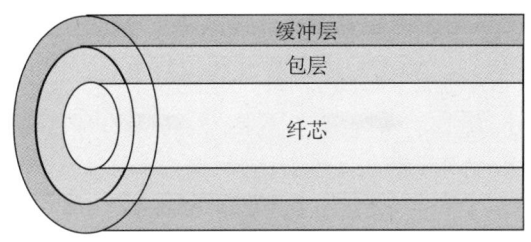

(a) 光纤结构；一次缓冲层

(b) 光波在纤芯和包层边界间反射

图 8.3 光纤结构

纤芯的作用相当于光传导的导波器，如图 8.3b 所示。光信号的反射（回弹）或折射（穿透不同介质时改变方向）取决于光信号弹击纤芯－包层边界的角度。相对于玻璃纤维芯，玻璃包层成分决定着光信号传导的效率。

分布式温度传感器（DTS）。分布式温度传感器用作测量光缆的温度。当光源产生的光脉冲进入光缆中并沿光纤前进时，光脉冲将因为吸收和散射效应而损耗或衰减。散射光有多种光谱成分。散射光大部分是瑞利散射光，其波长与发射源光波长度相同，而且不受温度影响。另一种散射过程是拉曼散射，产生的波长与发射波长略微不同。拉曼光谱带由热影响分子振动造成。反向拉曼散射光有两种成分：斯托克斯谱线和反斯托克斯谱线，前者对温度的依赖性低，后者对温度的依赖性强。斯托克斯谱线和反斯托克斯谱线的相对强度是环境温度的函数。根据从信号开始发射到瑞利散射信号返回的延迟时间，可以得到散射信号的发源位置，根据拉曼散射信号的强度可以确定散射位置的温度。图 8.4 显示了反向散射光谱。

布拉格光栅传感器。布拉格光栅传感器是可以通过紫外线图像刻录技术写入光纤芯的传感单元。光栅是一小段纤芯折射率的周期性调制。

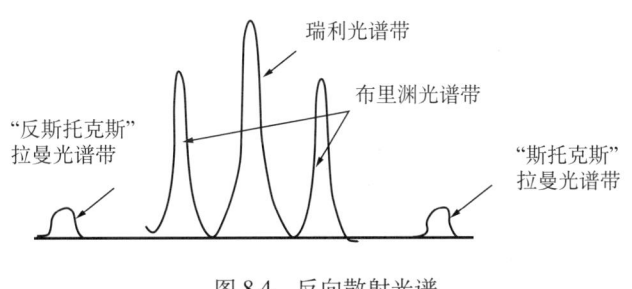

图 8.4 反向散射光谱

当宽带光信号沿光缆向下传播时，光栅将产生窄带反射，反射波长与折射率调制的周期成正比关系。当一个布拉格光栅受到应变的影响时，反射波长位移将与光栅应变成线性比例关系。因此，一个布拉格光栅的作用相当于应变计（Kersy，1996；Hill 和 Meltz，

1997)。图 8.5 说明了布拉格光栅传感器是如何工作的。通过转化和校准，布拉格光栅可以测量一系列物理特性，如压力、温度、声学特性和位移等。

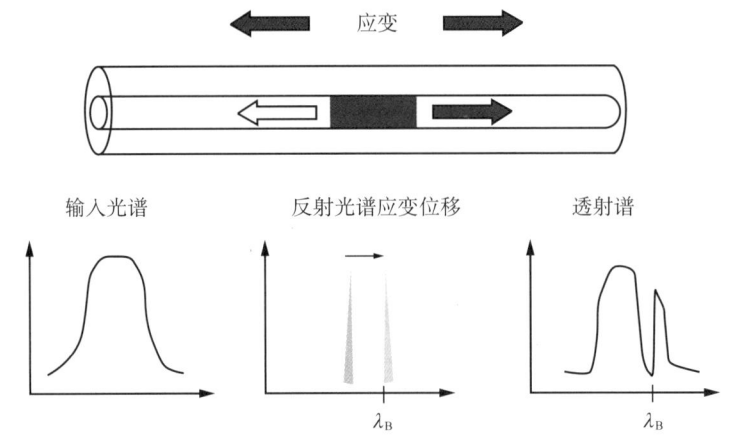

图 8.5　布拉格光栅传感器

光纤传感器系统。光纤传感系统主要由三部分构成：激光源，光缆和将光信号转换为电信号的光敏传感器。图 8.6 是光纤传感器的示意图。光纤传感器系统可以采用单点、多点或连续点分布方式。连续点分布式光纤传感器主要用于温度测量（如分布式温度传感器）。单点和多点传感器可在沿井任意位置点进行测量。与连续点分布式传感器相比，单点和多点传感器具有更大的测量范围和更高的精确度。连续点传感器可以测量压力、地震特性和流量等参数。

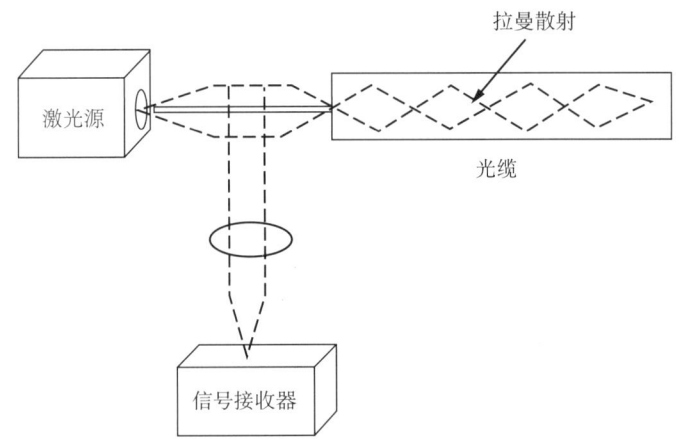

图 8.6　光纤传感器系统（据 Laurence 和 Brown，2000）

8.2.3　井下流入控制

井下流入控制阀（ICV）从地面调节井下流动状况。该控制装置的作用是充当井下节流器，可以根据预期流量完全打开、部分打开或关闭。可采用液压驱动或电力驱动控制该装置。对于液动节流装置，流入控制阀可选择双位阀（全开或全闭）或多位阀（以设定开度打开）。节流装置通过液压电缆操作，控制系统位于地面。电动阀可在一定开度范围内进行连续操作。目前，液动阀比电动阀性能更加可靠，现场应用更广泛。图 8.7 为井下流入控制阀。

图 8.8 显示了一口多分支井内的智能完井配置（Afaleg，2005）。需要注意的是，在该井中，设计用于控制各分支井流量的封隔器和流入控制阀安装在主井眼中，而不是分支井眼中。这是智能井的常规完井设计示意图。

8.3 智能完井模型

为了充分发挥智能完井的优势，需要借助理论模型来解释从井下监测获取的数据，以便将数据转化为相关信息，用于优化单井管理和整体油藏管理。同时为了调整和优化油井产能，可将压力与温度数据转换为井下流动条件，也可以从温度、压力和流量剖面判断生产和注入存在的问题。在本部分中，将就优化单井产能的智能完井模型展开讨论。

8.3.1 流量分布的温度剖面数值模拟

许多因素可影响所监测到的地温剖面变化，这些因素包括流量、井身结构和流体性质。

为了确定导致监测温度变化的原因，需要建立一个模型，将测得的温度与对应的油井流入剖面相关联。预测给定条件下温度剖面的正演模型应该能够说明所有微妙的热效应，包括焦耳—汤姆逊膨胀，黏性耗散产生的热量以及热传导。从一口分支井的温度与压力正演模型开始，通过反演模型尝试将温度和压力剖面转化为流量分布。

在此举例说明如何应用正演模型预测一口水平分支井的温度特性，预测时综合考虑油、水、气流量的影响、井眼轨迹和沿井流入通道等因素。图 8.9 显示了含有水平井筒的分段油藏几何形态。正演模型将各段油藏的油藏流动模型与井筒流动模型耦合，对油藏温度压力分布的质量和能量守恒方程结合达西定律解算，井筒温度/压力分布的质量、能量和动量守恒方程在井筒范围内解算。油藏温度与井筒温度在边界处耦合。

8.3.1.1 油藏温度

从能量平衡方程中，油藏流体温度方程式由下式给出（Bird 等，2001；Al-Hadhrami 等，2003；Yoshioka 等，2005）：

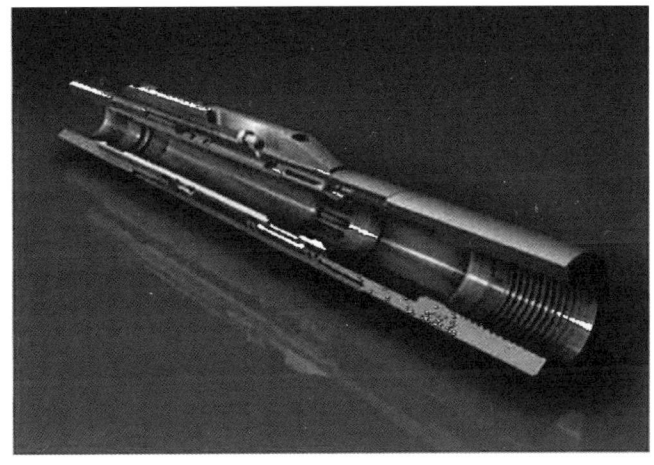

图 8.7 流入控制阀

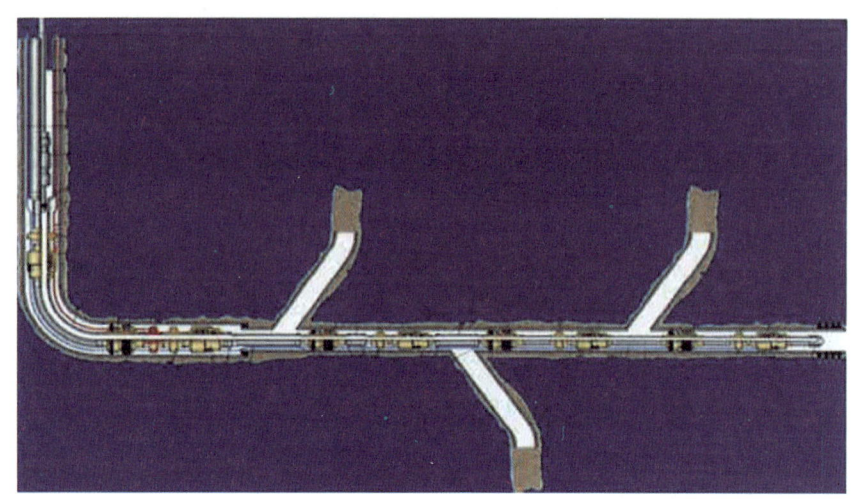

图 8.8　多分支井井下控制设备（据 Afaleg 等，2005）

$$\rho C_p u \cdot \nabla T - \beta T u \cdot \nabla p - \nabla \cdot \left(\bar{\bar{K}}_T \cdot \nabla T \right) + u \cdot \nabla p = 0 \tag{8.1}$$

式中，C_p 为流体的热容，β 为热膨胀系数，其定义式为：

$$\beta = \frac{1}{\hat{V}} \left(\frac{\partial \hat{V}}{\partial T} \right)_p \tag{8.2}$$

式中，$(-u \cdot \nabla p)$ 项表示各种耗散以及机械能因摩擦作用递降为热能而产生的热量（Al-Hadhrami 等，2003）。热传导率 K_T 结合了流体传导率和基质的传导率。K_T 略微依赖于温度，此处作为常数处理。方程式（8.1）第一项为对流携带的热能。第二项为流体膨胀造成的热能变化。第三项为热量传导携带的热能，最后一项表示黏性耗散产生的热量。Dawkrajai（2006）给出了方程式（8.1）针对线性流和径向流的一般解析解，这些解可用于预测不同流体及流量条件下油藏流动的温度特性。

图 8.10 显示了不同流体条件下的油藏温度剖面（Yoshioka 等，2005）。从图中可明显看出，由于焦耳—汤姆孙冷却效应，气的温度明显低于油的温度。水的温度略低于油的温度，原因也是不同流体的焦耳—汤姆孙系数不同。这一特征可用于确定沿井眼的不同流入通道。

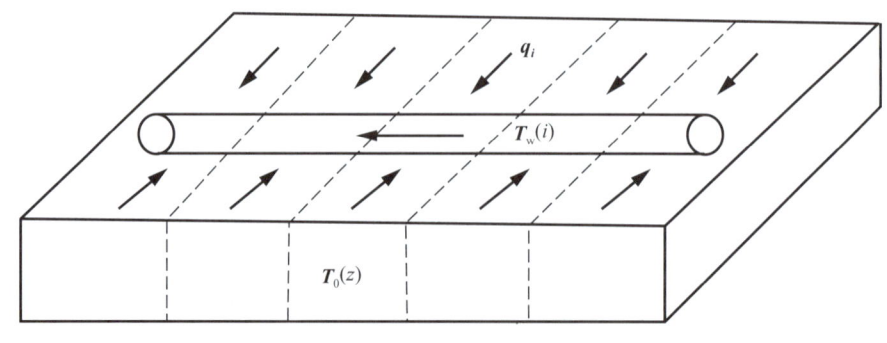

图 8.9　温度模型示意图

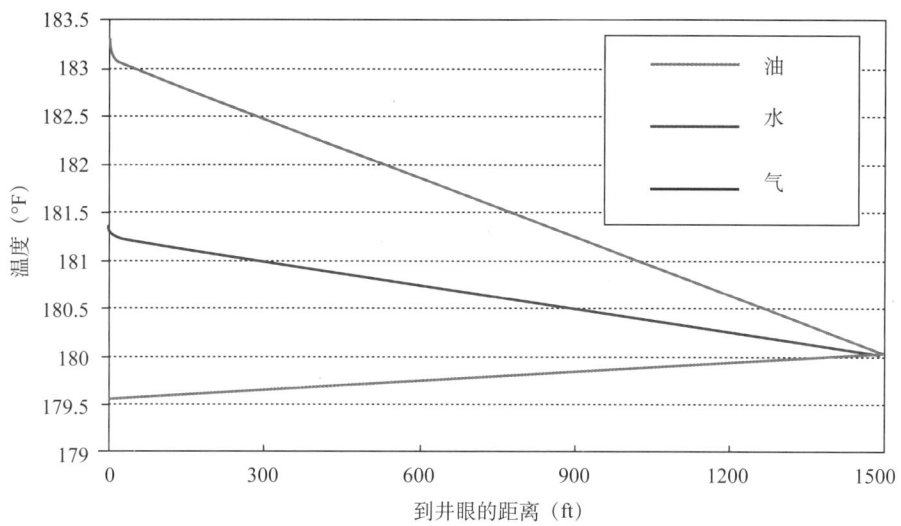

图 8.10 油藏流动的温度剖面（据 Yoshioka 等，2005）

8.3.1.2 井筒温度

考虑质量和热量从油藏中传递到井筒并沿井筒流动进行井筒温度解算。在图 8.9 所示系统中，油藏模型与井筒模型耦合生成温度压力场。各段油藏可以产出不同质量流体进入井筒（油、水或气）。井筒内可出现多相流。井筒微元的稳态能量平衡方程为：

$$\frac{dT}{dx} = \frac{2U_I}{R(\rho v C_p)_T}(T_I - T) + \frac{(\rho v C_p K_{JT})_T}{(\rho v C_p)_T}\frac{dp}{dx} + \frac{(\rho v)_T}{(\rho v C_p)_T} g \sin\theta \tag{8.3}$$

其中

$$(\rho v)_T = \sum_i \rho_i v_i y_i \tag{8.4}$$

$$(\rho v C_p)_T = \sum_i \rho_i v_i y_i C_{p,i} \tag{8.5}$$

$$(\rho v C_p K_{JT})_T = \sum_i \rho_i v_i y_i C_{p,i} K_{JT,i} \tag{8.6}$$

在这些方程中，T_I 为流入温度，即油藏流体到达井筒的温度，而 T 为假设井筒内流体充分混合时的井筒温度。U_I 为对流和传导复合的总传热系数，定义式为：

$$U_I = \gamma (\rho v C_p)_{T,I} + (1-\gamma) U \tag{8.7}$$

该复合总传热系数乘以井筒外油藏温度（T_I）与井筒温度（T）之差，再乘以井筒外表面积，得到能通量表达式。如果传热系数很大，则井筒温度和油藏流入温度趋于相等。方程式（8.3）第二项表示焦耳—汤姆孙效应，与井筒压力梯度有关。压力梯度从多相动量平衡方程中解出。将井筒内的流体视为两相均匀混合流对待。

8.3.2 水平分支井的温度剖面示例

为了使用智能完井监测获取的温度和压力数据分析井筒流动,需要首先确定流动和井身结构引起的可测变化。下面举例说明不同流入条件如何影响一口水平分支井的温度剖面。

8.3.2.1 不同井眼轨迹的压力和温度剖面

水平井井眼不会绝对水平。井眼倾斜角不同,温度和压力分布也将不同于绝对水平井眼的温度和压力剖面。

地层的地热温度随深度增加而单调递增,因此在上升流中,井筒流体沿井眼向上流动时会遇到较低的地层温度。在下降的井眼轨迹中,井筒流体将接触到温度较高的环境。井眼轨迹变化也将造成井筒压降与绝对水平井的压降不同。对于油流,由于流体静压降的降低,上升流压降将高于水平流动的压降。图 8.11 对比了在倾斜角为 5°的上升井眼中和在绝对水平的井眼中,从井眼趾部压力开始的压力变化范围(井筒压降 Δp)。在倾角为 +5°的上升井眼中,由于标高变化,井筒压降较高,而且地层温度因地温效应而较低。

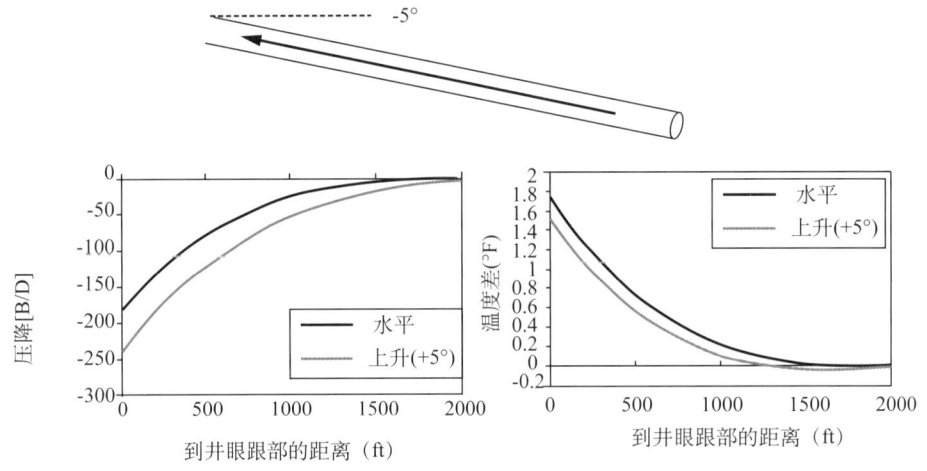

图 8.11 井眼轨迹对压力和温度分布的影响(油井,上升流)

在下降井眼中,可以观察到类似,但是相反的效应。与水平井相比,下降井眼的压降较低(图 8.12),而且温度上升较小。清楚地看到了水平井眼和倾斜角为 5°的井眼之间的不同之处。对于倾斜角为 5°的井眼,地温梯度的影响要比焦耳—汤姆孙效应更加显著。

气井和油井的井眼轨迹对温度和压力特性的影响方式不同。图 8.13 显示了上升和下降井眼中的井筒压降。对于较低压力(5000~7000psi),较高的压降导致焦耳—汤姆孙冷却效应更显著。所以,上升气流同时受到地层温度变化和压降的冷却作用影响。即使井筒压降低,温度变化也是显著的。

8.3.2.2 产水与产气的影响

智能完井中温度监测的主要目的之一是确定沿水平分支井眼分布的水或气进入通道的位置。即使在相同深度,当流体进入井眼时,不同流体的热力学性质不同,将导致流体温度不同,因此可以确定流体进入井眼的位置(图 8.10)。首先考虑处于水平井眼不同位置的进水通道,对于长度为 2000ft 的水平分支井,假设含水区段长度为 400ft,油以恒定采油指数(流量)流入分支井井眼其他部分。

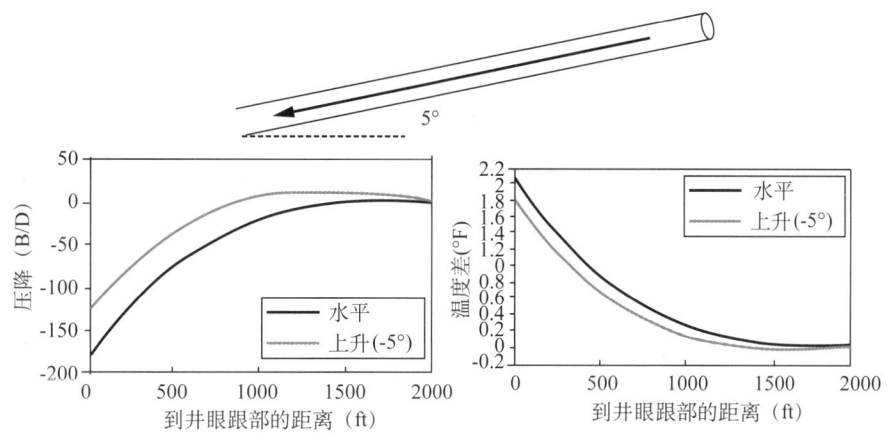

图 8.12 井眼轨迹对温度分布的影响（油井，下降流）

各种情况下的总产量约为 10000bbl/d，含水率 20%。研究地层水分别从井眼趾部、中部和跟部进入的情况。

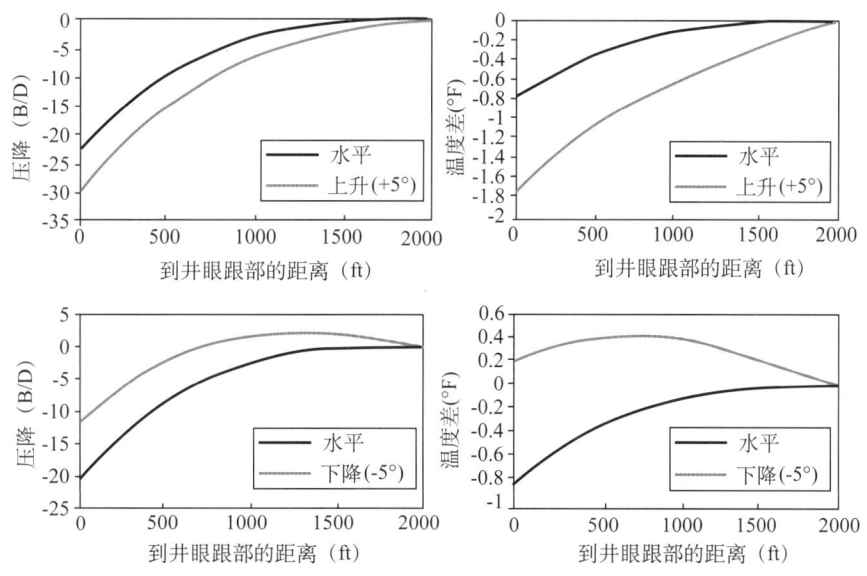

图 8.13 井眼轨迹对温度分布的影响（气井）

图 8.14 显示了各种情况下沿分支井眼的含水率剖面（左图）和温度剖面。如果沿分支井眼不产水，那么从井眼趾部到跟部，温度将由于摩擦生热效应而平稳升高。

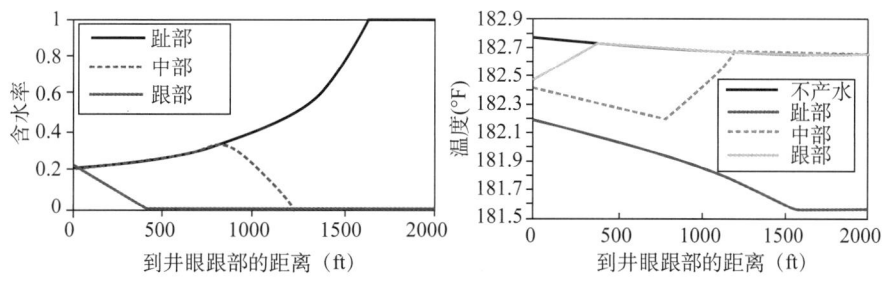

图 8.14 从温度剖面判断水进入位置

如果分支井产水，井筒温度将不同于不产水时的温度，这一温度特性取决于含水区的位置。如果含水区位于趾部井段，井眼初始温度将低于不产水情况下的初始温度，因为在相同地温条件下，进入分支井眼的水的温度低于油的温度（水引起的焦耳—汤姆孙加热效应较小）。如果含水区位于井眼中部或靠近跟部，不管水何时进入井眼，其温度都将开始下降。同时应注意，对于水从中部进入井眼的情况，温度在含水区结束位置开始升高。各种情况的温度剖面图清楚地表明了对应的温度特性，对照剖面图可以识别水进入井眼的起始位置。这一异常温度特性主要是由近井油藏流动中油、水的焦耳—汤姆孙效应不同而引起的。

对于既产油又产气的情况，假设含气区从井眼跟部开始，并沿2000ft长井眼延伸到400ft，1000ft或1600ft。井的其他部分产油。含气率显示在图8.15左侧。由于井筒内压降低，各产液区油和气的流入量几乎是均匀的。油、气的流入流量分别约为5.7bbl/(d·ft)和$6.3 \times 10^6 \text{ft}^3/(\text{d} \cdot \text{ft})$。图8.15b显示了油气同产情况与只产油情况下的井眼温度偏差。随着产气量增加，温度差变大。如果400ft长的井眼跟部区段产气，温度增益和损失将相互抵消。所以看到的温度变化很小（$-0.1°F$）。产气应当造成温度下降，所以对于产气的情况，温度剖面可以表明气体从靠近井眼跟部的位置进入井筒。在其他情况下，开始产气的位置也很明显。温度差相对较高（产气区为1600ft长的情况下温差高达$-5°F$）。

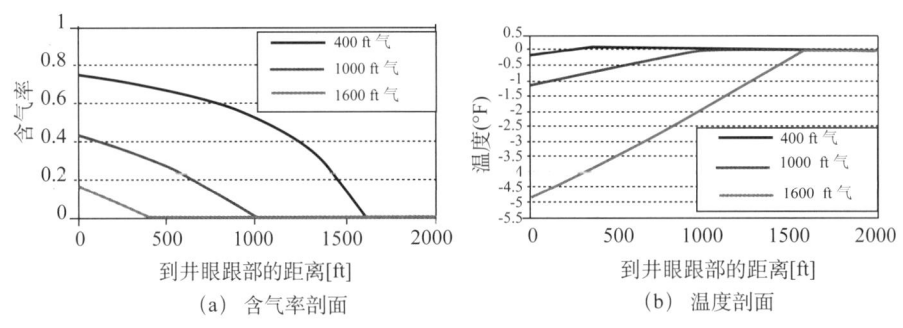

图8.15 从温度剖面确定气体进入位置

8.4 智能完井的现场应用实例

现场已经开始应用综合井下检测与流量控制的智能完井系统来优化油井产能，提高产量或解决生产相关问题。本部分介绍一些应用案例，展示智能完井技术对于生产优化的优势。

8.4.1 北海海上油田

本例说明了关于智能完井现场应用的学习曲线（Erlandsen 2000）。在北海油田现场部署智能完井的主要目的是控制不过量产气。现场曾经遇到过意外问题（设备失效），同时，现场应用了一些最初没有预料到的智能完井技术的新应用。

Oseberg油田位于北海，1988年在油田中部、1991年在Oseberg C平台开始高效开发。高峰期产量达到510000bbl/d，高峰期于1997年结束。到2000年5月，油田共有42口生产

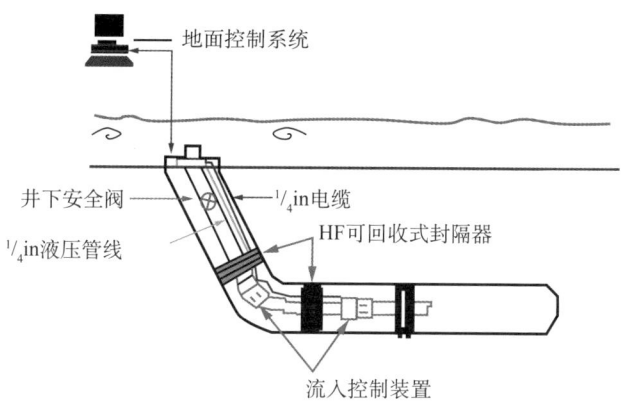

图 8.16 Oseberg 油田典型智能完井（据 Erlandsen，2000）

井，总产量 290000bbl/d。开发受到产气过量和有限的气处理能力的不利影响。为几口长度较大的水平井设计了井下分段控制方案，以便在必要时封闭过量产气的区段。典型的智能完井系统包括隔离封隔器，流入控制阀以及连接井下控制装置和地面控制单元的液压管线，如图 8.16 所示。本例中使用的是四位（全闭，1/3 开，2/3 开和全开）流入控制阀以及液动或电动滑套阀。对阀门处温度和压力进行监测，以探测设备的工作状态和采集数据。

虽然智能完井的最初设计目的是控制产气量，但是却首先应用于因为高产水而即将成为"死井"的油井，可以通过远程控制智能完井系统降低该井的产水量。在没有进行大量修井作业或废弃油井的情况下，智能完井技术通过封闭产水区成功提高了产油量，证明了自身的价值。

在后续的完井中，在四个不同区带安装了流入控制阀（见图 8.17），通过改变流入控制阀的阀位成功控制产气量。智能完井技术提高了生产井的产能。

正如第 5 章说明，大长度水平分支井内压降可能较为显著，有时会限制产量，特别是对于在高产油藏中的分支井。除了应用智能完井系统控制产气量，也可应用监测数据优化井的产能。井下检测传感器采集的压力数据显示，沿水平分支井的流动压降出乎意料的高。图 8.18 显示，流动摩擦引起的压降超过 50bar（约 700psi），这么高的摩擦压降导致了产量受到油管限制。在下一口井的设计中，增大了油管尺寸来容纳较高流量。不同时间的压力数据也用于分析油藏压力递减。

在现场应用中，曾经报道过某些智能完井设备发生失效的情况。但是现场应用实例证明，即使在某些情况下部分智能完井设备发生失效，智能完井系统仍然能够解决一些不同的问题，提高井的产能。

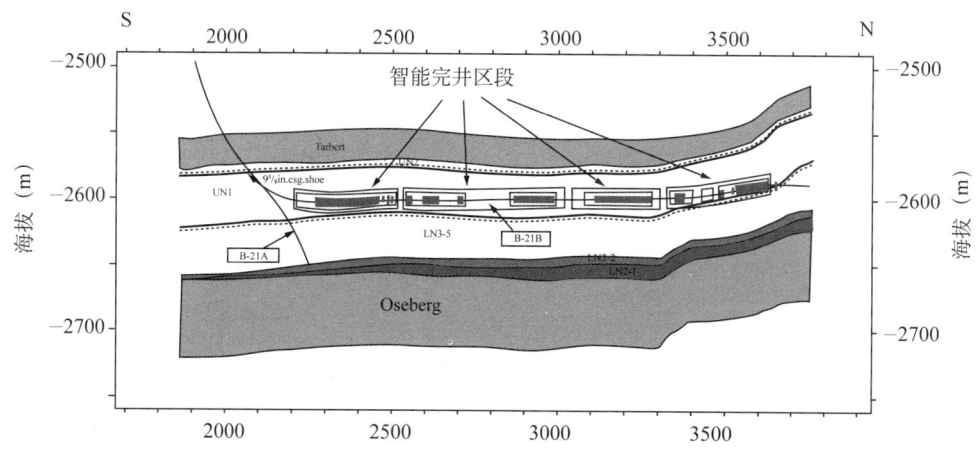

图 8.17 通过智能完井系统实现多区段控制（据 Erlandsen，2000）

8.4.2 老油田

注水是提高采油量的普遍方法。注水时会遭遇早期水突进。阿曼石油开发公司（PDO）使用由数字液压流入控制阀、分布式光纤温度传感器和井下两相流量仪组成的智能完井系统来监测注水井和控制早期水突进。井下流量控制阀用来控制油井的产水量，分布式温度传感器和井下流量控制装置用于注水井的动态监测（Al-Khodhori，2003）。

在一个水驱开发油田中，一口有四个分支并采用电潜泵举升生产的多分支井，以高产量生产了两年。两年后由于高含水率（95%）该井不得不停产。分析认为，只有一个或两个分支产水；但是因为井中安装了电潜泵，很难向井眼中下入常规的生产测井工具来确定产水层的具体位置。后来在主井眼中安装了井下控制装置来隔离各个分支。图 8.19 为包括智能控制装置的完井结构。

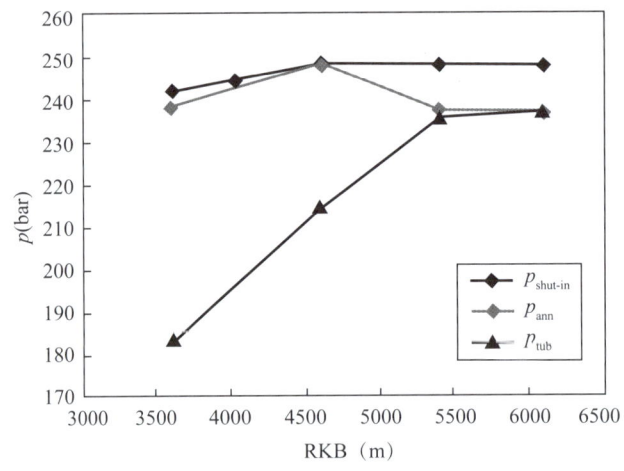

图 8.18 井下监测压力数据显示分支井的高压降 Δp（据 Erlandsen，2000）

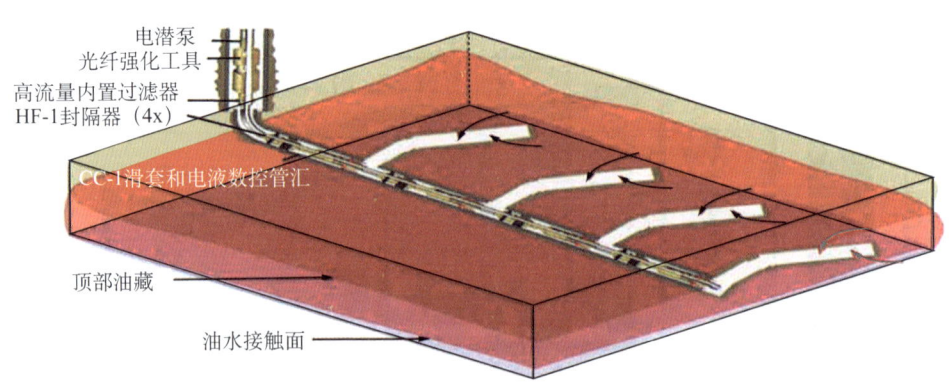

图 8.19 装有井下控制装置的多分支井（据 Al-Khodhori，2003）

通过在地面上操作滑套阀，对该井的四个分支进行交替测试，以确定进水通道的位置。图 8.20 显示了测试结果。

从图中可以清楚地看到，大多数油从分支井眼 2 和分支井眼 3 产出。后来控制该井只通过这两个分支进行采油，分支井眼 1 和分支井眼 4 使用井下流入控制阀封闭。分支封堵是在油井不停产的情况下完成的。该井下控制技术已在全油田推广应用。现场操作中，不必分别打开和关闭控制阀来测井，而可以使用井下控制装置，结合监测信息来确定产水的分支。综合监控可以节省测井时间，更重要的是可以避免交替封闭分支井眼造成的流动水力学问题风险。这种综合应用需要在根据监测数据确定多分支井进水通道的理论模型基础上实施。

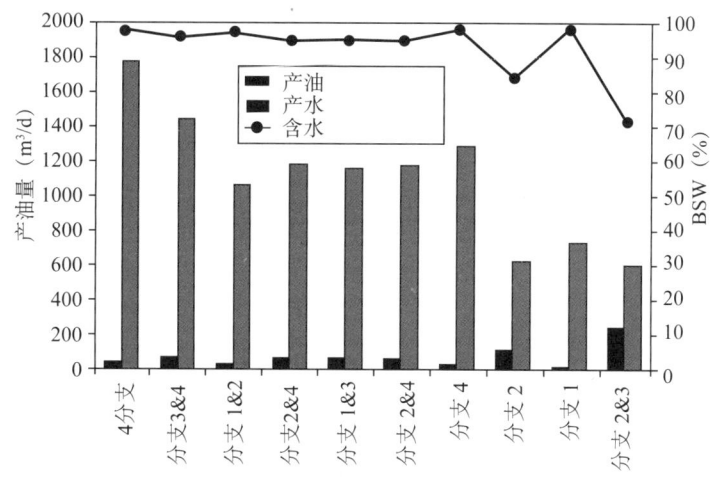

图 8.20 在井下控制装置协助下得到的分支井测井结果（据 Al-Khodhori，2003）

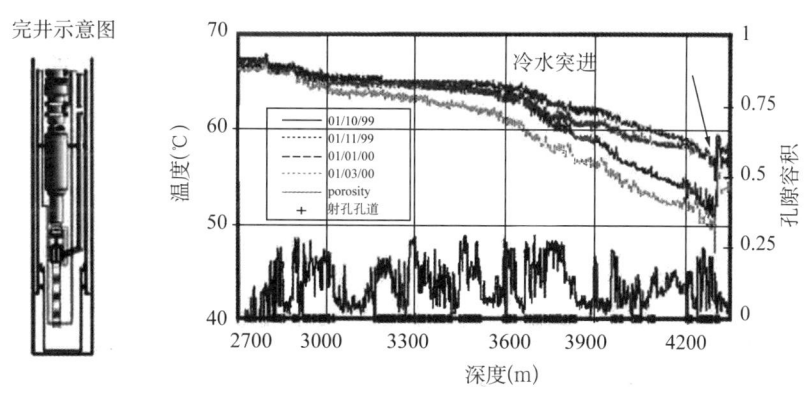

图 8.21 带井下传感器的智能完井（左图）和光缆温度记录（右图）（据 Laurence 和 Brown 2000）

8.4.3 Wytch Farm 油田大位移水平井

Wytch Farm 油田的 Sherwood 油藏由两个主力储层构成。下层的孔隙度为 18%，渗透率为 1500mD，而上层的孔隙度 12%~15%，渗透率为 150mD。地层中存在断层，一些是连通性断层，一些是封闭性断层。断层圈闭着油藏。被隔离的地层段因为采油而呈现出不同的油藏特性和油藏压力。应用长水平井开发该油田，将油藏接触面积最大化。在生产段长度超过 1000ft 的长水平井中下入光缆，悬挂于电潜泵之下，如图 8.21 左图所示。在 5 个月的生产期内，含水率从最初的 10% 升高到 25%~30%。温度记录（图 8.21 右图）显示，井眼趾部温度急剧下降，这表明了地层水进入井眼的位置。认为突进的冷水来自附近一口海水注水井。该问题可以通过使用流入控制阀隔离地层来解决，特别是对于复杂地质构造中的长水平井。

第 9 章 多分支井的经济评价

9.1 概述

在油气田开发中,提高利润率的主要措施包括加速生产,增加储量,降低资金成本,减少运营费用,以及将风险和不确定性降到最低水平。可以说,多分支井至少可以达到以上手段之中的三种,解释了为何分支井技术在沉寂了约 50 年之后,在 20 世纪 90 年代初期重新受到青睐的原因。

多分支井在目标油藏中以更少的钻井总进尺数提供了更大的地层暴露面积,而且通过在特定深度将井眼分支减少了地面井口/位置占用面积。从地面到接口深度的距离可达 10000ft,油藏中的分支长度在 1000~5000ft 之间,最大长度可达到或超过 30000ft。新增分支增加了油藏暴露面积,不需要重新垂直钻井到达油藏深度。这加速了钻井过程,与得到相同油藏暴露面积的其他替代方法相比产生的岩屑量更少,而且将油田开发的地面面积最小化。陆上油田的占地成本包括办理许可审批、进行土地使用准备、获得土地使用权、修建出入道路和进行其他相关活动的大量费用。对于海上油区,还将影响到平台设施、食宿空间以及交通费用。在一些国家,一个间接的效益来源可能是当地政府部门给予早期生产的税收优惠。为了分析多分支井的经济效益,必须理解给定油田的成本动因,并将这些因素纳入模型中研究。

9.2 不同类型多分支井的成本

多分支井的钻完井成本在很大程度上取决于分支井的完井方式和接口处的完井方式。第 4 章中讨论了 1 级到 6 级多分支井完井 TAML 等级(图 9.1)。

TAML 专业等级划分非常重要,因为不同的多分支井具有不同的要求、操作安装步骤、特点或风险剖面。总体来说,1 级多分支井的复杂程度最低,因为 1 级多分支井只是裸眼侧钻。多分支井的复杂程度与特点一般随着等级升高而增加。但是 6 级完井是一个例外,因为业内将其视为终极接口设计,接口处具备完全的套管完整性;如果可以实施可靠的 6 级完井,风险能得到简化或降低。虽然市场上有几种 6 级接口设计,但这些接口的额定压力低于公称套管压力或者安装前需要钻超大直井母井眼到达接口深度。

了解各 TAML 等级接口设计的当前经验基础和比较成本因素将有助于理解以上问题(表 9.1;Bonner,2005)。套管尺寸、接口材料、地理位置以及接口价格都可能发生变化,表 9.1 列出了 2003 年数据。

在多分支井经济评价中,评价者必须权衡考虑所应用的具体技术的优势和缺点。表 9.2 总结了当前多分支井技术的优势和缺陷,该表可以作为编制项目分析表的检查清单。

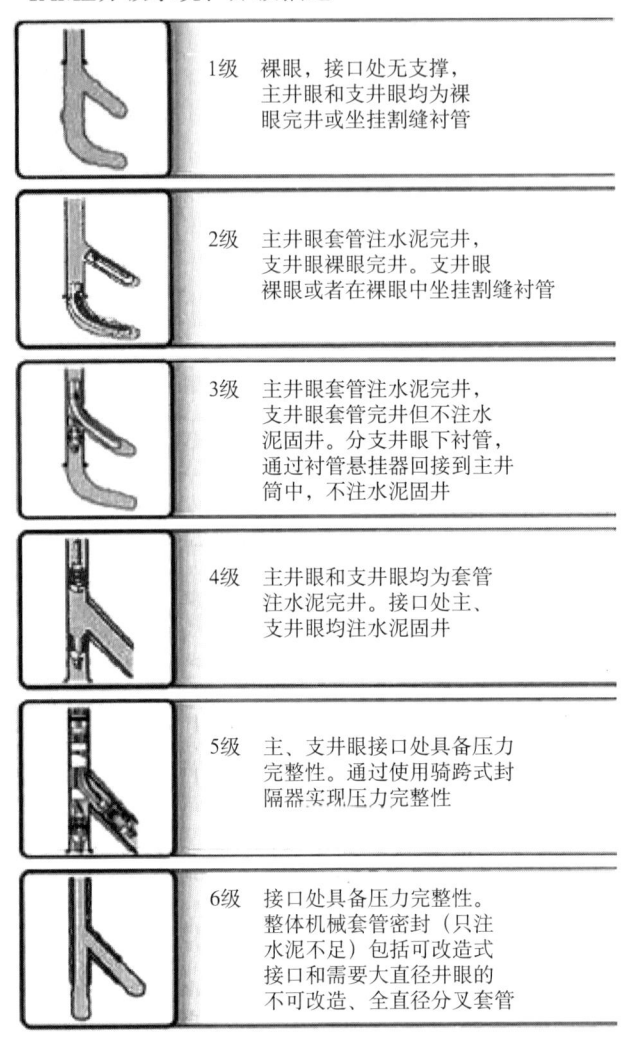

图 9.1　TAML 多分支井连接等级

9.3　基本经济考虑

经济评价有许多标准，包括净现值（NPV），收益率（ROR）和资金回收期（POT）。本书的目的不是全面说明这些标准，而是进行基本分析。

任何经济分析的根本核心都是按资金时间价值调整的未来收益（收入）之和与资本支出（投资）之间的关系。按资金时间价值将收益流量折现，得到收益现值为：

表 9.1　多分支井的经验基础和价格范围（据 USD，2003）

等　级	全球用量	每个接口的大约价格（美元）
1	2500+	<20000
2	1000+	28000~50000

续表

等　级	全球用量	每个接口的大约价格（美元）
3	350+	75000～200000
4	170+	80000～400000
5	40+	500000～1300000
6	16	160000～1000000

表9.2　多分支井经济分析中需要权衡的因素

优　势	缺　点
• 增加油藏暴露面积； • 增强地层连通性； • 减少底水锥进、脊进和出砂； • 提高汽油效率； • 节约现有井的成本； • 提高海上井槽生产能力； • 减少地面的生产现场数量，降低审批、规划成本； • 提高最终采收率。	• 修井作业的复杂性； • 油藏管理/控制的复杂性； • 井施工风险； • 钻井过程中的井控问题； • 生产中的窜流问题； • 施工清理问题； • 投资和风险集中； • 对新技术的依赖性强

$$V_{\mathrm{p}} = \sum_{n=1}^{N} \frac{R_n}{(1+i)^n} \tag{9.1}$$

式中，V_{p}为收益流的现值；R_n表示在项目设计年限n年期间每年税后折现的年收益，i为折现率。

对于一个以产生收益流为目的的给定投资额I，如果i和N已设定，即已经选定了一个折现率并且确定了项目评估时段，那么用V_{np}表示的净现值运用以下公式计算：

$$V_{np} = \sum_{n=1}^{N} \frac{R_n}{(1+i)^n} - I \tag{9.2}$$

例如，如果预期的年净收益为100万美元，适用折现率为10%，那么5年收益的现值将为（91+83+75+68+62）=379万美元。如果初期投资额为200万美元，从收益现值扣除后得到净现值等于179万美元。

折现率体现了几项考虑因素，其一是通货膨胀，其他包括竞争投资价值的升值（这种升值至少等于金融机构支付的利息率）。另一项主要因素是风险，风险可能有多种表现形式，从地区因素到一个地区的地缘政治和基础设施建设。由于固有的年复利，高折现率将大幅降低未来收益的净现值。在上例中，30%的折现率对应的收益现值等于244万美元，使净现值显著下降到44万美元。另外一点是未来长期产生的收益的现值。如果考虑6~10年的期限，收益现值只能增加63万美元。很明显，正净现值是任何资本投资的一项基本要求，但是仅仅保证净现值为正是不够的。它还必须与相同资本的其他投资选项竞争。这些选项中净现值最高的即是最具吸引力的投资选择。

如果设方程式（9.2）等于零，则该式可用于确定两个常用经济标准：收益率和回收期。收益率预计在竞争投资中达到最高值（或至少有一个最低可接受值）；资金回收期必须压缩到最短。设方程式（9.2）等于零，然后设定年数 N，可以求解收益率 i。在上例中，当 $N=5$ 时，计算所得收益率为 40%，等于未来收益的现值与投资额相等时的折现率。

如果设定折现率，那么可以算出回收资金需要的年数－即当折现后的未来收益等于投资额时。在上例中，如果 $i=20\%$，回收期将略小于3年。

例9.1 奥斯汀白垩地层开发——单井和双分支井比对。

从东北到西南跨过得克萨斯州大部分地区的奥斯汀白垩地层是水平井应用的主要地区之一。该地层是油藏渗透率极低（仅为0.1mD）的天然裂缝性碳酸盐岩地层，被许多公司视为应用水平井的理想地层，因为水平井的开发效果远优于水力压裂的直井。

当水平井单井长度为4000ft，油藏厚度为50ft，各向异性指数为1时，计算得到的无量纲采油指数 J_D 等于2.35，而对于长度减半的水平井（长2000ft），J_D 将等于2。当方程式（9.3）中 $K=0.1\text{mD}$，$h=50\text{ft}$，$B\mu=1$，$\Delta p=2000\text{psi}$ 时，两口不同长度的分支井的初始产量将分别为162bbl/d和136bbl/d，计算运用的稳态油流流入方程式为：

$$q = \frac{Kh\Delta p}{141.2B\mu}J_D \tag{9.3}$$

因此，有两个长度为2000ft分支的反向双分支井的初始产量达到272bbl/d，与之相比，一口长度为4000ft的单分支的初始产量为162bbl/d。我们可以从预期增量收益中减去预期增量成本，通过衡算确定两种井结构哪种更具优势。

假设按给定泄油量生产的水平井单井的产量每年递减20%，双分支井产量每年将递减30%。可用以下公式计算各月产量，得到月产量统计表：

$$q(t) = q_i e^{-(r_d/12)t} \tag{9.4}$$

式中，r_d 为年自然递减率，t 表示时间，以月为单位。将计算结果相加得到各井型的累计采收率。

对于一个简单问题，如"能够证明多分支井合理性的可接受增量投资是多少？"，可以运用下式简单计算，得出答案：

$$\Delta I = \left[\sum_{n=1}^{N}\frac{R_n}{(1+i)^n}\right]_{\text{dual}} - \left[\sum_{n=1}^{N}\frac{R_n}{(1+i)^n}\right]_{\text{single}} \tag{9.5}$$

表9.3中列出了这项计算的重要信息。表中给出了两种类型的井初期5年生产的预测日产量和累计采收率。适用15%的折现率和每桶10美元的税后现金流量，计算得到两种井型的收益现值分别为200万美元和143万美元。这意味着，如果双分支井的增量施工成本小于水平井单井的对应成本为57万美元，则应该钻双分支井。也就是说，与所有石油生产计算一样，油价是计算的一项关键因子。对于每桶50美元的净收益，增量投资超过250万美元是合理的。

在多分支井经济评估中，风险分析非常重要，因为钻、完井成本集中投入数量有限的井，而且在钻多个分支时，失败的内在风险也在增加。

表 9.3　奥斯汀白垩地层单井和反向双分支井的计算结果

时间（a）	双分支井 q(bbl/d)	N_p(bbl)	单井 q(bbl/d)	N_p(bbl)
0	272		162	
1	211	88000	137	54600
2	165	68600	116	46200
3	128	53500	98	39000
4	100	41600	83	33000
5	78	32500	70	28000

多分支井开发和采用多口单井开发的对比是"将所有鸡蛋放在一个篮子里"的经典例子，多分支井开发的经济优势可能很明显，但是失败也会造成非常严重的损失。关于多分支井技术应用的任何经济分析都必须包括一个风险量化分析。

评估开发计划涉及风险的一个简便方法是运用决策树进行分析。决定性决策树基于项目成本、项目价值（收益）、和风险信息的预测信息提出"可行"或"不可行"的决策。统计决策树的考虑对象是一系列参数以及风险分析参数的敏感性。

决定性决策树有三种节点：终端节点，机会节点和决策节点。终端节点用三角形表示，机会节点用椭圆形表示，决策节点用长方形表示，如图 9.2 所示。决策树上每个节点都对应一个值。终端节点的值表示资金回收期。机会节点可能有多个相关机会值。机会节点的值表示该节点的预期金额 V_{em}，定义式为：

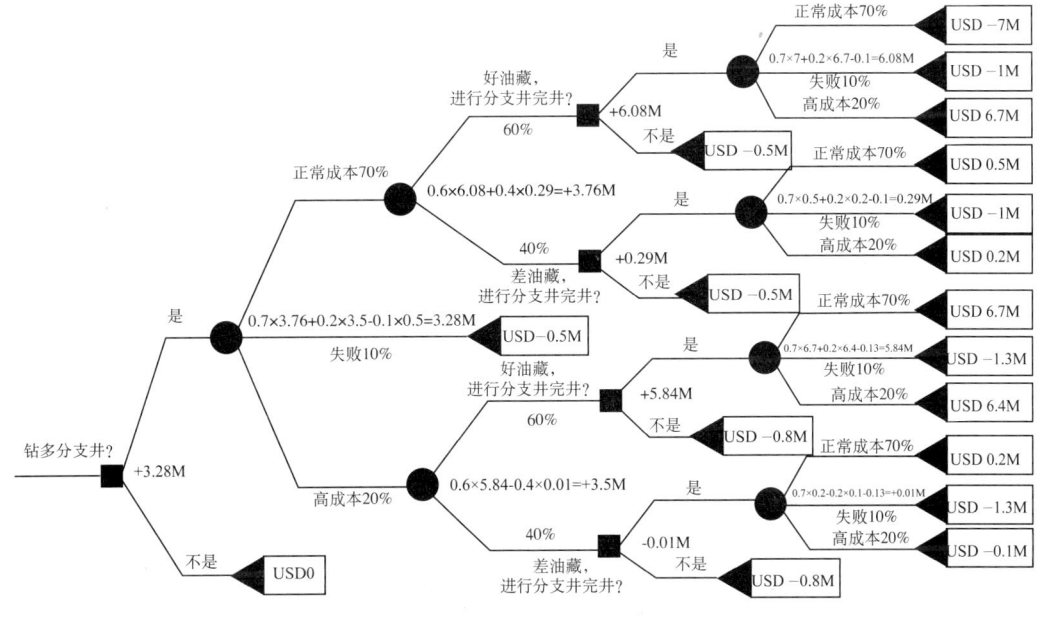

图 9.2　决策树示意图

$$V_{em} = \sum_i \left(\text{probability of outcome} \times \text{value of outcome}\right)_{\text{outcome } i} \qquad (9.6)$$

最后，决策值应当取最高值节点的结果值。在决策节点上，最终决策应当始终是有最高值的选项。决策过程始终从决策树右侧开始，向左侧推进。下例说明了如何使用决定性决策树进行风险分析。

例 9.2 现有井眼增加一个分支的决定性决策树分析。需要决定是否从现有生产井钻出一个新的分支，即将水平井转变为双分支井。分支井的钻井成本可能在 50 万~80 万美元，完井成本 50 万~ 80 万美元。钻井成本正常（50 万美元）有 70% 的机会，高钻井成本（80万美元）有 20% 的机会，钻井可能失败的机会为 10%。同样，完井可能耗费正常成本（50万美元，70% 机会）、高成本（80 万美元，20% 机会）或失败（10% 机会）。如果油藏符合预期情况，收益将为 800 万美元，如果油藏情况处于下限，收益将为 150 万美元。假设失败的情况可以使用正常钻完井成本（这可能是一个乐观假设，因为失败往往是在支出昂贵成本之后）。关于开发计划的明智决策是什么？

图 9.2 是针对该问题的决策树。从右边开始，首先决定机会节点：在好油藏中完成分支井的值。正常完井成本的值是这种情况下（好油藏，800 万美元）的收益减去钻完井成本（50 万 +50 万美元），结果为 700 万美元。高完井成本的值是这种情况下（好油藏，800万美元）的收益减去钻完井成本（50 万 + 80 万美元），结果为 670 万美元。失败情况的节点值是总钻完井成本，按正常成本情况，结果为 100 万美元。因此，节点值为：

V_{em} =（正常完井成本概率）（正常完井成本值）
　　+（高完井成本概率）（高完井成本值）
　　+（失败概率）（失败值）
　　=（0.7×700 万美元）+（0.2×670 万美元）+[0.1×(-100 万美元)]
　　= 614 万美元

不完井分支的终端节点值为 -50 万美元即分支只有钻井成本，没有完井成本。所以，在决策节点，对于完井或不完井，选取有较高值的节点，即完井，该节点的值为 614 万美元。决策树其他部分可以使用类似方法计算。在最左边的节点，如果选择钻多分支井得到的节点值为 328 万美元，如果不选择钻多分支井，节点值为 0，决策是钻多分支井。

通过统计决策树分析法评估和量化风险的一个方便方法是运用蒙特卡洛技术，即经济分析的所有输入变量不作为固定值引入，而是用发生概率描述。例如，可以假设预期投资的期望价值为 200 万美元，但是实际投资可能按这个平均值呈高斯分布。同样，预期油藏产量可能呈类似分布，油价可能是所有变量中浮动范围最大的变量。

这种情况的分析通过迭代法完成，例如，使用随机数字生成器将从概率密度函数中为变量抽取一个样本值。净现值、收益率或回收期等也用发生概率表示。这些值的范围特别是高于或低于可接受值的分数成为项目吸引力评价的标准。倾向于规避风险的公司可能做出不同于冒险公司的决策。

9.4 降低资本支出推动多分支井效益

为了评估多分支井的价值，必须将应用多分支井开发油藏的方法与其他次佳方法对比。如前文所述，双分支井可与一口长度较大的水平井单井相对比。在现有井的情况下，可以对比两种不同的解决方法：第一种方法是放弃当前生产井并侧钻进入新的目标产层；第二种方法是应用多分支井，仅仅临时关闭现有生产井钻新分支，分支完井后与原有生产井合采。在海上平台或钻井平台面临井槽限制的情况下，可以对比先增加新井槽、然后钻完井的成本与重新配置现有井、将现有井转为多分支井开发新发现油藏目标的成本。

一种估计技术价值的方法是将多分支井配置成本与其他配置成本比对，然后根据各种情形的收益流进行衡算。包括在初始成本中的项目包括接口相关硬件的厂家费用及安装人员人工费，接口安装的钻机操作费用，以及给定分支长度的正常钻完井成本。接口安装费用取决于：

(1) 安装接口需要的起下钻趟数；
(2) 接口深度；
(3) 到达接口深度的起下钻时间；
(4) 接口安装施工需要的"触底"时间；
(5) 钻机费用。

接口越深，钻机费用越高；接口安装需要的起下钻趟数越少，需要的触底时间越短，多分支井效益就越高。总费用预算应按一定机械风险系数适当提高，或者进行更正规的风险分析。如果正常的钻完井预算（即 +5% 差额）获准，那么可以根据考虑的多分支井系统成熟程度，将分支井的成本预算增加 15%。考虑油藏风险，降低预测产量，以反映油藏可能不按预期产量生产的概率。

对于常规多分支井，在所有分支完井结束并将整井投产之后，才会产生生产收益。这意味着新增分支的施工成本效益必须扣除共用同一母井眼的其他已完井分支在新分支施工期间的生产延误损失。分配给分支井眼施工的总时间将作为母井眼的生产延误时间。各分支都会有独立的成本/收益明细表，明细表相加将得到所考虑采油工程方案的折现后净现值总和。

9.5 增加储量提升多分支井价值

通过多分支井技术增加储量的例子有很多，大多数情况是油藏储量太少，不适宜单独钻井开发。

9.5.1 北海 Oseberg 油田

Oseberg 油田位于北海 Norwegian 区段，发现于 1979 年，总储量为 16×10^8 bbl。Oseberg 油田一直广泛应用水平井以增加储量，而且该油田最近应用了多分支井。平台开发的目标储层为 Oseberg，Rannoch 和 Etive（ORE）地层；同时，Ness channel 砂层中也存在储量，但是因为该砂层的非均质性和储量潜力的不确定性，无法证明使用昂贵井槽来开发这些不稳定砂层的合理性。从1996年到1997年，该油田完成了早期TAML四级双分支井的钻完井作业，主井眼的目标层主要是ORE砂岩，分支井眼的目标层为Ness砂岩。此后以同样方法完成了数口多分支井，大幅增加了油田储量（Hovda等，1996）。

9.5.2　阿曼Saih Ral油田

该油田白垩系碳酸盐岩地层的渗透率为1～10mD，孔隙度为26%。属于低幅度背斜构造，油柱高度为100 ft，弱水体。地层中原始原油储量估计为473×10^6bbl，原油API度为34°。在20世纪70—80年代，该油田采用直井开采，初始产量平均为310bbl/d，储量开发基础为每口井315000~630000bbl。在20世纪90年代初期，油田引进简单水平井进行开发，初始产量增加到3787bbl/d，储量开发基础为每口井187×10^4bbl，而且成本比直井降低50%。自1997年开始，油田一直采用多分支井开发，每口井最多有7个分支井眼和10km长裸眼。初始产量增加到12460bbl/d，目前储量开发基础为每口井930×10^4bbl，而成本与水平井相比进一步降低25%。该油田应用水平分支注水井和生产井，构成行列注采井网，使油藏得到完全开发。由于洗油效率的提高和油藏暴露面积的大幅度增加，储量提高了50%（Payne等，2003）。

9.5.3　犹他州东南部Aneth油田

该油田于20世纪50年代投产，面积为80ha。在20世纪70年代和80年代早期，该油田继续进行加密钻井，井间距降为40ha。80年代后期尝试了20ha间距加密钻井，但经济上未获得成功。该油田从三个总垂深约为5500ft的产层开采API度为38°的原油，地层孔隙度范围在10%~28%之间，渗透率为5~500mD。1995年，径向五点法注水转换为行列式注采井网，在三个产层中从多数直井中钻出上倾或下倾的分支井眼。从各垂直井眼中分别钻出两个，三个，四个和六个分支井眼，先后共计从43个母井眼中钻出了143个分支井眼。这些分支井眼暴露了165000ft的产层，在两年半时间里增油量达到200×10^4bbl，而如果没有分支井技术，将不能对这个原储量为110×10^4bbl的油田进一步进行经济开发。该地区的水平井单井和地质勘探的费用约为40万美元，有6个分支井眼的多分支井的成本约为110万美元（每个分支井眼成本小于20万美元，或者比水平井单井的成本低50%）（Hall，1999）。

9.6　实物期权估值

经常使用的一个术语"实物期权估值"（ROV）是一个解决油气开发项目固有的不确定性的方法，这些不确定性是由开钻前不能确切地掌握可能遇到的地质状况，或者全球事件造成的油气价格变动，或者政局不稳定地区的财政体制造成的。通过确保项目的经济状况足够稳健、能在出现不确定性时吸收消化统计计算的失误，来管理这些不确定性（图9.3）。在实物期权思维中，不确定性得到利用："我不能确定从现在起未来两年的油价，但是我可以在我的机会投资组合中保留一个选项，即响应油价上涨，迅速上扬提产。"这个利用价格变化盈利的选项是有价值的（McCormack 等，2002；Han，2003）。

现金流量折现法（DCF）分析与实物期权思维的关系曾被分别比作买彩票和玩扑克牌。买彩票时，你只是简单地买入彩券，然后等待结果。玩扑克牌时，为了不出局你需要增量加注，直到你得到更多数据来决定是否增加赌注，继续持牌还是弃牌。

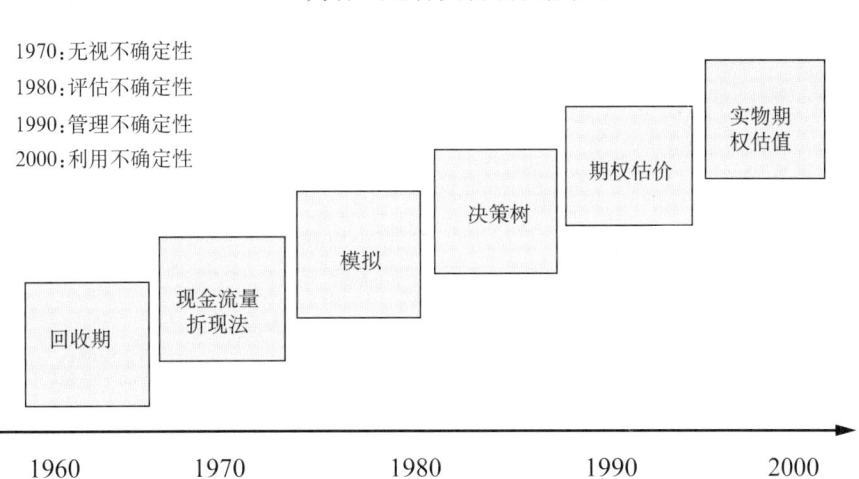

实物期权估值结合和延伸了现金流量折现法、决策树和期权估价

图 9.3 利用不确定性方法的发展历程

传统现金流量折现法的假设情境是你只是在买彩票，因为你不能控制下游决策。而实际项目更像玩扑克牌，你可以主动对项目进行管理，以保持开放选择并在作出不可撤销的承诺之前降低不确定性（Begg 等，2001）。

这已经在电力工业中应用过，基础电力负荷可以通过燃煤发电站或核电站来满足。但是，在用电高峰期需要调峰发电。调峰发电必须便于快速启动，而且一般需要较高溢价。在油气井领域，可以快速钻井的土地资产可以视作调峰容量扩展选项，而以十亿美元为单位的深水开发资本承诺不可能轻易地启动和关闭（Han，2003）（该说法必须视作一个一般概念。在陆地上还必须考虑有特许权益的业主和其他合作伙伴。但是，将海上资产和陆上资产分开的一般要点是合宜的）。

实物期权方法的关键是识别所研究项目的内在期权。期权可以包括不确定性得到降低之前推迟或延迟决策或不可撤销的资本承诺的能力；放弃一个项目或者扩大或以合同约定项目范围的能力；暂时停产和日后重新启动生产的能力；利用不同市场价格优势转换输入或输出材料的能力；或者与中心辐射设计一同发展的能力，因为如果存在枢纽设施，中心辐射设计打开了从邻近设施增加产量的选项。按此方式设计一个项目的分析，使得根据实际情况的发展主动管理资产成为可能（Dezen 和 Morooka，2002）。

实物期权的价值可以远远超过来源于更常规的现金流量折现法净现值分析的价值，而且不确定性或易变性越高，期权价值将攀升得越高。如果忽视这种期权价值，那么公司高管实际上可能仅仅将决策建立在现金流量折现法分析的基础上，毁灭企业价值（Han 2003）。

多分支井使得项目计划更具灵活性，多分支井可以使一个给定的平台井槽拥有更多油藏泄油点，钻出更多分支井眼并合采扩大生产能力，使得产油和产气分支井之间的选择切换成为可能，或者通过在不同油藏渗透率的不同方向上增加分支来降低对油藏各向异性的敏感性（Smith 等，1995）。为了实现建议选项的效果，可能需要将多分支井技术与智能井监控技术结合起来。Han（2003）在他的 2003 年论文中概述了智能井的实物期权价值。在所分析的具体情况中，加装智能井监控系统的 1300 万美元期权成本推动了常规开发项目的效益增长，将项目净现值从 2.81 亿美元提高到 4.91 亿美元，几乎是潜在回报的两倍。这个例子说明了经典的实物期权杠杆作用："通过随时对不确定性做出反应，将上涨收益最大化，下跌损失最小化"（Gallan 等，1999）的能力。将学习模型与这一期权灵活性集合在一起，可以进一步改进投资决策和增加项目的投资回报。

参考文献

Afaleg, N.I., Pham, T.R., Al-Otaibi, U.F., Amos, S.W., and Sarda, S. 2005. Design and Development of Maximum Reservoir Contact Wells With Smart Completions in the Development of a Carbonate Reservoir. Paper SPE 93138 presented at the SPE Asia Pacific Oil and Gas Conference and Exhibition, Jakarta, 5-7 April. DOI: 10.2118/93138-MS.

Al-Bimani, A., Al-Sharji, H., Aihevba, C.O., Al-Touqi, M., Fadhil, A., and Al-Salmi, M. 2006. Enhancing Oil Production From Mature Fields by Focusing on Well-Intervention Management: North Oman. Paper SPE 99706 presented at the SPE/ICoTA Coiled Tubing Conference and Exhibition, The Woodlands, Texas, 4-5 April. DOI: 10.2118/99706-MS.

Al-Hadhrami, A.K., Elliott, L., and Ingham, D.B. 2003. A New Model for Viscous Dissipation in Porous Media across a Range of Permeability Values. *Transport in Porous Media* 53.

Al-Hussainy, R., Ramey, H.J. Jr., and Crawford, P.B. 1966. The Flow of Real Gases through Porous Media. *JPT* 18 (5): 624-636; *Trans.*, AIME, 237.

Al-Khodhori, S.M. 2003. Smart Well Technologies Implementation in PDO for Production & Reservoir Management & Control. Paper SPE 81486 presented at the SPE Middle East Oil Show, Bahrain, 9-12 June. DOI: 10.2118/81486-MS.

Asheim, H., Koines, J., and Oudeman, P. 1992. A Flow Resistance Correlation for Completed Wellbore. *J. Petroleum Science & Engineering* 8 (2): 97-104.

Aubert, Winton G. 1998. Variations in Multilateral Well Design and Execution in the Prudhoe Bay Unit. Paper IADC/SPE 39388 presented at the IADC/SPE Drilling Conference, Dallas, 3-6 March. DOI: 10.2118/39388-MS.

Babu, D.K. and Odeh, A.S. 1988. Productivity of a Horizontal Well, Appendices A and B. Paper SPE 18334 presented at the SPE Annual Technical Conference and Exhibition, Houston, 2-5 October. DOI: 10.2118/18334-MS.

Babu, D.K. and Odeh, A. S. 1989. Productivity of a Horizontal Well. *SPERE* 4(4): 417-421. SPE-18298-PA. DOI: 10.2118/18298-PA.

Babu, D.K., Odeh, A.S., Al-Khalifa, AJ., and McCann, R.C. 1991. The Relation Between Wellblock and Wellbore Pressures in Numerical Simulation of Horizontal Wells. *SPERE* 6 (3): 324-328. SPE-20161-PA. DOI: 10.2118/20161-PA.

Baker Hughes. 2007. http://www.bakerhughes.com/bot/multilateral.

Begg, S.H., Bratvold, R.B., and Campbell, J.M. 2001. Improving Investment Decisions Using a Stochastic Integrated Asset Model. Paper SPE 71414 presented at the SPE Annual Technical Conference and Exhibition, New Orleans, 30 September-3 October. DOI: 10.2118/71414-MS.

Beggs, H.D. and Brill, J.P. 1973. A Study of Two-Phase Flow in Inclined Pipes. *JPT* 25 (5): 607-671; *Trans.*, AIME, 255. SPE-4007-PA. DOI: 10.2118/4007-PA.

Behrmann, L.A. 1996. Underbalance Criteria for Minimum Perforation Damage. *SPEDC* 11

(3): 173-177. SPE-30081-PA. DOI: 10.2118/30081-PA.

Bendakhlia, H., and Aziz, K. 1989. Inflow Performance Relationships for Solution-Gas Drive Horizontal Wells. Paper SPE 19823 presented at the SPE Annual Technical Conference and Exhibition, San Antonio, Texas, 8-11 October. DOI: 10.2118/19823-MS.

Bigno, Y., Al-Bahry, A., Melanson, D.D., Al-Hasani, S., Senger, J.C., and Henning, R. 2001. Multilateral Waterflood Development of a Low-Permeability Carbonate Reservoir. Paper SPE 71609 presented at the SPE Annual Technical Conference and Exhibition, New Orleans, 30 September-3 October. DOI: 10.2118/71609-MS.

Bird, R.B., Stewart, W.E., and Lightfoot, E.N. 2002. *Transport Phenomena*, second edition. New York City: John Wiley & Sons.

Bonner, J. 2005. Multilateral Wells. Presented at the SPE Applied Technology Workshop, Bangkok, Thailand, 24-27 July.

Boone, L.E., Clausen, F.J., Birmingham, T.J., and Schappert, N. 1997. Slimhole Lateral Well Drilling Across Faults from $4^1/_2$-in. Cased Producers in the Denver-Julesburg Basin, Colorado. Paper SPE 39226 presented at the SPE Eastern Regional Meeting, Lexington, Kentucky, 22-24 October. DOI: 10.2118/39226-MS.

Borisov, J.P. 1984. Oil Production Using Horizontal and Multiple Deviation Wells. Moscow: Nedr. (Translated by J. Strauss and S.D. Joshi, Phillips Petroleum Company, Bartlesville, Oklahoma).

Bourgoyne, A.T., Chenevert, M.E., Millheim, K.K., and Young, F.S. Jr. 1986. *Applied Drilling Engineering*, SPE Textbook Series, Vol. 2. Richardson, Texas: Society of Petroleum Engineers.

Brown, G., Storer, D., McAllister, K., Al-Asimi, M., and Raghavan, K. 2003. Monitoring Horizontal Producers and Injectors During Cleanup and Production Using Fiber-Optic-Distributed Temperature Measurements. Paper SPE 84379 presented at the SPE Annual Technical Conference and Exhibition, Denver, 5-8 October. DOI: 10.2118/84379-MS.

Brown, G.A. and Hartog, A. 2002. Optical Fiber Sensors in Upstream Oil and Gas. *JPT* 54 (11): 63-65. SPE-79080-MS. DOI: 10.2118/79080-MS.

Butler, R.M. 1994. *Horizontal Wells for the Recovery of Oil, Gas, and Bitumen*, Monograph No. 2, Petroleum Soc. of Canadian Institute of Mining, Metallurgy, and Petroleum.

Carnahan, B.D., Clanton, R.W., Koehler, K.D., Harkins, G.O., and Williams, G.R. 1999. Fiber-Optic Temperature Monitoring Technology. Paper SPE 54599 presented at the SPE Western Regional Meeting, Anchorage, 26-27 May. DOI: 10.2118/54599-MS.

Chace, D., Trcka, D., Georgi, D. et al. 1999. New Instrumentation and Methods for Production Logging in Multiphase Horizontal Wells. Paper SPE 53220 presented at the SPE Middle East Oil Show and Conference, Bahrain, 20-23 February. DOI: 10.2118/53220-MS.

Chace, D., Wang, J., Mirzwinski, R., Maxit, J., and Trcka, D. 2000. Application of a New Multiple Sensor Production Logging System for Horizontal and Highly Deviated Multiphase Producers. Paper SPE 63141 presented at the SPE Annual Technical Conference and Exhibition,

Dallas, 1-4 October. DOI: 10.2118/63141-MS.

Chambers, M.R. 1998a. Multilateral Technology Gains Broader Acceptance. *Oil & Gas J.* (23 November).

Chambers, M.R. 1998b. Junction Design Based on Operational Requirements. *Oil & Gas J.* (7 December).

Chen, N.H. 1979. An Explicit Equation for Friction Factor in Pipe. *Ind. Eng. Chem. Fund.* 18 (3): 296-297.

Cheng, A.M. 1990. Inflow Performance Relationships for Solution-Gas-Drive Slanted/Horizontal Wells. Paper SPE 20720 presented at the SPE Annual Technical Conference and Exhibition, New Orleans, 23-26 September. DOI: 10.2118/20720-MS.

Cipolla, C.L., Berntsen, B.A., Moos, H., Ginty, W.R., and Jensen, L. 2000a. Case Study of Hydraulic Fracture Completions in Horizontal Wells, South Arne Field, Danish North Sea. Paper SPE 64383 presented at the SPE Asia and Pacific Oil and Gas Conference and Exhibition, Brisbane, Australia, 16-18 October. DOI: 10.2118/64383-MS.

Cipolla, C.L., Jensen, L., Ginty, W., and de Pater, C.J. 2000b. Complex Hydraulic Fracture Behavior in Horizontal Wells, South Arne Field, Danish North Sea. Paper SPE 62888 presented at the SPE Annual Technical Conference and Exhibition, Dallas, 1-4 October. DOI: 10.2118/62888-MS.

Clancy, T.F., Balcacer, J., Scalabre, S. et al. 2002. A Case History on the Use of Downhole Sensors in a Field Producing From Long Horizontal/Multilateral Wells. Paper SPE 77521 presented at the SPE Annual Technical Conference and Exhibition, San Antonio, Texas, 29 September-2 October. DOI: 10.2118/77521-MS.

Coats, E.A. and Farabee, M. 2002. The Hybrid Drilling Unit: An Overview of an Integrated Composite Coiled- Tubing and Hydraulic Workover Drilling System. Paper SPE 74349 presented at the SPE International Petroleum Conference and Exhibition in Mexico, Villahermosa, Mexico, 10-12 February. DOI: 10.2118/74349-MS.

Conlin, J.M., Hale, J.L., Sabathier, J.C., Faure, F., and Mas, D. 1990. Multiple-Fracture Horizontal Wells: Performance and Numerical Simulation. Paper SPE 20960 presented at the SPE European Petroleum Conference, The Hague, 21-24 October. DOI: 10.2118/20960-MS.

Cooney, M.F., Rogers. C.T., Stacey, E.S., and Stephens, R.N. 1993. Case History of an Opposed-Bore, Dual Horizontal Well in the Austin Chalk Formation of South Texas. *SPEDC* 8 (1): 14-20; *Trans.*, AIME, 295. SPE-21985-PA. DOI: 10.2118/21985-PA.

Coulter, G.R., Benton, E.G., and Thomson, C.L. 2004. Water Fracs and Sand Quality: A Barnett Shale Example. Paper SPE 90891 presented at the SPE Annual Technical Conference and Exhibition, Houston, 26-29 September. DOI: 10.2118/90891-MS.

Dawkrajai, P. 2006. Temperature Prediction Model for a Producing Horizontal Well. PhD dissertation, The University of Texas at Austin.

Dezen, F. and Morooka, C.K. 2002. Real Options Applied to Selection of Technological Alternative for Offshore Oilfield Development. Paper SPE 77587 presented at the SPE Annual

Technical Conference and Exhibition, San Antonio, Texas, 29 September-2 October. DOI: 10.2118/77587-MS.

Dietz, D.N. 1965. Determination of Average Reservoir Pressure from Build-up Survey. *JPT* 17 (8): 955-959; *Trans.*, AIME, 234. SPE-1156-PA. DOI: 10.2118/1156-PA.

Diggins, E. 1997. Classification Provides Framework for Ranking Multilateral Complexity and Well Type. *Oil & Gas J.* (29 December).

Dobrin, M.B. 1976. *Introduction to Geophysical Prospecting.* New York City: McGraw-Hill.

East, L.E. Jr., Greiser, W., McDaniel, B.W., Johnson, B., Jackson, R., and Fisher, K. 2004. Successful Application of Hydrajet Fracturing on Horizontal Wells Completed in a Thick Shale Reservoir. Paper SPE 91435 presented at the SPE Eastern Regional Meeting, Charleston, West Virginia, 15-17 September. DOI: 10.2118/91435-MS.

Eckerfield, L.D., Zhu, D., and Hill, A.D. 2000. Fluid Placement Model for Horizontal-Well Stimulation. *SPEDC* 15 (3): 185-190. SPE-65408-PA. DOI: 10.2118/65408-PA.

Eckerfield, L.D., Zhu, D., Hill, A.D., Thomas, R.L., Robert, J.A., and Bartko, K. 1998. Fluid Placement Model for Stimulation of Horizontal or Variable Inclination Wells. Paper SPE 49103 prepared for presentation at the SPE Annual Technical Conference and Exhibition, New Orleans, 27-30 September. DOI: 10.2118/49103-MS.

Economides, M., Deimbachor, F.X., Brand, C.W., and Heinemann, Z.E. 1991. Comprehensive Simulation of Horizontal-Well Performance. *SPEFE* 6 (4): 418-426. SPE-20717-PA. DOI: 10.2118/20717-PA.

Economides, M.J. and Nolte, K.G., eds. 2000. *Reservoir Stimulation*, third edition. Chichester, West Sussex, UK: John Wiley & Sons.

Economides, M.J., Brand, C.W., and Frick, T.P. 1996. Well Configurations in Anisotropic Reservoirs. *SPEFE* 11 (4): 257-262. SPE-27980-PA. DOI: 10.2118/27980-PA.

Economides, M.J., Hill, A.D., and Ehlig-Economides, C. 1994. *Petroleum Production Systems*. Englewood Cliffs, New Jersey: Prentice-Hall.

Ehlig-Economides, C.A., Chan, K.S., and Spath, J.B. 1996a. Production Enhancement Strategies for Strong Bottom Water Drive Reservoirs. Paper SPE 36613 presented at the SPE Annual Technical Conference and Exhibition, Denver, 6-9 October. DOI: 10.2118/36613-MS.

Ehlig-Economides, C.A., Mowat, G.R., and Corbett, C- 1996b. Techniques for Multibranch Well Trajectory Design in the Context of a Three-Dimensional Reservoir Model. Paper SPE 35505 presented at the European 3-D Reservoir Modelling Conference, Stavanger, 16-17 April. DOI: 10.2118/35505-MS.

Ehlig-Economides, C.A., Fernandez, B., and Economides, M.J. 2001. Multibranch Injector/Producer Wells in Thick Heavy-Crude Reservoirs. *SPEREE* 4 (3): 195-200. SPE-71868-PA. DOI: 10.2118/71868-PA.

Ehlig-Economides, C.A., Taha, M., Marin, H.D., Novoa, E., and Sanchez, O. 2000. Drilling and Completion Strategies in Naturally Fractured Reservoirs. Paper SPE 59057 presented at the SPE International Petroleum Conference and Exhibition in Mexico, Villahermosa, Mexico, 1-3

February. DOI: 10.2118/59057-MS.

Ellis, C.A. and Samuel, G.R. 1997. Drilling Short Radius Dual Lateral Wells in Oklahoma: An Operator's Experience. Paper SPE 37493 presented at the SPE Production Operations Symposium, Oklahoma City, Oklahoma, 9-11 March. DOI: 10.2118/37493-MS.

Ellis, P.D., Kniffin, G.M., and Harkrider, J.D. 2000. Application of Hydraulic Fractures in Openhole Horizontal Wells. Paper SPE 65464 presented at the SPE/CIM International Conference on Horizontal Well Technology, Calgary, 6-8 November. DOI: 10.2118/65464-MS.

Erlandsen, S.M. 2000. Production Experience From Smart Wells in the Oseberg Field. Paper SPE 62953 presented at the SPE Annual Technical Conference and Exhibition, Dallas, 1-4 October. DOI: 10.2118/62953-MS.

Fipke, S. and Oberkircher, J. 2002. A New TAML Level 3 Multilateral System Improves Capabilities and Operational Efficiencies. Paper IADC/SPE 74496 presented at the IADC/SPE Drilling Conference, Dallas, 26-28 February. DOI: 10.2118/74496-MS.

Fisher, M.K., Heinze, J.R., Harris, C.D., Davidson, B.M., Wright, C.A., and Dunn, K.P. 2004. Optimizing Horizontal Completion Techniques in the Barnett Shale Using Microseismic Fracture Mapping. Paper SPE 90051 presented at the SPE Annual Technical Conference and Exhibition, Houston, 26-29 September. DOI: 10.2118/90051-MS.

Fisher, M.K., Wright, C.A., Davidson, B.M. et al, 2005. Integrating Fracture-Mapping Technologies to Improve Stimulations in the Barnett Shale. *SPEPF* 20 (2): 85-93. SPE-77441-PA. DOI: 10.2118/77441-PA.

Frick, T.P. and Economides, M.J. 1993. Horizontal Well Damage Characterization and Removal. *SPEPF* 8 (1): 15-22; *Trans.*, AIME, 295. SPE-21795-PA. DOI: 10.2118/21795-PA.

Furui, K., Zhu, D., and Hill, A.D. 2002. A New Skin Factor Model for Perforated Horizontal Wells. Paper SPE 77363 presented at the SPE Annual Technical Conference and Exhibition, San Antonio, Texas, 29 September-2 October. DOI: 10.2118/77363-MS.

Furui, K., Zhu, D., and Hill, A.D. 2003. A Rigorous Formation Damage Skin Factor and Reservoir Inflow Model for a Horizontal Well. *SPEPF* 18 (3): 151-157. SPE-84964-PA. DOI: 10.2118/84964-PA.

Furui, K., Zhu, D., and Hill, A.D. 2005. A Comprehensive Skin-Factor Model of Horizontal Well Completion Performance. *SPEPF* 20 (3): 207-220. SPE-84401-PA. DOI: 10.2118/84401-PA.

Gaasø, R., Gjerde, K., and Samsonsen, B. 1998. The First Coiled Tubing Sidetrack in Norway, Gullfaks Field. Paper IADC/SPE 39305 presented at the IADC/SPE Drilling Conference, Dallas, 3-6 March. DOI: 10.2118/39305-MS.

Gallant, L., Kieffel, H., and Chatwin, R. 1999. Using Learning Models To Capture Dynamic Complexity in Petroleum Exploration. Paper SPE 52954 presented at the SPE Hydrocarbon Economics and Evaluation Symposium, Dallas, 21-23 March. DOI: 10.2118/52954-MS.

Gidley, J.L., Holditch, S.A., Nierode, D.E., and Veatch, R.W., Jr., eds. 1989. *Recent Advances in Hydraulic Fracturing*, Monograph Series, SPE, Richardson, Texas, 12.

Goiffon, J. and Gualtieri, D. 2006. Applications of Fiber-Optic Real-Time Distributed Temperature Sensing in a Heavy-Oil Production Environment. Paper SPE 99449 presented at the SPE Intelligent Energy Conference and Exhibition, Amsterdam, 11-13 April. DOI: 10.2118/99449-MS.

Gomez, L.E., Shoham, O., Schmidt, Z., Chokshi, R.N., and Northug, T, 2000. Unified Mechanistic Model for Steady-State Two-Phase Flow: Horizontal to Vertical Upward Flow. *SPEJ* 5 (3): 339-350. SPE-65705-PA. DOI: 10.2118/65705-PA.

Goode, P.A. and Kuchuk, F.J. 1991. Inflow Performance of Horizontal Wells. *SPERE* 6 (3): 319-323. SPE-21460-PA. DOI: 10.2118/21460-PA.

Goodrich, G.T., Smith, B.E., and Larson, E.B. 1996. Coiled Tubing Drilling Practices at Prudhoe Bay. Paper IADC/SPE 35128 presented at the IADC/SPE Drilling Conference, New Orleans, 12-15 March. DOI: 10.2118/35128-MS.

Grattan, K.T.V. and Sun, T. 2000. Fiber optic sensor technology: an overview. *Sensors and Actuators* 82: 40-61.

Greenlee, S.M., Gaskins, G.M., and Johnson, M.G. 1994. 3-D Seismic Benefits from Exploration through Development: An Exxon Perspective. *The Leading Edge* 13 (7): 730-734.

Gunningham, M.C., Coe, B., Evans, S., and Wiersma, J. 1997. Coiled Tubing Drilling Case History, Offshore The Netherlands. Paper SPE 38395 presented at the SPE/ICoTA North American Coiled Tubing Roundtable, Montgomery, Texas, 1-3 April. DOI: 10.2118/38395-MS.

Hall, S. 1999. Multilaterals Revitalize Waterflood. Presented at the PDVSA Forum on Multilateral Wells, Caracas, Venezuela.

Hall, S.D. 1998. Multilaterals Convert 5 Spot to Line Drive Waterflood in SE Utah. Paper SPE 48869 presented at the SPE International Oil and Gas Conference and Exhibition in China, Beijing, 2-6 November. DOI: 10.2118/48869-MS.

Halliburton. 2007.http://www.halliburton.com/sperry-sun/.

Han, J.T. 2003. There Is Value in Operational Flexibility: An Intelligent Well Application. Paper SPE 82018 presented at the SPE Hydrocarbon Economics and Evaluation Symposium, Dallas, 5-8 April. DOI: 10.2118/82018-MS.

Hawkins, M.F. Jr. 1956. A Note on the Skin Effect. *Trans.*, AIME 207: 356-357. SPE-732-G.

Helmy, M.W. and Wattenbarger, R.A. 1998. Simplified Productivity Equations for Horizontal Wells Producing at Constant Rate and Constant Pressure. Paper SPE 49090 prepared for presentation at the SPE Annual Technical Conference and Exhibition, New Orleans, 27-30 September. DOI: 10.2118/49090-MS.

Hill, A.D. and Galloway, P.J. 1984. Laboratory and Theoretical Modeling of Diverting Agent Behavior. *JPT* 36 (7): 1157-1163. SPE-11576-PA. DOI: 10.2118/11576-PA.

Hill, A.D. and Rossen, W.R. 1994. Fluid Placement and Diversion in Matrix Acidizing. Paper SPE 27982 presented at the University of Tulsa Centennial Petroleum Engineering Symposium, Tulsa, 29-31 August. DOI: 10.2118/27982-MS.

Hill, A.D. and Zhu, D. 2006. The Relative Importance of Wellbore Pressure Drop and

Formation Damage in Horizontal Wells. Paper SPE 100207 presented at the SPE Europec/EAGE Annual Conference and Exhibition, Vienna, Austria, 12-15 June. DOI: 10.2118/100207-MS.

Hill, K.O. and Meltz, G. 1997. Fiber Bragg Grating Technology Fundamentals and Overview. *J. of Lightwave Technology* 15 (8): 1263-1276.

Hogg, C. 1997. Comparison of Multilateral Completion Scenarios and Their Applications. Paper SPE 38493 presented at Offshore Europe Conference, Aberdeen, 9-12 September. DOI: 10.2118/38493-MS.

Hovda, S., Haugland, T., Waddell, K., and Leknes, R. 1996. World's First Application of a Multilateral System Combining a Cased and Cemented Junction With Fullbore Access to Both Laterals. Paper SPE 36488 presented at the SPE Annual Technical Conference and Exhibition, Denver, 6-9 October. DOI: 10.2118/36488-MS.

Jones, A.T. and Davies, D.R. 1996. Quantifying Acid Placement: The Key to Understanding Damage Removal in Horizontal Wells. Paper SPE 31146 presented at the SPE Formation Damage Control Symposium, Lafayette, Louisiana, 14-15 February. DOI: 10.2118/31146-MS.

Joshi, S.D. 1988. Augmentation of Well Productivity with Slant and Horizontal Wells. *JPT* 40 (6): 729-739; *Trans.*, AIME, 285. SPE-15375-PA. DOI: 10.2118/15375-PA.

Kabir, C.S. 1992. Inflow Performance of Slanted and Horizontal Wells in Solution-Gas-Drive Reservoirs. Paper SPE 24056 presented at the SPE Western Regional Meeting, Bakersfield, California, 30 March-1 April. DOI: 10.2118/24056-MS.

Kamkom, R. and Zhu, D. 2005. Evaluation of Two-Phase IPR Correlations for Horizontal Wells. Paper SPE 93986 presented at the SPE Production Operations Symposium, Oklahoma City, Oklahoma, 16-19 April. DOI: 10.2118/93986-MS.

Kamkom, R. and Zhu, D. 2006. Generalized Horizontal Well Inflow Relationships for Liquid, Gas, or Two- Phase Flow. Paper SPE 99712 presented at the SPE/DOE Symposium on Improved Oil Recovery, Tulsa, 22-26 April. DOI: 10.2118/99712-MS.

Kara, D.T., Gantt, L.L., Blount, C.G., and Hearn, D.D. 1999. Dynamically Overbalanced Coiled Tubing Drilling on the North Slope of Alaska. Paper SPE 54496 presented at the SPE/ICoTA Coiled Tubing Roundtable, Houston, 25-26 May. DOI: 10.2118/54496-MS.

Karakas, M. and Tariq, S.M. 1991. Semianalytical Productivity Models for Perforated Completions. *SPEPE* 6 (1): 73-82; *Trans,*, AIME, 291. SPE-18247-PA. DOI: 10.2118/18247-PA.

Karakas, M., Yokoyama, Y.M., and Arima, E.M. 1991. Well Test Analysis of a Well With Multiple Horizontal Drainholes. Paper SPE 21424 presented at the SPE Middle East Oil Show, Bahrain, 16-19 November. DOI: 10.2118/21424-MS.

Kersy, A.D. 1996. A Review of Recent Developments in Fiber Optic Sensor Technology. *Optical Fiber Technology* 2: 291-317.

Kessler, C. and Frisch, G. 1995. New Fullbore Production Logging Sensor Improves the Evaluation of Production in Deviated and Horizontal Wells. Paper SPE 29815 presented at the Middle East Oil Show, Bahrain, 11-14 March. DOI: 10.2118/29815-MS.

Kluth, E.L.E., Varnham, M.P., Clowes, J.R., Kutlik, R.I., Crawley, C.M., and Heming, R.F.

2000. Advanced Sensor Infrastructure for Real-Time Reservoir Monitoring. Paper SPE 65152 presented at the SPE European Petroleum Conference, Paris, 24-25 October. DOI: 10.2118/65152-MS.

Kopper, R. and York, G. 2002. Innovative Multilateral Wells Custom Designed for a Complex Heavy Oil Reservoir. Paper 13 presented at *Oil & Gas Journal's* International Multilateral Well Conference, Galveston, Texas, 5-7 March.

Kragas, T.K., Johansen, E.S., Hassanali, H., and Da Costa, S.L. 2003. Installation and Data Analysis of a Downhole Fiber-Optic Flowmeter at Mahogany Field, Offshore Trinidad. Paper SPE 81018 presented at the SPE Latin American and Caribbean Petroleum Engineering Conference, Port-of-Spain, Trinidad and Tobago, 27-30 April. DOI: 10.2118/81018-MS.

Larsen, L. 2000. Pressure-Transient Behavior of Multibranched Wells in Layered Reservoirs. *SPEREE* 3 (1): 68-73. SPE-60911-PA. DOI: 10.2118/60911-PA.

Laurence, O.S. and Brown, G.A. 2000. Using Real-Time Fibre-Optic Distributed Temperature Data for Optimising Reservoir Performance. Paper SPE 65478 presented at the SPE/CIM International Conference on Horizontal Well Technology, Calgary, 6-8 November. DOI: 10.2118/65478-MS.

McCann, R.E., Lipp, C.R., Pruski, C.K., and Cooney, M.F. 1993. Development of the Brookeland Field Austin Chalk Drilling Dual Lateral Horizontal Wells. Paper SPE 26355 presented at the SPE Annual Technical Conference and Exhibition, Houston, 3-6 October. DOI: 10.2118/26355-MS.

McCarty, T.M., Stanley, M.J., and Gantt, L.L. 2002. Coiled-Tubing Drilling: Continued Performance Improvement in Alaska. *SPEDC* 17 (1): 44-48. SPE-76903-PA. DOI: 10.2118/76903-PA.

McCormack, J., LeBlanc, R., and Heiser, C. 2002. Turning Risk into Shareholder Wealth in the Petroleum Industry. *J. of Applied Corporate Finance* 15 (2): 67-73.

McDaniel, B.W., East, L., and Hazzard, V. 2002. Overview of Stimulation Technology for Horizontal Completions Without Cemented Casing in the Lateral. Paper SPE 77825 presented at the SPE Asia Pacific Oil and Gas Conference and Exhibition, Melbourne, Australia, 8-10 October. DOI: 10.2118/77825-MS.

McIntyre, A., Adam, R., Augustine, J., and Laidlaw, D. 2006. Increasing Oil Recovery by Preventing Early Water and Gas Breakthrough in a West Brae Horizontal Well: A Case History. Paper SPE 99718 presented at the SPE/DOE Symposium on Improved Oil Recovery, Tulsa, 22-26 April. DOI: 10.2118/99718-MS.

McLeod, H.O. Jr. 1983. The Effect of Perforating Conditions on Well Performance. *JPT* 35 (1): 31-39. SPE-10649-PA. DOI: 10.2118/10649-PA.

Moritis, G. 2003. TAML Refocuses on Educating Industry on Multilaterals. *Oil & Gas J* (10 February).

Mukerji, T., Jorstyad, A., Mavko, G., and Granli, J.R. 1998. Applying Statistical Rock Physics and Seismic Inversions to Map Lithofacies and Pore Fluid Probabilities in a North

Sea Reservoir. 68th Annual International Meeting, Soc. of Exploration Geophysics, Expanded Abstracts, 894-897.

Mukherjee, H. and Economides, M.J. 1991. A Parametric Comparison of Horizontal and Vertical Well Performance. *SPEFE* 6 (2): 209-216. SPE-18303-PA. DOI: 10.2118/18303-PA.

Munoz, A., Ehlig-Economides, C., and Economides, M.J. 1998. Principal Permeability Determination From Multiple Horizontal Well Tests. Paper SPE 50396 presented at the SPE International Conference on Horizontal Well Technology, Calgary, 1-4 November. DOI: 10.2118/50396-MS.

Muskat, M. 1937. *The Flow of Homogeneous Fluids Through Porous Media*, 55. New York City: McGraw- Hill Book Co.

Muskat, M. 1949. *Flow of Homogeneous Fluids*, first edition. New York City: McGraw-Hill Book Company.

Norris, M.R., Bergsvik, L., Teesdale, C., and Berntsen, B.A. 2001. Multiple Proppant Fracturing of Horizontal Wellbores in a Chalk Formation: Evolving the Process in the Valhall Field. *SPEDC* 16 (1): 48-59. SPE-70133-PA. DOI: 10.2118/70133-PA.

Oberkircher, J., Smith, R., and Thackwray, I. 2003. Boon or Bane? A Survey of the First 10 Years of Modern Multilateral Wells. Paper SPE 84025 presented at the SPE Annual Technical Conference and Exhibition, Denver, 5-8 October. DOI: 10.2118/84025-MS.

Ohlinger, J.J., Gantt, L.L., and McCarty, T.M. 2002. A Comparison of Mud Pulse and E-Line Telemetry in Alaska CTD Operations. Paper SPE 74842 presented at the SPE/ICoTA Coiled Tubing Conference and Exhibition, Houston, 9-10 April. DOI: 10.2118/74842-MS.

Ohmer, H., Follini, J.M., Carossino, R., and Kaja, M. 2000. Well Construction and Completion Aspects of a Level 6 Multilateral Junction. SPE paper 63116 presented at the SPE Annual Technical Conference and Exhibition, Dallas, 1-4 October. DOI: 10.2118/63116-MS.

Olson, K.E., O' Keefe, M., Nicholyasen, A., and Cameron, D. 2005. Valhall Field: Microfracture Acquisition Using Wireline-Formation-Tester Tools To Validate Fracture Confinement. Paper SPE 96773 presented at the SPE Annual Technical Conference and Exhibition, Dallas, 9-12 October. DOI: 10.2118/96773-MS.

Olson, K.E., Olsen, E., Haidar, S., Boulatsel, A., and Brekke, K. 2003. Valhall Field: Horizontal Well Stimulations "Acid vs. Proppant" and Best Practices for Fracture Optimization. Paper SPE 84392 presented at the SPE Annual Technical Conference and Exhibition, Denver, 5-8 October. DOI: 10.2118/84392-MS.

Ouyang, L.-B. and Aziz, K. 1998. A Simplified Approach to Couple Wellbore Flow and Reservoir Inflow for Arbitrary Well Configurations. Paper SPE 48936 prepared for presentation at the SPE Annual Technical Conference and Exhibition, New Orleans, 27-30 September. DOI: 10.2118/48936-MS.

Ouyang, L.-B. and Aziz, K. 2001. A General Single-Phase Wellbore/Reservoir Coupling Model for Multilateral Wells. *SPEREE* 4 (4): 327-335. SPE-72467-PA. DOI: 10.2118/72467-PA.

Ouyang, L.B., Arbabi, S., and Aziz, K. 1998. General Wellbore Flow Model for

Horizontal, Vertical, and Slanted Well Completions. *SPEJ* 3 (2): 124-133. SPE-36608-PA. DOI: 10.2118/36608-PA.

Owodunni, A., Travis, T., and Dunk, G. 2003. The Use of Multilateral Technology To Arrest Production Decline in a West Texas Gas Field. Paper SPE 84029 presented at the SPE Annual Technical Conference and Exhibition, Denver, 5-8 October. DOI: 10.2118/84029-MS.

Ozkan, E., Yildiz, T., and Kuchuk, F. 1998. Transient Pressure Behavior of Dual-Lateral Wells. *SPEJ* 3 (2): 181-190. SPE-38670-PA. DOI: 10.2118/38670-PA.

Paccaloni, G. 1995. A New, Effective Matrix Stimulation Diversion Technique. *SPEPF* 10 (3): 151-156. SPE-24781-PA. DOI: 10.2118/24781-PA.

Paino, W.F., Tengah, N.H., Woodward, M.I., Snaith, N., Salleh, H., and Brown, M. 2004. Using Intelligent- Well Technology to Define Reservoir Characterization and Reduce Uncertainty. Paper SPE 88533 presented at the SPE Asia Pacific Oil and Gas Conference and Exhibition, Perth, Australia, 18-20 October. DOI: 10.2118/88533-MS.

Pasicznyk, A. 2001. Evolution Toward Simpler, Less Risky Multilateral Wells. SPE paper 67825 presented at the SPE/IADC Drilling Conference, Amsterdam, 27 February -1 March, DOI: 10.2118/67825-MS.

Payne, J. et al. 2003. Controlling Production Using Intelligent Completion Technology in Multilateral Wells. Presented at the *Oil & Gas Journal* High Tech Wells Conference, Galveston, Texas, February.

Peaceman, D.W. 1983. Interpretation of Well-Block Pressure in Numerical Reservoir Simulation With Nonsquare Gridblocks and Anisotropic Permeability. *SPEJ* 23 (3): 531-543. SPE-10528-PA. DOI: 10.2118/10528-PA.

Peaceman, D.W. 1993. Representation of a Horizontal Well in Numerical Reservoir Simulation. *SPE Advanced Technology Series* 1 (1): 7—16. SPE-21217-PA. DOI: 10.2118/21217-PA.

Pearson, C.M., Clonts, M.D., and Vaughn, N.R. 1996. Use of Longitudinally Fractured Horizontal Wells in a Multi-Zone Sandstone Formation. Paper SPE 36454 presented at the SPE Annual Technical Conference and Exhibition, Denver, 6-9 October. DOI: 10.2118/36454-MS.

Prakesh, L. and Redrup, J.P. 2002. Collision Avoidance in a Multilateral Field Development. Paper 7 presented at *Oil & Gas Journal's* International Multilateral Well Conference, Galveston, Texas, 27 March.

Raghavan, R., and Ambastha, A.K. 1995. An Assessment of the Productivity of Multilateral Completions. Paper CIM 95-90 presented at the Annual Technical Meeting of the Petroleum Society of CIM, Banff, Alberta, Canada, 14-17 May.

Redlinger, T., Constantine, J., Makin, G., et al. 2003. Multilateral Technology Coupled With an Intelligent Completion System Provides Increased Recovery in a Mature Field at BP Wytch Farm, UK. Paper SPE 79887 presented at the SPE/IADC Drilling Conference, Amsterdam, 19-21 February. DOI: 10.2118/ 79887-MS.

Retnanto, A. and Economides, M.J. 1998. Inflow Performance Relationships of Horizontal and Multibranched Wells in a Solution-Gas-Drive Reservoir. Paper SPE 50659 presented at the SPE European Petroleum Conference, The Hague, 20-22 October. DOI: 10.2118/50659-MS.

Rixse, M. and Johnson, M.O. 2002. High Performance Coil Tubing Drilling in Shallow North Slope Heavy Oil. Paper IADC/SPE 74553 presented at the IADC/SPE Drilling Conference, Dallas, 26-28 February. DOI: 10.2118/74553-MS.

Roberts, M.J. and Tolstyko, M. 1997. Multi Lateral Rewards in Tern Field. Paper SPE 38496 presented at the SPE Offshore Europe Conference, Aberdeen, 9-12 September. DOI: 10.2118/38496-MS.

Robles, J. 2001. Application of Advanced Heavy-Oil-Production Technologies in the Orinoco Heavy-Oil Belt, Venezuela. Paper SPE 69848 presented at the SPE International Thermal Operations and Heavy Oil Symposium, Porlamar, Margarita Island, Venezuela, 12-14 March. DOI: 10.2118/69848-MS.

Roscoe, B.A., Lenn, C.P., Jones, T.G.J., and Whittaker., C.A. 1997. Measurement of Oil and Water Flow Rates in a Horizontal Well With Chemical Markers and a Pulsed-Neutron Tool. *SPERE* 12 (2): 94-103. SPE- 36563-PA. DOI: 10.2118/36563-PA.

Sandøy, B., Tjomsland, T., Barton, D.T., Daae, G.H., Johansen, E.S., and Void, G. 2005. Improved Reservoir Management With Intelligent Multizone WAG Injectors and Downhole Optical Flow Monitoring. Paper SPE 95843 presented at the SPE Annual Technical Conference and Exhibition, Dallas, 9-12 October. DOI: 10.2118/95843-MS.

Schechter, R.S. 1992. *Oil Well Stimulation*. Upper Saddle River, New Jersey: Prentice Hall.

Selby, B., Srinivasan, N., Donnally, B., Vincent, R., and Wilke, J. 1998. Hybrid Coiled Tubing System for Offshore Re-Entry Drilling and Workover. Paper IADC/SPE 39374 presented at the IADC/SPE Drilling Conference, Dallas, 3-6 March. DOI: 10.2118/39374-MS.

Senger, J.-C., Al-Harthi, N.R., ter Avest, D., al-Bahry, A., and Bigno., Y. 2001. Producing the Ultimate From the Saih Rawl Shuaiba Reservoir. Paper SPE 68222 presented at the SPE Middle East Oil Show, Bahrain, 17-20 March. DOI: 10.2118/68222-MS.

Slotwell. 2007.http://www.slotwell.com/ .

Smith et al. 2001. www.slb.com/media/services/completion/multilaterals/rapidtieback.pdf.

Smith, J., Economides, M.J., and Frick, T.P. 1995. Reducing Economic Risk in Areally Anisotropic Formations With Multiple Lateral Horizontal Wells. Paper SPE 30647 presented at the SPE Annual Technical Conference and Exhibition, Dallas, 22-25 October. DOI: 10.2118/30647-MS.

Smith, K.M. and Redrup, J.P. 2002. Use of a Fullbore-Access Level 3 Multilateral Junction in the Orinoco Heavy Oil Belt, Venezuela. Paper 16 presented at *Oil &. Gas Journal's* International Multilateral Well Conference, Galveston, Texas, 5-7 March.

Smith, K.M., Rohleder, S.A., and Redrup, J.P. 2001. Use of a Fullbore-Access Level 3 Multilateral Junction in the Orinoco Heavy Oil Belt, Venezuela. SPE paper 69712 presented at the SPE International Thermal Operations and Heavy Oil Symposium, Porlamar, Margarita Island, Venezuela, 12-14 March. DOI: 10.2118/69712-MS.

Sønneland, L. and Barkved, O. 1990. *Use of Seismic Attributes in Reservoir Characterization. North Sea Oil and Gas Reservoirs I*, 125-128. London: Graham & Trotman.

Sønneland, L., Borgos, H.G., Skovn, T., Carrillat, A., and Randen, T. 2004. Automated Geometry Extraction from 3D Seismic Data by Lateral Waveform Recognition. Soc. of Exploration Geophysics, Expanded Abstracts, 66th Conference & Exhibition, Paris, 7-10 June.

Stalder, J.L., York, G.D., Kopper, R.J., Curtis, C.M., Cole, T.L., and Copley, J.H. 2001. Multilateral-Horizontal Wells Increase Rate and Lower Cost Per Barrel in the Zuata Field, Faja, Venezuela. Paper SPE 69700 presented at the SPE International Thermal Operations and Heavy Oil Symposium, Porlamar, Margarita Island, Venezuela, 12-14 March. DOI: 10.2118/69700-MS.

Steele, D.J. and Edholm, S. 2000. New Through-Tubing Junction-Isolation System Enables High-Pressure Stimulation in the Ekofisk X-02 North Sea Multilateral Well: Case History. Paper SPE 63268 presented at the SPE Annual Technical Conference and Exhibition, Dallas, 1—4 October. DOI: 10.2118/63268-MS.

Steele, D.J. and Nobileau, P. 2002. Features of the PACE (Pressure Actuated Casing Exit) Junction. Paper 23 presented at *Oil & Gas Journal's* International Multilateral Well Conference, Galveston, Texas, 5-7 March.

Stokley, C.O. and Seale, R. 2000. Development of an Openhole Sidetracking System. Paper IADC/SPE 59201 presented at the IADC/SPE Drilling Conference, New Orleans, 23-25 February. DOI: 10.2118/ 59201-MS.

Su, Z. and Gudmundsson, J.S. 1994. Pressure Drop in Perforated Pipes: Experiments and Analysis. Paper SPE 28800 presented at the SPE Asia Pacific *Oil & Gas* Conference, Melbourne, Australia, 7-10 November. DOI: 10.2118/28800-MS.

Summers, L., Guaregua, W., Herrera, J., and Villaba, L. 2002. Heavy Oil Development in Venezuela-Well Performance and Monitoring. Paper 2 presented at *Oil & Gas Journal's* International Multilateral Well Conference, Galveston, Texas, 5-7 March.

Surewaard, J., Rea, T., Azoba, H. et al. 1997. One Year Experience With Coiled Tubing Drilling. Paper SPE/IADC 39260 presented at the SPE/IADC Middle East Drilling Technology Conference, Bahrain, 23-25 November. DOI: 10.2118/39260-MS.

Surjaatmadja, J.B., McDaniel, B.W., Brian, C., East, L.E., Schoolfield, C., and Herbel, S.R. 2003. Effective Stimulation of Multilateral Completions in the James Lime Formation Achieved by Controlled Individual Placement of Numerous Hydraulic Fractures. Paper SPE 82212 presented at the SPE European Formation Damage Conference, The Hague., 13-14 May. DOI: 10.2118/82212-MS.

Syed, A. et al. 2001. High-Productivity Horizontal Gravel Packs. *Schlumberger Oilfield Review* (Summer) 52-73.

Taner., M.T. and Sheriff R.E. 1977. Application of Amplitude, Frequency, and Other Attributes to Stratigraphic and Hydrocarbon Determination. In *Seismic Stratigraphic-Applications to Hydrocarbon Exploration AAPG Memoir,* ed. C.E. Payton, 26, 301-327. Tulsa: AAPG.

Taylor, R.W. and Russell, R. 1997. Drilling and Completing Multilateral Horizontal Wells in the Middle East. Paper SPE 38759 presented at the SPE Annual Technical Conference and Exhibition, San Antonio, Texas, 5-8 October. DOI: 10.2118/38759-MS.

Tubel, P. and Hopmann, M. 1996. Intelligent Completion for Oil and Gas Production Control in Subsea Multilateral Well Applications. Paper SPE 36582 presented at the SPE Annual Technical Conference and Exhibition, Denver, 6-9 October. DOI: 10.2118/36582-MS.

Van Venrooy, J., van Beelen, N., Hoekstra, T., Fleck, A., Bell, G., and Weihe, A. 1999. Underbalanced Drilling with Coiled Tubing in Oman. Paper SPE/IADC 57571 presented at the SPE/IADC Middle East Drilling Technology Conference, Abu Dhabi, UAE, 8-10 November. DOI: 10.2118/57571-MS.

Vikane, E., Samonsen, B., and Lorentzen, K.E. 1998. Through Tubing Infill Drilling as a Method for Increased Oil Recovery on the Gullfaks Field. Paper IADC/SPE 39358 presented at the IADC/SPE Drilling Conference, Dallas, 3-6 March. DOI: 10.2118/39358-MS.

Vogel, J.V. 1968. Inflow Performance Relationships for Solution-Gas Drive Wells. *JPT* 20 (1): 83—92; *Trans.*, AIME., 243. SPE-1476-PA. DOI: 10.2118/1476-PA.

Vu-Hoang, D., Faur, M., Marcus, R. et al. 2004. A Novel Approach to Production Logging in Multiphase Horizontal Wells. Paper SPE 89848 presented at the SPE Annual Technical Conference and Exhibition, Houston, 26-29 September. DOI: 10.2118/89848-MS.

Warpinski, N.R., Kramm, R.C., Heinze, J.R., and Waltman, C.K. 2005. Comparison of Single- and Dual-Array Microseismic Mapping Techniques in the Barnett Shale. Paper SPE 95568 presented at the SPE Annual Technical Conference and Exhibition, Dallas, 9-12 October. DOI: 10.2118/95568-MS.

Wei, Y. 2005. Transverse Hydraulic Fractures from a Horizontal Well. MS thesis, University of Houston.

Wesnæs, K., Hasbo, K., and Ginty, W.R. 2002. Hydraulic Fracture Spacing in Horizontal Chalk Producers: The South Arne Field. Paper SPE 76722 presented at the SPE Western Regional/AAPG Pacific Section Joint Meeting, Anchorage, 20—22 May. DOI: 10.2118/76722-MS.

Williams, B.B., Gidley, J.L., and Schechter, R.S. 1979. *Acidizing Fundamentals*. Monograph Series, SPE, Richardson, Texas, 6.

Yalniz, M.U. and Ozkan, E. 1998. A Generalized Friction Factor Correlation to Compute Pressure Drop in Horizontal Wells. Paper SPE 48863 presented at the SPE International Conference and Exhibition in China, Beijing, 2-6 November. DOI: 10.2118/48863-MS.

Yew, C.H. 1997. *Mechanics of Hydraulic Fracturing*. Houston: Gulf Publishing Company.

Yildiz, T. 2003. Multilateral Pressure-Transient Response. *SPEJ* 8 (1): 5-12. SPE-83631-PA. DOI: 10.2118/83631-PA.

Yoshioka, K., Zhu, D., Hill, A.D., and Lake, L.W. 2005. Interpretation of Temperature and Pressure Profiles Measured in Multilateral Wells Equipped with Intelligent Completions. Paper SPE 94097 presented at the SPE Europec/EAGE Annual Conference, Madrid, Spain, 13-16 June, DOI: 10.2118/94097-MS.

Yoshioka, K., Zhu, D., Hill, A.D., Dawkrajai, P., and Lake, L.W. 2005. A Comprehensive

Model of Temperature Behavior in a Horizontal Well. Paper SPE 95656 presented at the SPE Annual Technical Conference and Exhibition, Dallas, 9-12 October. DOI: 10.2118/95656-MS.

Yuan, H., Sarica, C., and Brill, J.R. 1996. Effect of Perforation Density on Single Phase Liquid Flow Behavior in Horizontal Wells. Paper SPE 37109 presented at the SPE International Conference on Horizontal Well Technology., Calgary, 18-20 November. DOI: 10.2118/37109-MS.

Yuan, H., Sarica, C., and Brill, J.P. 1998. Effect of Completion Geometry and Phasing on Single Phase Liquid Flow Behavior in Horizontal Wells. Paper SPE 48937 prepared for presentation at the SPE Annual Technical Conference and Exhibition, New Orleans, 27-30 September. DOI: 10.2118/48937-MS.

Zhu, D. and Furui. K. 2006. Optimizing Oil and Gas Production by Intelligent Technology. Paper SPE 102104 presented at the SPE Annual Technical Conference and Exhibition, San Antonio, Texas, 24-27 September. DOI: 10.2118/102104-MS.

Zhu, D., Hansen, A., Bruksas, R., and Hill, A.D. 2000. An Experimental Study of Acid Placement in Variable Inclinalion Laterals. Paper SPE 58710 presented at the SPE International Symposium on Formation Damage Control, Lafayette, Louisiana, 23-24 February. DOI: 10.2118/58710-MS.

Zhu, D., Hill, A.D., and Landrum, W.R. 2002. Evaluation of Crossflow Effects in Multilateral Wells. Paper SPE 75250 presented at the SPE/DOE Improved Oil Recovery Symposium, Tulsa, 13-17 April. DOI: 10.2118/75250-MS.